科学思想文化丛书

科学的社会功能与价值

李醒民 著

The Social Function and Value of Science

商务印书馆
The Commercial Press

2014年·北京

图书在版编目(CIP)数据

科学的社会功能与价值/李醒民著.—北京:商务印书馆,2014
ISBN 978-7-100-08690-5

Ⅰ.①科… Ⅱ.①李… Ⅲ.①科学社会学—研究 Ⅳ.①G301

中国版本图书馆 CIP 数据核字(2014)第 050984 号

所有权利保留。
未经许可,不得以任何方式使用。

科学的社会功能与价值
李醒民 著

商 务 印 书 馆 出 版
(北京王府井大街 36 号 邮政编码 100710)
商 务 印 书 馆 发 行
北京市松源印刷有限公司印刷
ISBN 978-7-100-08690-5

2014 年 12 月第 1 版　　开本 880×1230　1/32
2014 年 12 月北京第 1 次印刷　　印张 11
定价:28.00 元

科学是人类文化最高最独特的成就

——出版者的话

人类社会发展到今天,科学技术对社会的推动作用日益为人们所重视。正如德国哲学家卡西尔所言:"科学是人的智力发展的最后一步,并且可以被看成是人类文化最高最独特的成就。它是一种在特殊条件下才可能得到发展的非常晚而又非常精致的成果。""在我们现代世界中再没有第二种力量可以与科学思想的力量相匹敌。它是我们全部人类活动的顶点和极致,被看成是人类历史的最后篇章和人的哲学的最重要的主题"。

世界各国无不重视科学技术在国家发展中的地位作用,无不重视国民科学思想的培育养成,并始终将其视为国家核心竞争力的基础,教育的重要任务。为应对世界格局的不断变化,继续保持教育的领先水平和科技的创新实力,美国在2007年颁布了《美国创造机会以有意义地促进技术、教育和科学之卓越法》。该法案明确提出加强科学、技术、工程和数学(STEM)教育在国家教育中的地位作用,把STEM教育提到了国家战略发展的高度。因该法案英文缩写为America COMPETES Act,通常又被人们称为《美国竞争法》。2008年美国国际教育技术协会在修订《国家教师教育技术标准》时,也把发展和创新确定为标准修订的主导思想。明确指出:"世界变了,学生变了,学习方式变了;教师教学,也必须变化!"

2011年，美国国家科学院研究委员会在发布的《成功的K-12阶段STEM教育：确认科学、技术、工程和数学的有效途径》中进一步明确，中小学（K-12阶段）实施STEM教育的目标主要包含三个方面：一是扩大最终能在科学、技术、工程和数学领域学习高级学位与从业的学生人数，同时有效扩大科学、技术、工程和数学领域中女性和少数族裔的参与度；二是培育更多具有科学、技术、工程和数学素养的劳动力队伍并尽力扩大这一领域人员中女性和少数族裔参与度；三是提升所有学生的科学、技术、工程和数学素养，包括那些并不从事与科学、技术、工程和数学职业相关工作的学生或继续修读科学、技术、工程和数学学科的学生。

它山之石可以攻玉，我们编辑出版这套科学思想文化丛书，就是旨在让科学这一"人类文化最高最独特的成就"焕发应有的光芒，扩展公众的阅读视野，培育广大青年学生学习探究的兴趣，也为广大教师的教学提供一种参考。

科学思想文化丛书编委会

2014年11月

目　　录

引言
发掘科学的智慧,走向智慧的科学 ………………………………… 1

科学与哲学
科学与哲学的关系 …………………………………………………… 5
爱因斯坦与哲学 ……………………………………………………… 33

科学与伦理
科学家的科学良心 …………………………………………………… 47
科学家对社会必须承担哪些道德责任 ……………………………… 52
科学家的品德和秉性 ………………………………………………… 67
爱因斯坦的伦理思想和道德实践 …………………………………… 88

科学与宗教
科学家与宗教 ………………………………………………………… 104
爱因斯坦的宇宙宗教感情 …………………………………………… 109

科学与人文
科学与人文刍议 ……………………………………………………… 121
迈向科学的人文主义和人文的科学主义 …………………………… 142
科学本来就蕴含人性 ………………………………………………… 195

科学与社会
科学的社会功能和价值 ……………………………………………… 220

科学的精神功能 …………………………………… 229
爱因斯坦的当代意义 ……………………………… 251
科学铸造世界的未来 ……………………………… 256

科学与人生
科学和人的价值 …………………………………… 267
理性与情感在科学中珠联璧合 …………………… 280
知识分子的精神根底 ……………………………… 296
科学家的心智、品味和风格 ……………………… 302
马赫的社会哲学和社会实践 ……………………… 313
爱因斯坦与音乐 …………………………………… 339

发掘科学的智慧,走向智慧的科学*

科学以追求真理为起点,并以真命题的集合或真确的科学理论为归宿。求真可以说是科学的本能和天职,也是科学有别于其他知识体系、探究活动和社会建制的独立标格和显著特色。

然而,"真理不论多么宝贵,它并不是生活的全部,而必须用美和仁爱来使生活完美"①。

遗憾的是,惯常的和现实的科学太缺乏美和爱了。其原因在于这样的科学不是智慧的科学:充满它的只是信息知识,而不是通向智慧的或转识成智的知识②。

要知道,"没有智慧的科学确实是很糟糕的东西,而没有智慧的技术就更糟糕了"③。

这不禁启发我们询问:什么是有智慧的科学或智慧的科学?为此,

---

* 原载北京:《光明日报》,2007年4月24日。

① 萨顿:《科学史和新人文主义》,陈恒六等译,北京:华夏出版社,1989年第1版,第88页。

② 英国哲学家玛丽·米奇利探讨了作为信息的知识和作为智慧——尤其是与科学知识有关的智慧——的知识之间的差异。她说,现代科学导致智力舞台正在被制成或大或小的分离的领域。这已经造成没有集中处理"要紧事"的"思想领域",而集中于诸如日常科学研究的"数沙砾"的竞争追求上。在她看来,"在本世纪做出的显著尝试是从要紧事的思想领域撤销知识的概念,实际上彻底切断了它与生活的所有其他部分的联系。……当知识以这种方式被隔绝,并被等同于信息时,理解便被推到背景之中,智慧的概念被完全忘记了。"参见 J. Gregery and S. Miller, *Science in Public*, *Communications*, *Culture*, *and Credibility*, New York: Ptenum Press, 1998, p. 78.

③ 萨顿:《科学史和新人文主义》,陈恒六等译,北京:华夏出版社,1989年第1版,第138页。

我们必须先得明白什么是智慧。

无论从西文文献、中文典籍还是佛教经书①来看,智慧都内含敏锐的洞察力、健全的判断力和旺盛的创造力。智慧有囊括四海之胸怀,举重若轻之气度,高瞻远瞩之预见,明察秋毫之眼力,事半功倍之绝技。

用俗语讲,智慧能知常人所不知,能容常人所不容,能见常人所未见,能做常人所未做。

智慧消弭了主体与客体、精神与物质、此岸与彼岸、有限与无限、相对与绝对、现实与可能、实然与应然、天道与人道、理性与情感、必然与自由、可说与不可说等等的二元对立,超越了二者之间不可逾越的鸿沟。

智慧是真、善、美的统一,是真、智、乐②的会通,知、情、意的和谐——它把诸多"三位一体"尽集于一身。其实,早在古希腊时代,智慧就被视为真知之基、众美之源和道德之魂③。

在茫无际涯的幽邃而诡魅的宇宙中,智慧只不过是漫漫长夜的一线亮光。但是,正是这一线亮光即是一切。

---

① 智慧(wisdom)源自希腊词 sophia,在一般用法上,意为娴熟于某种技艺。与一个无技艺的劳工相比,任何技艺的掌握都是有智慧的人。这是其意义的实践方面。不过,亚里士多德将智慧用作一个专门术语,指对一般原则和绝对第一因的知识。这一意义上的智慧关注永恒真理,包括证明知识和对不可证明的前提的知识。在这一用法上,智慧和技艺与实践理性相对。在《形而上学》中,亚里士多德认为智慧是高于实践理性的理智德行。在《尼各马可伦理学》中,他说:"智慧是知识的最精确的形式。"参见布宁、余纪元编著:《西方哲学英汉对照辞典》,北京:人民出版社,2001年第1版,第1072-1073页。西文辞书中的 wisdom 有许多含义:已经积累的哲学或科学学问,相当于知识;识别内部的质和关系的能力,相当于洞察力;卓识或健全的判断力(good sense);普遍被接受的信念;聪明的态度或行动路线;古代智者的教导等。中文"智慧"一词古今皆指聪明才智;对事物的认识、辨析、判断、处理和发明创造的能力。"智慧"也是梵语"般若"(Prajñā)的意译,佛教指破除迷惑,证实真理的识力,有大彻大悟之意。《大智度论》卷四三:"般若者,一切诸智慧中最为第一,无上无比无等,更无胜者穷尽到边。"

② 古印度吠檀多派认为梵所具有的三种特性真(梵是绝对真实的存在)、智(梵是精神性的存在)、乐(梵是本性无限圆满清净妙乐)三位一体不可分割。

③ 智慧被道德化为四种基本美德(智慧、勇敢、正义、信仰)的第一美德。

揭示了智慧的蕴蓄,智慧的科学也就自然而然地显露出其庐山真面目。

智慧的科学是一个三维世界:求真维——判断正误,辨别真伪;向善维——识别好坏,彰善瘅恶;臻美维——感知美丑,择优而从。

对于辨别真伪,科学自有一套独特的进路和有效的方法,这是科学的拿手戏和绝招。对于识别善恶和感知美丑,科学也可以起到提供背景知识、增加论证力量、划定极限边界等间接作用。尤其是,作为科学探究主体的科学家,完全可以而且很有必要把自我道德心和社会责任感注入科学,促使科学充分发挥向善、臻美的功能。

因此,智慧的科学有助于个体趋于圣洁,社会归于和谐,从而达到趋圣归和的终极鹄的。

一言以蔽之,智慧的科学即是求真、向善、臻美、趋圣归和的科学。

智慧的科学是可能的。为此必须外合里应,双管齐下。

一是向外敞开胸襟,放眼异域,从社会科学和人文学科汲取营养,从历代哲人和贤人的言行中直接沐恩,从而惠泽科学。

二是向内发掘科学自身藏而不露的本有智慧——科学的智慧。在作为探究活动和社会建制的科学中,我们可以直接借助理解科学思想,把握科学方法,领悟科学精神,实践科学价值达成。在作为知识体系的科学中,我们也可以间接通过转识成智[①]实现。

科学具有庞大的知识本体,在当今的知识王国中,它也许是独占鳌头。但是,知识并不等于智慧——当然智慧也离不开知识并基于知识——知识经过"哲人之石"的点化,才能成为智慧,即整合的知识本体。

[①] 冯契教授在他的"智慧说"三本著作《认识世界和认识自己》、《逻辑思维的辩证法》和《人的自由和真善美》中,对转识成智有精湛的论述。

这种"哲人之石"就是理性和情感的珠联璧合，就是科学和人文的相得益彰，就是真与爱和美的水乳交融。因为前者以物观之，后者主要是以我观之。只有智慧才是物我为一，以道观之，从而独具立足现实、超越现实之慧眼。

由此看见，科学的智慧是存在的，只是我们以往囿于知识哲学，不注意发掘这种智慧，以致对科学的智慧视而不见罢了。我们应该转变观念，从知识哲学步入智慧哲学[①]。

就这样，向内深入发掘科学的智慧，向外不断吸纳非科学的智慧，智慧的科学岂不是指日可待？

智慧的科学绝不是乌托邦，它是有坚实的基础的。要知道，无论是科学抑或人文，无论是认识世界、道德良知还是审美情感，都和人的感知和心灵密切相关。智慧的科学的三个维度和终极目标正是植根于人的感知和心灵。

更何况，以真为本的科学兼有善和美也是顺理成章的事情，因为真、善、美本来就是三位一体的和谐统一体："所谓真乃是知识上的善，美乃是知觉上的善；而善则为道德价值的真，美则为表象与知觉上的真；真可以说是知性的美，而善可以说是行为的美。"[②]

智慧的科学是精神的太阳：它的本体存在是真，它的和煦温馨是善，它的七彩缤纷是美，它的光明是智慧。

发掘科学的智慧，迈向智慧的科学——这是时代的要求和期盼！

[①] 关于这方面的详尽论述，可参见 N. Maxwell, *From Knowledge to Wisdom, A Revolution in the Aims and Methods of Science*, England, New York: Basil Blackwell, 1984.

[②] 成中英:《科学真理与人的价值》，台北：三民书局，1979年第2版，第22—23页。

科学与哲学的关系*

关于科学与哲学的关系，其回答仁者见仁、智者见智。总归起来，不外乎两种看法：有关或无关。在谈到现代哲学对科学的反应时，德国存在主义哲学家雅斯贝斯认为，第一种态度的表现有两种方式。其一是把哲学的所有课题让与其他科学，而哲学尚可保留有关自身的历史知识，也就是退缩到哲学史上。其二是把哲学的论点尽量变得合乎科学，成为一种具有科学性基础的学问，如数理逻辑等。第二种态度与第一种相反。他们认为哲学自有其他天地，和科学无关。哲学的基础是建立在感情、直觉、想象与天才之上。它是观念，它是理性，它是生命力，而不是知识。①基伯格持有无关的见解："哲学是人文学科之一，科学就是科学。……我们在这里有截然不同的文化，它们的居民罕见能够完全相互交流。人文学科聚焦于人的成果、历史、观念的游戏；科学聚焦于世界、事实、新的和切实的知识积累。"②但是，蔡元培却不作如是观。他论及科学、哲学、文学三者的关系时说："治文学者，恒蔑视科学，而不知近世文学，全以科学为基础；……治自然科学者，局守一门，而不稍涉哲学，而不知哲学即科学之归宿，其中如自然哲学一部，尤为科学家需要；治哲学者，以能读懂古书为足用，不耐烦于科学之实验，而不知哲学之基础不外科学，即最超然之玄学，亦不能与科学全无关。"③

---

* 原载石家庄：《社会科学论坛》，2013年第1期。
① 吴怡：《哲学的三大柱石》，台北：正中书局，1973年第1版，第9—10页。
② H. E. Kyburg, Jr., *Science and Reason*, Oxford: Oxford University Press, 1990, p. 11.
③ 刘为民：《"赛先生"与五四新文学》，济南：山东大学出版社，1994年第1版，第7页。

在本文，我们拟围绕科学与哲学的关系展开论述。我们坚持科学与哲学相关说，因为这是一个事实命题。为了不至于造成论述混乱或导致误解，我们事先界定或约定几个主要概念。科学(science)即指其本来的含义自然科学(natural science)。哲学(philosophy)就是通常意义上所谓的哲学。鉴于形而上学(metaphysics)、认识论(epistemology)或知识论(theory of knowledge)、方法论(methodology)、自然哲学(natural philosophy or philosophy of nature，并非意指历史上的科学，而是称谓作为哲学一部分的科目)、世界观(views of world)和自然观(views of nature)是哲学的同义语，或哲学的一部分，或与哲学多有交集，而且与科学关系密切，有时在引文或论述中谈到科学与它们的关系时，实际上指的也是科学与哲学的关系——这是首先要申明的。

一、科学与哲学在特征上的不同之处

有人之所以断言科学与哲学无关，恐怕主要是觉得科学与哲学有诸多相异的特征，而且往往把这些差异夸大到绝对对立的地步。其实，能够比较科学与哲学的异同，本身即隐含它们具有某种关系，况且它们二者所谓的对立并非达到水火不容的地步。现在，让我们列举一下科学与哲学的不同特征。

王星拱的罗列可谓详尽：(一)哲学与科学之范围不同而其方法亦不同：哲学是研究本体的，科学是研究现象的；哲学是研究知识的，科学是研究事实的；哲学是研究形式的，科学是研究实质的。由此言之，研究科学须用经验，研究哲学须用理性。唯其要用经验，所以要在观察试验上做工夫；唯其要用理性，所以注重纯粹的推论。(二)哲学与科学之范围相同而其方法不同：哲学在前而科学在后，即先有哲学做急先锋，探险于未知之疆域，然后有科学一步一步地切实布置起来；科学在前而哲学在后,即它俩也是以全世界为领土,但是科学先从局部方面详细考察,把局部研究所得的结果,聚在一处,于是哲学集其大成,组织一个系统起来,安置于一个普遍的原理之下;哲学是全部的,科学是局部的,即哲学立原理以统事实,科学就事实以求原理。他进而表明:"哲学是偏重理论的,科学是偏重事实的;哲学是偏重思想的,科学是偏重试验的;哲学家多用脑,科学家多用手。在崇尚哲学的人看起来,哲学精微,科学浅陋,哲学扼要,科学逐末。在崇尚科学的人看起来,哲学渺茫,科学切实,哲学武断,科学谦虚。依历史沿革和近代趋势而言,哲学的历史甚长而进步甚缓,科学的历史甚短而进步甚速。因为哲学中的结论,没有切近的证明,所以易发生辩论;科学中的结论,都是紧密依据于观察试验的,所以其所得的领土,虽不是'子子孙孙永宝用',然而却不是朝秦暮楚,旋得旋失的。"①

王平陵举出科学与哲学五方面的相异之点:(一)哲学以实有的全体性及直接性为对象,所以它的原理是具体的、根本的。科学则以实有之部分性及间接性为对象,所以它的原理是抽象的、表面的、假定的。(二)哲学的目标,在创造其规范和价值;科学的目标,在说明或运用其法则与事实。换句话说:哲学以满足全我的要求为目的,科学则唯以满足知的要求及功利的要求为目的。(三)哲学的机能,为人格的基本性质,而科学的机能,则为理知作用。(四)哲学之统一原理,对于实有为内在的,故哲学为"自我之学",或"主观之学";科学之统一原理,对于实有为外在的,故科学为"非我之学",或"客观之学"。(五)哲学以解决根本疑问,满足根本要求为职能,科学则以解决实际疑问,满足实用要求为职能。② 吴怡指出,哲学和科学的分歧在于:(1)科学追

---

① 王星拱:《科学概论》,上海:商务印书馆,1930年第1版,第210-228、230-231页。
② 王平陵:"科哲之战"的尾声,张君劢、丁文江等:《科学与人生观》,济南:山东人民出版社,1997年第1版,第304页。

求事物的真相,哲学探索事物的意义和价值。(2)科学考察的对象是局部的对象,哲学的对象是整体的概念。(3)科学重视客观的分析,哲学重视主观的反省。(4)科学把握的是量度,哲学把握的是生命。①

多尔比注意到:"自然科学不关注理解人的动因,而宁可利用预言和控制作为证明它要求理解现象的方式。哲学在它的关注和方法方面与自然科学更相异。但是,哲学的论点往往建立在普适的原理上,而不是建立在自然科学共同体精致的假定的框架上。传统上,哲学在它的研究方法方面比科学更沉思、更少促成行动。"②考尔丁比较了形而上学论点与自然科学在类型上的不同。形而上学的观点比较根本;它开掘得更深,力图揭示任何事物存在的终极条件。科学视野可以说是水平的;它说明自然现象相互之间的关系,不涉及人,也不涉及第一因;它的说明涉及把现象归在定律之下,或把定律归在理论之下。然而,形而上学的视野是垂直的;它能够俯瞰存在各种级别上的相互关系;它的说明涉及鉴别事物的原因。它不用事物行为的规律说明那种行为,而是探究事物的原因和规律的原因。因此,它不诉诸个别的观察,也不诉诸自然的经验定律,而是更广泛地审视经验。它不以归纳为基础,而以沉思为基础。它更普遍,更抽象,更严格。它在细节上缺乏,但是在宽度和深度上增加。形而上学和科学在一种意义上是互补的,形而上学不处理自然的详细的行为,而科学不处理自然知识的终极诠释。它们二者对综合的世界观察来说都是必要的。但是,关系是单方面的;科学不假定形而上学的原则就不能开始,而形而上学不预设任何科学原理来支持它的结果的可靠性。形而上学的功能之一是审查科学预设的基础,正像逻辑的功能之一是揭示这些预设一样。但

---

① 吴怡:《哲学的三大柱石》,台北:正中书局,1973年第1版,第14-16页。
② R. G. A. Dolby, *Uncertain Knowledge*, *An Image of Science for a Changing World*, Cambridge: Cambridge University Press, 1996, p. 181.

是,这并没有耗尽形而上学。例如,阿奎那的世界图像并不仅仅为科学提供基础;他关于第一因、创世、变化、作为理性的和不朽的人、幸福以及其他一切的伟大综合,都比科学的范围更广泛。正是哲学而不是科学,不仅处理关于自然的根本的真理,而且也处理对人有最大意义的事情。① 另外,哲学的功用是缓慢的,甚至是很不明显的。诚如卡西尔所说:"对于改造世界,哲学永远来得太迟。"② 但是,科学的社会功能是很明显的,而且有时能够在实用中起到立竿见影之效,比如 X 射线的发现。

总之不难看出,科学与哲学在特征上的不同主要体现在以下多个方面:研究对象,学科范围,关注问题,视野展开,侧重之点,思考深度,欲达目标,处理方法,主客程度,历史长短,进步速度,自身职能,社会功能等。二者最大差异也许是:"观察和实验似乎概括了科学的特征,而在哲学或其他人文学科中不起作用。"③ 但是,事情也许不这么极端或绝对:哲学也包含在观察生活中获得的体察和感悟,哲学研究像科学一样也运用思想实验。而且,正如阿罗诺维茨感觉到的:长期以来被视为思辨探究的哲学和思辨本身,被科学方法严格地限制在实验之前的假设和自然科学之间,可是现在二者的区分日益变得模糊不清了。这是因为,正如哲学家把他们的工作限制在诠释科学的结果一样,科学家也感到被迫变成给他们自己工作赋予意义的哲学家。撇开几个相对孤立的人物不谈,哲学被转化为元科学,以阐明被说成是从科学实践中导出的最普遍的原理。④

---

① E. F. Caldin, *The Power and Limit of Science*, London: Chapman & Hall LTD., 1949, Chapter Ⅶ.
② 卡普拉:《转折点——科学、社会和正在兴起的文化》,卫飒英等译,成都:四川科学技术出版社,1988 年第 1 版,第 10 页
③ H. E. Kyburg, Jr., *Science and Reason*, Oxford: Oxford University Press, 1990, p. 15.
④ S. Aronowitz, *Science as Power, Discourse and Ideology in Modern Society*, Minneapolis: University of Minnesota Press, 1988, p. 347.

二、科学与哲学在特征上的相同之处

科学在历史上与哲学关系密切:科学脱胎于哲学母体,而且在17世纪科学革命后一段相当长的时间内还被称为自然哲学。在词源上,二者也有千丝万缕的联系,乃至科学本来就是哲学的一部分。关于 science 一词的历史沿革,据诸多学者考证和众多辞书记载,英语和法语中的 science 源于拉丁语 scientia 一词,它与 episteme(认识)等价,但却具有普适知识的含义,而哲学则把普适知识看作是它的本分。在牛顿科学革命前,科学被视为 scientia,即它只是以世界为中心的哲学关注的一部分。我们目前称之为科学(science)的知识本体,在 1605 年到 1840 年间,由 science 是 scientia 的哲学取向,逐渐转化为以数学和实验为主要支柱的近代框架,自然哲学一词开始失去它指称科学的含义。① 哲学(philosophy)一词据说在词源上由拉丁词 philosophia 变换而来,希腊史家希罗多德(Herodotus)最先使用这个词,作动词"思索"解释,后来转为名词"爱智"的意思。思索和爱智,也是科学的传统。也许正是基于以上理由,杜兰特(W. Durant)断定:"每一门科学作为哲学始,作为艺术终。"②

不仅如此,重要的是,科学与哲学在特征上有许多相同之处,比如自我反思、思想明晰、沉思性、抽象性、合理性、批判性、解放功能等。哈贝马斯揭示科学与哲学的共性是:"在方法论的框架确定批判性陈述这种范畴的有效内容,并以自我反思的概念为标准来衡量自己。自

---

① 李醒民:《科学论:科学的三维世界》(上卷、下卷),北京:中国人民大学出版社,2010年第1版,第3—10页。

② N. McMorris, *The Nature of Science*, New Jersey: Fairleigh Dickson University Press, 1989, p. 63.

我反思把主体从依赖于对象化的力量中解放出来。自我反思是由解放的认识兴趣决定的。以批判为导向的科学同哲学一样都具有解放的认识兴趣。"①李克特看到抽象性是二者的共同特征:"当一个思想体系综合了两个特点时,我们就可以认为它是'科学的'。一个是抽象性,这个特点是关于体系的内部组织的;另一个是可检验性,这是关于体系与外部事实之关系的。……抽象性和可检验性都可以单独存在。在那些不能够检验的各种哲学和神学的体系中,可以找到抽象性。另一方面,也可能存在一些已经高度发展的可检验的知识体系,可是却缺乏抽象性。"②考尔丁更为详尽地分析了形而上学论点具有与自然科学共同的特质。二者都以经验为基础,自然的事实是它们的共同财富。每一个都涉及给经验以理性考虑,因此每一个利用逻辑连贯性和与事实一致作为标准。每一个都以它自己的方式尝试说明事实、尝试解释,每一个都利用经验检验其陈述。自然科学并不是借助一些容易的区分在客观的和主观的、可证实的和不可证实的、理性的和激情的东西之间做出区分。二者都利用在经验上起作用的理性方法,二者都需要主体及客体、思想及材料;二者都诉诸它们的命题和所涉及的事实之间的对应。差别不在于科学使用观察,而形而上学使用演绎;也不在于形而上学是不结果实的而科学是进步的。相反地,二者都使用观察,但以不同的方式使用;一个是作为归纳的材料,另一个是作为沉思的材料。二者都使用演绎,并且是为相同的目的:为与事实比较而发现假设的结果,核验一个系统的内在均一性。我们不能在科学与形而上学之间这样设置对偶:科学是基于观察之上的证明事务,而形而

---

① 哈贝马斯:《作为"意识形态"的技术科学》,李黎等译,上海:学林出版社,1999年第1版,第126—129页。

② 李克特:《科学是一种文化过程》,顾昕等译,北京:三联书店,1989年第1版,第71—72页。

上学是沉浸在无根据推测的、容易得到发明和不合理性轻信的、冗长而夸张的神秘文字事务。整个图画是假的。思想的明晰是哲学家的特质,甚至更甚于科学家。他们也诉诸观察到的事实,虽然不是归纳地而是沉思地研究这些事实。形而上学的论据力图像科学那样密切地是经验的,但却是在不同的层次上。①

王平陵断言:"不凭藉信仰,不依据传说,专恃合理的智能为武器,以穷究宇宙之真理的,是为科学和哲学的共同出发点。"②持有逻辑经验论观点的王星拱认为,近代哲学都有科学化的性质,而且哲学也要采取科学的方法。由此言之,哲学与科学之范围,既不能有此疆彼界的区分,而二者之方法,又渐趋于一致,则在宇宙方面,凡哲学所应研究的,都可以赋予科学去研究,在人生方面,凡哲学所应该解决的都可以赋予科学去解决。"哲学为科学之科学"之命题,实在包含深切的意义。哲学固然不能脱离科学而另有独立的存在,但是哲学仍然有它合法行使的职权。它的职权在什么地方呢? 就是各种科学之和一。③

三、科学对哲学或哲学家的作用

科学与哲学的关系既体现在二者的异同上,更表现在二者的相互作用和彼此影响上。关于后者,爱因斯坦有两段话讲得颇为经典:"认识论同科学的相互关系是值得注意的,它们互为依存。认识论若是不同科学接触,就会成为一个空架子;科学要是没有认识论——只要这点是可以设想的——就是原始的混乱的东西。"④"科学研究的结果,往

---

① E. F. Caldin, *The Power and Limit of Science*, London: Chapman & Hall LTD., 1949, Chapter Ⅶ.
② 王平陵:《"科哲之战"的尾声》,张君劢、丁文江等:《科学与人生观》,济南:山东人民出版社,1997年第1版,第304页。
③ 王星拱:《科学概论》,上海:商务印书馆,1930年第1版,第131-132页。
④ 《爱因斯坦文集》第一卷,许良英等编译,北京:商务印书馆,1976年第1版,第480页。

往使离开科学领域很远的问题的哲学观点发生变化。科学所企图的目的是什么呢？一个描述自然的理论应该是怎样的呢？这些问题，虽然超越了物理学的界限，但却与物理学有很密切的关系，因为正是科学提供了产生这些问题的素材。哲学的推广必须以科学成果为基础。可是哲学一经建立并广泛地被人们接受以后，它们又常常促使科学思想的进一步发展，指示科学如何从许多可能的道路中选择一条路。等到这种已经接受了的观点被推翻以后，又会有一种意想不到和完全新的发展，它又成为一个新的哲学观点的源泉。"①

我们先讨论科学对哲学或哲学家的作用。从历史上看，近代哲学是伴随近代科学一起成长的。作为科学家的哲学家笛卡儿和莱布尼兹的哲学当然渗透了科学的要素；洛克和休谟的经验论哲学在某种程度上是当时经验科学认识和方法的映射；康德的批判哲学明显打上牛顿力学的印记，是经典科学认识论的直接表达：人的心智如何概括物理世界的普遍定律（牛顿定律）。大多数近代哲学家深切感到，哲学无法脱离科学，更不能违背科学定律，有必要与关于世界的科学知识协调起来。在 19 和 20 世纪之交，批判学派的哲人科学家马赫的要素论、彭加勒的约定论、迪昂的整体论，率先表达了现代科学的认识论和方法论意向，它们直接导源于科学，是在科学的土壤里萌生的。1920 年代和 1930 年代诞生和兴旺的逻辑经验论，其与科学可谓亲密无间：它一方面受到批判学派科学思想和哲学思想的促动，另一方面受到弗雷格、怀特海和罗素的逻辑发展的影响，同时受到 20 世纪物理学革命及其成果（相对论和量子力学）的滋养。无怪乎霍金斯断言："事实上，自文艺复兴以来的整个哲学，都表明来自科学的深刻影响。"②拉波波

---

① 爱因斯坦、英费尔德：《物理学的进化》，周肇威译，上海：上海科学技术出版社，1962 年第 1 版，第 39 页。

② D. Hawkins, The Creativity of Science. H. Brown ed., *Science and Creative Spirit*, *Essays on Humanistic Aspects of Science*, Toronto: University of Toronto Press, 1958, pp. 127 - 165.

特甚至有点言过其实地认为:"唯有科学成功地构造了实际统一的哲学,即另一种诗意和谐的隐喻系统。科学的哲学使得哲学的审查和比较成为可能的,不管这些哲学是作为逻辑结构的体系,还是更有特点作为人的行为的例子。"①现在,我们转而论述,科学究竟通过哪些途径或借助哪种方式对哲学或哲学家起作用的。

科学为哲学提供概括的原始资料和思想资源。科学成果是从事哲学概括的宝贵资料和丰富资源,它能够向哲学提出问题,启发哲学洞察力。多伊奇揭示,特别是在哲学思想中,科学资料和方法的影响也许更强烈。从17世纪到18世纪,许多哲学论述都是以"科学的"方式发展的,这种方式在于能够从物理学中借用的因果性或必然性风格,证明的例子是从欧几里得几何学借用的。斯宾诺莎特别写了"几何学方式的伦理学"。在我们的时代,数学逻辑和哲学思维的相互作用在罗素和怀特海的著作中是明显的。自然选择和进化的生物学概念显现在像尼采、本格森和杜威这样的哲学家中。我们时代的许多哲学贡献是由在科学领域做出著名进展的人做出的,如詹姆斯、罗素、布里奇曼、莫里斯、弗兰克和维纳。② 德布罗意(也译作"德·布洛衣")强调:"哲学存在的根据在于它试图总结全部人类知识,以比较和批判的方法做最高的概括,从而建造一个体系——普遍的理论——以囊括全部知识。这个体系是相当脆弱的,然而它却适应于人类热烈而迫切的需要。对那一时代的科学结论无知,甚至不知其梗概的人,又怎么能以严肃的态度去完成这项艰巨的任务呢?如果一个人不在一定程度上通晓各学科所使用的方法,对这些科学结论也无足够广泛的知识,

---

① A, Rapoport, Appendix One; I. Cameron and D. Edge, *Scientific Image and Their Social Uses*, London, Boston: Butterworths, 1979, p. 67-74.

② K. W. Deutsch, Scientific and Humanistic Knowledge in the Growth of Civilization. H. Brown ed., *Science and the Creative Spirit*, *Essays on Humanistic Aspects of Science*, Toronto: University of Toronto Press, 1958, pp. 1-51.

他怎能对这些方法进行比较和鉴别？怎能评价这些结论？如果一个人不能悉心去考察由科学的精密研究所提供的关于自然的资料,他怎能着手对自然界做普遍解释这项大胆的工作？如果忽视这些,哲学家是不可能认真地进行工作的。"①霍耳顿揭橥:"科学不仅创造了文化的象征性词汇中很重要的一部分,而且也为我们的意识形态提供了某些形而上学基础和哲学定位。结果,科学论证的方法、科学概念和范例,已经首先渗透到这个时代的理智生活中,接着渗透到人们日常生活的信念和日常生活习惯用法中。所有的哲学都与科学分享了一些必需的概念,如空间、时间、质量、物质、秩序、定律、因果性、证明、实在。例如,我们的思维在很大程度上借助了统计学、水力学和太阳系的模型。"②罗森堡甚至有些激进地认为,事实上哲学只研究两类问题:科学——包括物理学、生物学和社会科学——无法解答的问题,以及之所以无能为力的原因。③

科学能够在塑造自然观或世界观的过程中发挥主导作用。哥白尼的日心说,牛顿的经典力学,达尔文的进化论,爱因斯坦的相对论,量子力学,大爆炸宇宙模型,遗传物质密码,都大大促进乃至决定了一个时代的自然观或世界观的形成或强固。雷舍尔一针见血地指出:"科学在其广泛的意义上是文化传统的一部分。纵览我们文明发展的整个过程,科学总是值得'自然哲学'这一历史称号的。不管我们描述事实的方式发生多么大的变化,在形成我们整个思想领域根本的世界观中,科学所起的造型作用这一基本状况将依然如故。"④不过,也有必

---

① 德·布洛衣:《物理学与微观物理学》,朱津栋译,北京:商务印书馆,1992年第1版,第202-203页。
② 霍耳顿:《爱因斯坦、历史与其他激情——20世纪末对科学的反叛》,刘鹏等译,南京:南京大学出版社,2006年第1版,第40-41页。
③ 威尔逊:《论契合——知识的统合》,田洺译,北京:三联书店,2002年第1版,第12页。
④ N. Rescher, The Ethical Dimension of Scientific Research. E. D. Klemke et ed., *Introductory Reading in the Philosophy of Science*, New York: Prometheus Books, 1980, pp. 238-253.

要记取马赫的告诫:"物理科学并未自命是完备的世界观;它只是声称,它正在为未来这样一个完备的世界观而工作。科学研究者的最高哲学,恰恰是对不完备的世界概念的这种宽容和对它的偏爱,而不是对表观完美的,但却不适当的世界概念的宽容和偏爱。"①

方法论出自科学发展的恰当阶段。对此,马赫具有明锐的见解:"如果使方法论的知识系统化和有序化的工作在科学发展的恰当阶段合适地进行,那么就务必不要低估这项工作。但是,人们必须强调,如果完全能够取得探究实践,那么与其说它将通过苍白的抽象公式推进,毋宁说通过特定的生动例子推进,抽象公式在任何情况下都需要具体例子才变得可以理解。因此,其引导对科学研究的门徒而言实际上有用的例子在最重要的科学家那里,诸如在哥白尼、吉尔伯特、开普勒、伽利略、惠更斯、牛顿以及较近的 J. F. W. 赫谢尔、法拉第、惠威尔、麦克斯韦、杰文斯等人那里。"②演绎法和归纳法的产生分别与古代科学和近代科学密切相关,约定论和整体论的方法、探索性的演绎法直接与现代科学并生——这些都是众所周知的事实。

科学在共同的研究领域内为哲学研究提供借鉴。例如,对于人和人性的研究或所谓的人的哲学,是哲学的一个重要领域,科学在人的研究方面的结果能够供哲学参考。休谟早就提出"人性本身是科学的首都或心脏"的命题。他说:"一切科学对于人性总是或多或少地有些关系,任何学科不论似乎与人性离得多远,它们总是会通过这样或那样的途径回到人性。即使数学、自然哲学和自然宗教,也都在某种程

---

① E. Mach, *The Science of Mechanics: A Critical and Historical Account of Its Development* (Sixth Edition), Translated by Thomas J. McCormack, Lasalle. Illinois: The Open Court Publishing Company, 1960, p. 559.

② 马赫:《认识与谬误——探究心理学论纲》,李醒民译,北京:华夏出版社,2000年第1版,第1-2页。

度上依靠于人的科学;因为这些科学是在人类的认识范围之内,并且是根据他的能力和官能而被判断的。"① 而且,科学能够为人道主义理想带来建设性的知识,这种知识取自于作为社会生产力发展和社会关系发展的结果、作为特定科学工具而掌握的精密科学和社会科学,从而丰富和扩充了我们关于人的知识。②

科学在某种程度上可以确认或否认形而上学体系。迪昂说得好:"一般而言,阐述事实或定律的科学命题是赋予客观含义的实验观察和没有任何客观含义的理论诠释即纯粹符号的密切混合物。对于形而上学家来说,必须分离这种混合物,以便得到尽可能纯粹的、形成它的两个要素的头一个;确实,只有在这个要素中,只有在这个观察要素中,它的体系才能够得到确认或陷入矛盾。"③

以科学为研究对象或基本素材的科学哲学和自然哲学本来就是哲学的重要分支。这个事实也许是科学对哲学最为径直的贡献和最为有力的作用了。赖兴巴赫深中肯綮:"传统的哲学家常常拒绝承认对科学的分析是一种哲学,继续把哲学与杜造哲学体系等同起来。他没有认清,哲学体系已失去它们的意义,它们的职司已被科学哲学取代。科学哲学家并不畏惧这种对抗。他听任老派哲学家去杜造哲学体系,而干着自己的工作;在被称为哲学史的哲学博物馆里,仍旧有地方可以用来陈列那些体系的。"④ 奥斯特瓦尔德洞察到,在20世纪的开端,由于科学的综合化引发了自然哲学复兴的大趋势。目前的运动绝

---

① 休谟:《人性论》,关文运译,北京:商务印书馆,1980年第1版,第6-7页。
② 西米诺娃:科学的人性化,林啸宇等译,北京:《科学学译丛》,1989年第1期,第6-10页。
③ 迪昂:《物理学理论的目的和结构》,李醒民译,北京:华夏出版社,1999年第1版,第328页。
④ 赖兴巴赫:《科学哲学的兴起》,伯尼译,北京:商务印书馆,1983年第1版,第98-99页。

不是传统上在大学声称的学院哲学发出的复兴,而宁可说是具有自然哲学的原初特征。它把它的起源归因于这样的事实:在最近半个世纪的专门化之后,科学的综合因素再次强有力地坚持自己的权利。必须认为,需要最终从普遍的观点考虑全部众多的分离科学,需要发现自己个人的活动和人类在其整体上的工作之间的关联,是目前的哲学运动最丰饶的源泉,正如它在一百年前是自然哲学努力的源泉一样。尽管旧自然哲学不久终结于思辨的无边海洋中,但是目前的运动却允诺会有持久的结果,因为它建立在极其广阔的经验的基础上。①

不用说,哲学可以被科学赋予特征,但它不是科学的一部分:哲学具有它自己的问题和先入之见,包括使传统的知识论和传统的新哲学保持生气的问题和先入之见。② 这一点应该引起人们的注意。我们不赞同逻辑经验论把哲学划归为科学的企图,事实上这个目标也是难以实现或无法达到的。

四、哲学对科学或科学家的作用

从历史上讲,诚如爱因斯坦和海森伯所说:"哲学是其他一切学科之母,她生育并抚养了其他学科。"③ "近代科学技术这一巨大潮流发源自古代哲学领域里的两个源泉(数学与原子论)。虽然许多其他支流汇入这一潮流,助其潮长其流,但其源头一直持续地自己显露出来。"④

---

① 奥斯特瓦尔德:《自然哲学概论》,李醒民译,北京:华夏出版社,2000年第1版,第1-2页。

② T. Sorell, *Scientism, Philosophy and the Infatuation with Science*, London and New York:Routledge,1991, p.151.

③ H.杜卡丝、D.霍夫曼编:《爱因斯坦论人生》,高志凯译,北京:世界知识出版社,1984年第1版,第93页。

④ 海森伯:《物理学家的自然观》,吴忠译,北京:商务印书馆,1990年第1版,第33页。

在现实中,哲学对科学的作用也是不容否认的。笔者在二十多年前曾经论述说,哲学除了自己的固有任务①(如对自然的本性和人生的真谛的探索)外,它至少可以充当科学的"辩护士"(科学需要哲学解释为之辩护)和"马前卒"(科学需要哲学批判和哲学启示为之开路)——这是哲学对科学的"顾后"和"瞻前"作用。② 现在,笔者拟胪缕哲学对科学或科学家的作用或功能。

解释功能。哲学能够从广泛的认识论视野和深邃的形而上层次对科学的结果做出解释、证明和辩护,从而洞悉科学结果的深刻含义和在知识本体中的应有地位。瓦托夫斯基说得好:"不管古典形式和现代形式的形而上学思想的推动力,都是企图把各种事物综合成一个整体,提供出一种统一的图景或框架,在其中我们经验中的各种各样的事物能够在某些普遍原理的基础上得到解释,或可以被解释为某种普遍本质或过程的各种表现。"③这种解释不仅能够坚定发现者或发明者的自信,也便于引起科学共同体的广泛关注或坦然接受,继续进行验证和深究。要知道,凡是重大的科学发现或革命性的科学发明,都有悖于传统,有违于经典,往往会遭到抵制和反对,哲学的阐释和辩护在这里显得尤为必要。实际上,"哲学总是依其与科学的关系,在不同程度上履行认识方法论和对认识结果做宇宙观解释的职能。建立知识的理论体系和对其结论做逻辑证明的要求,也使哲学与科学联系起来。"④

---

① 例如,王星拱有言:"我们固然不能实践所有的善,但是我们应该爱慕所有的善;在知识的方面,我们固然不能得着所有的真实,我们也应该培养对于所有真实之爱慕。这一种培养的责任,就是哲学——科学之科学——所应担负起来的。"参见王星拱:《科学概论》,上海:商务印书馆,1930年第1版,第233页。
② 李醒民:在哲学与科学之间,北京:《光明日报》,1988年12月26日,第3版。
③ 瓦托夫斯基:《科学思想的概念基础——科学哲学导论》,范岱年等译,北京:求实出版社,1982年第1版,第14页。
④ 阿列克谢耶夫:科学,李建珊译,北京:《科学与哲学》,1980年第4辑,第17-28页。

分析功能。哲学对科学的基本概念或基本原理具有分析功能，从而可以鉴别它们的长短优劣，以决定如何处置或取舍，或促使科学体系日益完善，或发现推进科学的重大突破口。对此，爱因斯坦具有深沉的体验："分析那些流行已久的概念，从而指明它们的正确性和适用性所依据的条件，指明它们是怎样从经验所给予的东西中——产生出来的，这绝不是什么穷极无聊的游戏。这样，它们的过大权威性就会被戳穿。如果它们不能被证明为充分合法，它们就将被抛弃；如果它们同所给定的东西之间的对应过于松懈，它们就将被修改；如果能建立一个新的、由于无论哪种理由都被认为是优越的体系，那么这些概念就会被别的概念所代替。"[1]德布罗则从正反两个方面阐明："对于一位科学家，特别是一位理论家，如果他无视哲学家，特别是忽视他们的评论著作，确有一些危险性。实际上，经常有这种情况，他们使用的方法和概念并没有经过充分的分析，他们没有经过审慎的研究，不自觉地就接受了某种哲学体系，从而教条主义地拒绝对他们先入之见的评论。这样，许多现代科学家不知不觉成为天真的实在论的牺牲者。他们接受了某种物质论和机械论性质的形而上学，并把它看成是科学真理的唯一表示。物理学的最近发展对现代思想的伟大贡献之一，就是它打破简单化的形而上学，并且以此为契机引起某些传统的哲学命题在全新的形势下的再考虑。因此这就为科学和哲学的协调做好了准备；为了科学能继续发展，我们必须着手研究，或者说我们无论如何都要碰到哲学含义问题，并且要考虑它的新的更根本的解决。另一方面，哲学家不得不考虑一些新的、由物理学家提供给哲学家思考的问题。"[2]

---

[1] 爱因斯坦：《爱因斯坦文集》第一卷，许良英等编译，北京：商务印书馆，1976年第1版，第85页。

[2] 德·布洛衣：《物理学与微观物理学》，朱津栋译，北京：商务印书馆，1992年第1版，第202-203页。

批判功能。哲学本来就具有摧枯拉朽、激浊扬清的批判功能,运用在科学上,无疑能够为科学的发展扫清思想障碍,为新思想的涌现创造自由的气氛。马赫1883年在《力学及其发展的批判历史概论》中对经典力学基本概念或基本原理的批判,就起到廓清教条主义和先验论、推翻力学自然观统治地位的作用,成为物理学革命行将到来的先声。马赫说得好:"哲学家并未打算解决一个或七个或九个宇宙之谜;他们仅仅带头消除妨碍科学探究的假问题(false problems),而把其余的问题留给实证研究。我们只为科学研究提供否定的法则……"①爱因斯坦道出了之所以需要发挥哲学批判功能的缘由:习用已久的有用概念"很容易在我们那里造成一种权威性,使我们忘记了它们的世俗来源,而把它们当做某种一成不变的既定的东西。这时,它们就会并被打上'思维的必然性'、'先验的给予'等等烙印。科学前进的道路在很长一段时期内被这种错误弄得崎岖难行"。况且,"整个科学不过是日常思维的一种提炼。正因为如此,物理学家的批判性的思考就不可能只限于检查他自己特殊领域里的概念。如果他不去批判地考察一个更加困难得多的问题,即分析日常思维的本性问题,他就不能前进一步。"②因此,正如怀特海所言:"如果科学不愿退化成一堆杂乱无章的特殊假设的话,就必须以哲学为基础,必须对自己的基础进行彻底的批判。"③

范式功能。一般而言,在常规科学时期,科学研究可以不需要哲学,尤其是当它已经具有包含世界观、自然图景、认识论、方法论、科学

---

① 马赫:《认识与谬误——探究心理学论纲》,李醒民译,北京:华夏出版社,2000年第1版,第17页。
② 爱因斯坦:《爱因斯坦文集》第一卷,许良英等编译,北京:商务印书馆,1976年第1版,第85、341页。
③ 怀特海:《科学与近代世界》,何钦译,北京:商务印书馆,1959年第1版,第17页。

观念等等在内的牢靠基础或范式时。在这种情况下,科学家故意忽视哲学是没有多大危险的,有许多杰出的科学家从未接受过哲学的影响,也能够做出很优秀的工作。不过,这只是表面现象,因为科学家有现成的范式供其使用,而范式则蕴含诸多哲学要素或形而上学成分。例如,力学哲学或力学自然观在牛顿之后就起到科学研究范式的作用。布朗(R. H. Brow)表明,笛卡儿为力学哲学的观念奠定了基础,向世人最强有力地、最令人信服地、最有影响地表明这一科学方法的,却是牛顿。在力学哲学的信条中,第一项是世界能够通过理性的运用来认识;第二项与其说是信念,还不如说是希望,即这种认识能够借助于数学用力学模型来描述。在这种新的"科学的"世界观中,世界被看作是物质结构的连续;物理事件不再像人们早期相信的那样由人的能力和意图来支配,这些物体服从把原因和结果联系起来的普适的、数学的定律。行星不再由于上帝之爱而运动,下落的物体并非渴望到达它们在事物格局中的固有位置;的确,它们还服从象征的力量,但是新的象征对应于诸如质量、力和速度这样的可测量的量,即牛顿定律的代数符号。在不得不接受经院哲学权威的若干世纪之后,遇到关于世界的新的、根本的思维方式,必定是令人兴奋的。[①] 确实,力学哲学在当时不仅促进了力学向深度和广度进军,而且也直接有助于物理学其他部门(电学、磁学、热学、光学等)的发展和进步。

革新功能。马赫通过力学史研究揭示,哲学能够在科学创新中发挥无可替代的作用。我们把在空气静力学领域最原创的和最富有成果的成就归功于奥托·冯·居里克。总的来说,他的实验似乎受到哲

[①] R. H. 布朗:《科学的智慧——它与文化和宗教的关联》,李醒民译,沈阳:辽宁教育出版社,1998年第1版,第12—13、54页。

学思辨的启发。可以把迈尔看作是热和能量理论的哲学家；焦耳提供了实验根据，他也通过哲学考虑通向能量原理。① 尤其是在革故鼎新的科学革命时期，旧科学观念摇摇欲坠，新科学范式尚未确立，科学家手中缺乏破旧立新的思想武器，它们只好求助于哲学思维和哲学启迪，独辟蹊径、出奇制胜。爱因斯坦恰如其分地表述了这种状况："常听人说，科学家是蹩脚的哲学家，这句话肯定不是没有道理的。那么，对于物理学家来说，让哲学家去做哲学推理，又有什么不对呢？当物理学家相信他有一个由一些基本定律和基本概念组成的严密体系可供他使用，而且这些概念和定律都确定得如此之好，以致怀疑的风浪不能波及它们，在那样的时候，上述说法固然可能是对的；但是像现在这样，当物理学的这些基础本身成为问题的时候，那就不可能是对的了。像目前这个时候，经验迫使我们去寻求更新、更可靠的基础，物理学家就不可以简单地放弃对理论基础做批判性的思考，而听任哲学家去做；因为他们自己最晓得，也最确切地感觉到鞋子究竟是在哪里夹脚的。在寻求新的基础时，他必须在自己的思想上尽力弄清楚他所用的概念究竟有多少根据，有多大的必要性。"② 爱因斯坦正是在吸取马赫、彭加勒、迪昂、皮尔逊对经典力学基础的哲学分析和哲学批判的前提下，通过对时空概念的哲学思索和物理探究，攀登到相对论的巅峰的。

五、科学家与哲学或哲学家

从上面的讨论可知，科学与哲学既有相异之点，也有相同之处；尤

---

① E. Mach, *The Science of Mechanics: A Critical and Historical Account of Its Development* (Six Edition), Translated by Thomas J. McCormack, Lasalle, Illinois: The Open Court Publishing Company, 1960, pp. 141, 603.

② 爱因斯坦：《爱因斯坦文集》第一卷，许良英等编译，北京：商务印书馆，1976年第1版，第341页。

其是,科学与哲学是相互影响,彼此促进的。因此,作为科学的研究者、实践者和创造者的科学家与哲学或哲学家必定有某些关联,就是题中应有之义了。在这里,我们拟从以下几个方面加以探讨。

1. 科学家直接或间接地离不开哲学和形而上学思维

从哲学对科学的解释功能、分析功能、批判功能、范式功能、革新功能不难看出,哲学直接或间接地作用于科学,因此科学家无论如何是无法离开哲学的,就像他在地面上无法摆脱地球的引力一样。马赫言之凿凿:"哲学充分地包含在专门知识与知识巨大本体的关系的任何正确观点之中——这必然要求每一个专门研究者要有哲学。在富有想象力的问题的形成中,在每一个包含是可以解决的还是不可解决的荒谬绝伦的东西的阐明中,都承认需要哲学。"他大声疾呼:"请重视真正的哲学努力吧!这种努力把许多知识溪流导入一条共同的小河,在我的著作中不会发现缺乏它,尽管这本著作采取反对思辨方法入侵的坚定立场。"① 彭加勒从一个方面揭示:"也许到某一天,物理学家将对那些用实证方法不能达到的问题毫无兴趣,而把它们交给形而上学家。可是,这一天尚未来到;人们不会如此听命于对事物根底永远无知。"② 莫兰则毫不迟疑地断定:"缺乏反思的经验科学和纯粹思辨的哲学都是有缺陷的;没有科学的良心和没有良心的科学在根本上都是片面的和起片面化作用的。"③

确实,科学离不开哲学或形而上学④。爱因斯坦洞晓,所有不能从

---

① E. Mach, *The Science of Mechanics: A Critical and Historical Account of Its Development*, Translated by Thomas J. McCormack, Lasalle. Illinois: The Open Court Publishing Company, 6th ed., 1960, pp. 610, xxiii – xxiv.

② 彭加勒:《科学与假设》,李醒民译,沈阳:辽宁教育出版社,2001年第1版,第159页。

③ 莫兰:《复杂思想:自觉科学》,陈一壮译,北京:北京大学出版社,2001年第1版,第 viii – ix 页。

④ 波普尔曾经说过这样的话:"我甚至并不主张形而上学对于经验科学是毫无价值的。因为无可否认,与阻碍科学前进的形而上学思想一起,也曾有过帮助科学前进的形而上学思想,例如思辨的原子论。"参见波普尔:《科学发现的逻辑》,查汝强等译,北京:科学出版社,1986年第1版,第12页。

感觉材料推出的概念和命题都具有形而上学的特征,要把它们从科学思维中清洗掉是不可能的。"对形而上学的恐惧"是致命的和危险的,因为科学家没有"形而上学"毕竟是不行的。他坚信:"每一个真正的理论家都是一种温和的形而上学者,尽管他可以把自己想象成一个多么纯粹的'实证论者'。"①薛定谔深有体会地说:"如果我们真的排除了一切形而上学,那我们就很难对任何科学领域中哪怕是最明确规定的专业部分,做出明白的阐述,我们会发现这样做要难得多,说实在话,也许完全不可能。……因为真正把形而上学排除出去,等于使艺术和科学双双丧失灵魂,把它们变成毫无发展可能的枯骨。"②

2. 科学家并非刻意要做哲学家,但是确实有可能成为哲学家

科学家就是科学家,他们是以科学研究为旨趣和职业的,并非刻意要做哲学家。但是,面对现实的科学状况,有时迫使他们不得不以更广阔的视野和更深邃的眼力观察事态和思考问题,加之他们一些人又具有较高的哲学素养,特别是他们善于对自己科学创造在认识和方法上加以总结和提炼,他们在科学创造的同时也十分自然地做出哲学创造,尽管这种哲学可能不很连贯、不很系统。不过,后人还是尊重事实,老老实实地承认他们是哲学家。在这里,马赫的一番表白典型地道出了科学家的心态:"科学家一点也不是哲学家,甚或不想被人称为哲学家,但是他强烈地需要揣测他借以获得和扩展他的知识的过程。这样做的最明显的方式是仔细地审查在人们自己的领域和比较容易达到的邻近领域里知识的成长,尤其是察觉引导探究者的特殊动机。对已经接近这些问题的科学家来说,由于常常经历进行解答的紧张和

---

① 《爱因斯坦文集》第一卷,许良英等编译,北京:商务印书馆,1976 年第 1 版,第 409－411、496 页。

② 薛定谔:《泛论形而上学》,全增嘏译;马小兵选编:《理性中的灵感》,成都:四川人民出版社,1997 年第 1 版,第 131－132 页。

此后达到的放松,这些动机应该比其他人更为显而易见。因为几乎在每一个新的重大的问题解答中,他将继续看见新的特征,所以他将发现系统化和图式化更为困难,显然总是不成熟的:因此他乐于把这样的方面留给在这个领域具有更多实践的哲学家。如果科学家把探究者的有意识的心理活动看作是动物的和在自然及社会中的人的本能活动的变种,即有条理地阐明、加强和精炼的变种,那么他会感到心满意足。""尤其是,不存在马赫哲学,而至多只存在科学方法论和认知心理学,这二者像所有科学理论一样是暂定的、不完善的尝试。我对于借助异己的添加由此可能构造的哲学不承担责任。"[①] 海森伯特别强调:"科学家的哲学也许不能说是一种独立完整的哲学体系。创立这种哲学体系的任务最好留给专业哲学家去完成。我们知道,我们的工作充其量不过是盖起一幢大楼,这幢楼的结构和内部的安排将处处表现出我们的倾向和思想习惯的痕迹,这些倾向和痕迹来自我们各人日常所关心的特殊种类的自然现象。"[②]

3. 科学家要有主见,避免受时髦哲学的诱惑或摆布

在这方面,马赫对科学家发出告诫:"虽然我总是对邻近我的专业的领域和哲学极其感兴趣,但是自然而然地是,我作为一位周末猎手愿意在这些领域的某一些之中,特别是在最后的哲学中漫游。……我已经明确地声明,我不是哲学家,而仅仅是科学家。不管怎样,倘若我时常在某种程度上被冒失地计入哲学家之内,那么这个过错不是我的过错。但是,很明显,我也不希望在某种程度上以下述方式成为盲目地把他自己交托给单独一个哲学家指导的科学家,而莫里哀(Molière)

---

① 马赫:《认识与谬误——探究心理学论纲》,李醒民译,北京:华夏出版社,2000年第1版,第1、4页。
② 海森伯:《物理学家的自然观》,吴忠译,北京:商务印书馆,1990年第1版,第91-92页。

笔下的医生也许就是以这样的方式期望和要求他的病人的。""我不是旨在把新哲学引入科学,而是从科学中清除陈旧的和僵化的哲学。"①薛定谔富有智慧地提出,如何在科学和形而上学之间保持必要的张力:"作为一个科学家,我认为像我们这些生在康德之后的人,要能一方面在我们各个领域里逐步树立起一些障碍来限制形而上学对我们阐述真正事实的影响,另一方面又把形而上学作为普遍知识和特殊知识的必不可少的基础保持下来,这是个特别困难的任务。这个明显的矛盾就是问题之所在。我们可以形象地说,当我们在知识的道路上前进的时候,我们必须让形而上学的无形之手从迷雾中伸出来指引我们,但同时又得保持警惕,以防形而上学温柔的诱惑把我们拉离大路而坠入深渊。也可以用另一种形象的比较:在知识道路上前进的大军中,形而上学无疑是先锋队,它在我们不熟悉的敌境内布下一些前哨;我们不能没有这些前哨,但我们也知道这些前哨容易遭受阻击。再换一种形象来说,形而上学并不是知识大厦的一部分,而只是脚手架,但是没有这些脚手架,房子就造不下去。我们甚至可以说,形而上学在其发展过程中,可以变为'形而下学'亦即物理科学——但是这当然不是就像在康德以前有可能出现的那种转变。也就是说,决不是把原来不确定的意见逐渐建立起来,而始终是通过哲学的观点的澄清和改变来实现的。"②

4. 伟大的科学家很容易成为伟大的哲学家,即哲人科学家③

科学研究和哲学思维长期以来是并驾齐驱的。在近代科学诞生

---

① 马赫:《认识与谬误——探究心理学论纲》,李醒民译,北京:华夏出版社,2000年第1版,第2-3页。
② 薛定谔:《泛论形而上学》,全增嘏译;马小兵选编:《理性中的灵感》,成都:四川人民出版社,1997年第1版,第132-133页。
③ 李醒民:论作为科学家的哲学家,长沙:《求索》,1990年第5期,第51-57页。上海:《世界科学》以此文为基础,发表记者访谈录《哲人科学家研究问答——李醒民教授访谈录》,1993年第10期,第42-44页。李醒民:《哲人科学家:站在时代哲学思想的峰巅》,北京:《自然辩证法通讯》,1999年第21卷,第6期,第2-3页。

之前,科学还没有从哲学分化出来,科学家本来就是哲学家,例如毕达哥拉斯、柏拉图和亚里士多德。即使在近代科学出现后的一段相当长的时间内,科学还被称为自然哲学,当时的诸多科学家也是哲学家,比如笛卡儿、牛顿、莱布尼兹以及后来的百科全书派的科学家,英国进化论思想家达尔文、赫胥黎。乃至到19世纪末和20世纪初,在科学共同体内,依然陆续涌现出一批哲人科学家,像德国的五大物理学巨星基尔霍夫、亥姆霍兹、克劳修斯、玻耳兹曼、赫兹和数学大师高斯、黎曼等,批判学派的代表马赫、彭加勒、迪昂、奥斯特瓦尔德、皮尔逊,爱因斯坦,量子物理学大家普朗克、波恩、玻尔、薛定谔、德布罗意、海森伯、泡利等。到20世纪中后期,由于科学学科的严重分化和专门化,加之教育专业化的势头有增无减,哲人科学家比较稀罕了,但是毕竟还有普利高津、费曼、玻姆、惠勒、温伯格、西蒙、霍金之类的人物。

  伟大的科学家之所以容易成为伟大的哲学家,关键在于伟大的科学创造往往牵涉宇宙的深层根底和事物的深奥本性,没有深刻哲学思维的科学家根本无法攻克这个坚固的堡垒;而且,伟大的科学创造都会创造出崭新的概念和普适的原理,科学家由此能够方便地提炼出全新的认识论、方法论以及其他形而上学观念。这是伟大的科学家容易成为伟大的哲学家得天独厚的条件。当然,他们从小就对哲学怀有浓厚兴趣,日后又特别喜好和擅长哲学思维,也是一个重要的原因。彭加勒的经验约定论、迪昂的理论整体论、布里奇曼的操作论、爱因斯坦的多元张力哲学和探索性的演绎法、玻尔的互补哲学,就是哲人科学家在科学创造过程中创造的哲学奇葩。

  马赫早就洞见,科学中的最有意义、最重要的进展是以这种方式做出的:伟大的探究者都有一种习惯,也就是使他们的单个概念与整个现象领域的普遍概念或理想一致,在他们对部分的处理中始终考虑整体,可以把这种习惯的特征概括为名副其实的哲学的传统做法。任何特殊科学的真正哲学处理,将总是在于把结果引入与已经确立的关于整体的知识的联系与和谐之中。哲学无节制的空想以及不恰当的和早产的特殊理论,都将用这种方式加以消除。① 他特别指出:"在我们的时代,再次存在着这样的科学家:他们并未全神贯注于专门研究,而是寻求更为普遍的指导路线。霍夫丁(Høffding)恰当地称他们是'哲学化的科学家'(philosophizing scientist),以便把他们与本来的哲学家区别开来。如果我认为他们中的两人奥斯特瓦尔德和海克尔作为开端,那么他们在自己领域中的重要性肯定是无可争辩的。"② 莫兰也察觉:"与把科学和哲学截然分开的经典教条相反,20世纪最先进的科学都遇到并重新阐明了基本的哲学问题(什么是世界、自然、生命、人类、实在),而且从爱因斯坦、玻尔和海森伯起,最伟大的科学家同时又成为非正规的哲学家。"③

5. 在科学与哲学之间架设桥梁,以消弭科学文化和人文文化的分裂

近百年来,由于种种原因,科学与哲学相互远离,科学家和哲学家鸡犬之声相闻,老死不相往来,从而造成科学文化和人文文化的严重隔阂和人为阔别。这对人类文化发展、社会进步和人的自我完善,都产生了不利的影响,亟须改弦更张。设法在科学和哲学之间架设沟通的桥梁,不失为明智之举。

其实,这样做并非十分困难,甚至可以说是顺理成章的。马赫早

---

① E. Mach, *The Science of Mechanics: A Critical and Historical Account of Its Development* (Sixth Edition), Translated by Thomas J. McCormack, Lasalle, Illinois: The Open Court Publishing Company, 1960, p. 39.

② 马赫:《认识与谬误——探究心理学论纲》,李醒民译,北京:华夏出版社,2000年第1版,第23页。

③ 莫兰:《复杂思想:自觉的科学》,陈一壮译,北京:北京大学出版社,2001年第1版,第vii页。

就明鉴:"科学思维以两种表面上不同的形式呈现出来:作为哲学和作为专家研究。哲学家力图尽可能完备、尽可能综合地使自己定位于与事实总和的关系,这必然使他卷入在从特殊的科学借用的材料上建筑。专门科学家起初只关心就事实的较小领域发现他的道路。然而,由于事实在某种程度上是针对暂时的理智目的任意地和强有力地定义的,这些边界线随科学思想的进展而不断地漂移:科学家最后也终于看到,为了他自己的领域定向的缘故,必须考虑所有其他专门探究的结果。很明显,专门探究者以这种方式通过所有专门领域的混合也集体对准总的图像。由于这至多可以不完美地达到,这种努力或多或少导致从哲学思维那里借用的掩蔽物。于是,所有研究的终极目的是相同的。这本身也在下述事实中显示出来:像柏拉图、亚里士多德、笛卡儿、莱布尼兹等等这样的最伟大的哲学家也开辟了专家探究的新道路,而像伽利略、牛顿、达尔文等等之类的科学家也大量地提出了哲学思想,尽管他们未被称为哲学家。"[1]迪昂倡言:由于哲学与特殊科学相距十分遥远,必须用这些科学的学说养育它,以至它可以把它们吸收并同化到它自身之中;它必定值得重新冠以使它生色的称号:科学的科学(science of science)。针对先前在特殊科学和哲学之间挖掘的深渊,针对早先把这两个大陆连在一起的,在它们之间建立观念的持续交流的海底电缆被弄断,他认为必须再次跨越深渊,接通电缆,使以哲学家为一方和以科学人为另一方的两岸居民协调他们向着统一的努力。他明白,打破传统是容易的,但是重建它却并非易事。不过,他欣喜地看到:"不管怎样,双方勇敢的人士承担起这项任务。在那些献身于专门科学的人中间,有几个人尝试以哲学家可能会欣然同意的形式

---

[1] 马赫:《认识与谬误——探究心理学论纲》,李醒民译,北京:华夏出版社,2000年第1版,第9-10页。

给哲学提供他们详尽探索的最普遍和最基本的结果,某些哲学家在他们一边毫不迟疑地学习数学、物理学和生物学的语言,并且逐渐熟悉各个学科的技巧,以便能够从它们积累的宝库中借用任何可以丰富哲学的东西。"①

一些有识之士察觉,从自然哲学入手,也许是沟通科学和哲学的方便的桥梁。奥斯特瓦尔德明示:"自然科学和自然哲学不是两个天然相互排斥的领域。它们住在一起。它们是通向同一目标的两条道路。这个目标是人对自然的统治。各种自然科学通过收集自然现象之间的全部个别的实际关系,把它们并置,力图发现它们的相互依赖,在此基础上以或多或少的确定性从一个现象可以预言另一个现象,从而达到这种统治。自然哲学的相似的劳作和概括伴随着这些专门化的劳作和概括,只不过具有比较普适的性质。例如,电学作为物理学的一个分支处理电现象的相互关系以及电现象与物理学其他分支中的现象的关系,而自然哲学不仅涉及所有物理关系的相互关联问题,而且也努力把化学的、生物的、天文的现象,简而言之,把一切已知现象,包括在它的研究范围内。换句话说,自然哲学是自然科学的最普遍的分支。"②海森伯倡导,扯起自然哲学的旗帜去远航。自然哲学一词可以赋予另一种含义,自然哲学家是其从事的活动超出自己的研究范围的人。"科学家在自己的研究工作中,不可避免地会接触到一些哲学家所关心的问题。支配科学研究工作并使之做出成功推论的脑力活动,本质上是与哲学探索和指引分不开的。19世纪下半叶,人们对这种关系的认识比较模糊,而到了我们这个时代,这种认识已开始

---

① 迪昂:《物理学理论的目的和结构》,李醒民译,北京:华夏出版社,1999年1月第1版,第350-351页。
② 奥斯特瓦尔德:《自然哲学概论》,李醒民译,北京:华夏出版社,2000年第1版,第3页。

产生重大影响,在科学家阵营里,到处都有一些头脑敏锐的人,想为整个哲学事业贡献自己的一分力量。因此,我们的这个时代正经历着自然哲学的新发展,今天有许多人聚集在这一旗帜之下,这证明自然与哲学这两个概念的融合具有某种魅力,我们每个人在这里边都发现问题,其答案就近在我们心中。"① 与自然哲学一样,科学哲学也是沟通科学与哲学的便捷桥梁,连接科学文化和人文文化的纽带。鉴于笔者本人对此已有专文②论说,此处不拟赘述。

---

① 海森伯:《物理学家的自然观》,吴忠译,北京:商务印书馆,1990年第1版,第91页。
② 李醒民:科学哲学:科学文化与人文文化的交汇点,北京:《光明日报》,1998年11月20日,第5版。李醒民:科学哲学的论域、沿革和未来,北京:《光明日报》,2004年11月16日 B4版。

爱因斯坦与哲学*

爱因斯坦是 20 世纪伟大的科学家，也是 20 世纪伟大的哲学家和思想家——不管他自己是否自视或自称为哲学家①。对于哲学，这位千百年难得一遇的哲人科学家②说过表面看来似乎截然不同的话语。一方面，他充分肯定："哲学是其他一切学科之母，她生育并抚养了其他学科。因此，人们不应该因为哲学的赤身露体和贫困而对她进行嘲弄，而应该希望她那种堂吉诃德式的理想会有一部分遗传给她的子孙，这样他们就不至于流于庸俗了。"③同时他还认为："虽然在最近的将来，理性和哲学似乎十分不可能变成人们的向导，但它们一如既往，依然将是出类拔萃的少数人的安身立命之所。"④他称赞"具有哲学追求的人"是"智慧和真理的朋友"⑤。另一方面，他也以开玩笑的调皮

---

　　* 原载广西宜州，《河池学院学报》(哲学社会科学版)，2005 年第 25 卷，第 1 期。
　　① 据英费尔德回忆，爱因斯坦自认为是哲学家。他常说："我是一个物理学家，但更多的是一个哲学家。"参见 L. Infeld, *Albert Einstein: His Work and its Influence on Our World*, New York: Charles Scribner's Sons, 1950, p. 120. 有人则认为，爱因斯坦从不自诩他自己是哲学家。参见 I. Paul, *Science, Theology and Einstein*, Oxford: Oxford University Press, 1982, p. 127. 不过，爱因斯坦 1920 年 6 月 5 日在致卡西尔(E. Cassirer)的信中，倒是自称过自己是"非哲学家"。
　　② 李醒民：世纪之交物理学革命中的两个学派，北京：《自然辩证法通讯》，1981 年第 3 卷，第 6 期，第 30－38 页。李醒民：论批判学派，长春：《社会科学战线》，1991 年第 1 期(总第 53 期)，第 99－107 页。李醒民：关于"批判学派"的由来和研究，北京：《自然辩证法通讯》，2003 年第 5 卷，第 1 期，第 100－106 页。
　　③ H. 杜卡丝、D. 霍夫曼编：《爱因斯坦论人生》，高志凯译，北京：世界知识出版社，1984 年第 1 版，第 93 页。
　　④ O. 内森、H. 诺登编：《巨人箴言录：爱因斯坦论和平》(上)，李醒民译，长沙：湖南出版社，1992 年第 1 版，第 432 页。
　　⑤ A. Einstein, *Out of My Latter Years*, New York: Philosophical Library, 1950, p. 268.

口吻讥讽哲学:"整个哲学难道不是用蜜写成的吗?乍看起来它好像很精彩,但是如果你再看一看,它完全是垂死的,留下的只是老生常谈,是糨糊状的东西。"①

其实,细究起来,爱因斯坦的看法并无自相矛盾之处。他尊崇的哲学,是那种能够给人以真理和启迪的智慧哲学。他嘲笑的哲学,是那种装腔作势、大而无当、言之无物的"假大空"哲学。如果说他不愿自命为哲学家,那也是不愿做以这样的哲学讨生计的哲学家。在这方面,爱因斯坦像叔本华和尼采一样,对所谓的职业哲学家和体系哲学着实有点不恭敬。不用说,这与爱因斯坦本人的哲学背景和思想风格也有关系。在这里,也许正应了帕斯卡的一句名言:"能嘲笑哲学,这才真是哲学思维。"②

19世纪最后四分之一,在哲学领域,在欧洲是新康德主义与实证论的对峙,在美国则是以皮尔斯为先导的实用主义的兴起。在科学领域,力学自然观顽强地作最后的表演,同时"科学破产"的失败主义四处弥漫。爱因斯坦从小就对哲学深感兴趣,但他既没有随波逐流,也没有趋时赶潮,而是有自己的主见。这种主见在广义相对论建成之后,逐渐表现为一种卓尔不群的哲学独立性和丰厚圆融的思想综合性。爱因斯坦很早就接触了康德,他高度评价康德哲学"那种发人深思的力量",但并不认为相对论"合乎康德的思想"③。他说:"我不是在康德的传统中成长起来的,只是后来我才认识到他的学说中的宝贵之处,那是同现在看来明显谬误的东西并存的。"④他虽然感激地承认马

---

① I. Rosenthat-Schneider, Reminiscences of Einstein, *Some Strangeness in the Proportion*, Edited by H. Woolf, Massachusetts: Addison-Wesley Publishing Company, Inc., 1980, pp. 521-523.

② P. 帕斯卡:《思想录》,何兆武译,北京:商务印书馆,1985年第1版,第6页。

③ 《爱因斯坦文集》第一卷,许良英等编译,北京:商务印书馆,1976年第1版,第104、168页。

④ C. 塞利希:《爱因斯坦》,哈尔滨:黑龙江人民出版社,1979年第1版,第110页。

赫的怀疑的经验论对他"有过很大的影响"①，但他对马赫哲学并不十分同情，并且持批评态度②。他从未把自己与反启蒙主义的德国浪漫派哲学家谢林、黑格尔以及同时代的海德格尔、蒂利希（P. Tillich）的辩证思辨联系起来，他肯定不满意他们脱离科学的艰涩而空洞的梦呓。不过，他在给玻恩的信中也就黑格尔说过一段耐人寻味的话："我以极大的兴趣读了你反对黑格尔、反对迷恋黑格尔哲学的报告，对我们理论工作者来说，黑格尔的哲学是堂吉诃德精神，或大胆地说，是一种诱惑物。但完全没有这种恶习的人，简直就是不可救药的市侩。"③

那么，爱因斯坦的哲学发源地在何处呢？第一，各个时代的哲学大家都是爱因斯坦的思想沃土，其中包括古希腊的先哲，近代哲学大师如笛卡儿、莱布尼兹、斯宾诺莎、洛克等，以及爱因斯坦的同胞先辈叔本华和尼采。爱因斯坦也崇尚中国先哲孔子。第二，它在从开普勒到普朗克的诸多哲人科学家的科学思想和哲学思想里。第三，它在批判学派代表人物马赫、彭加勒、迪昂、奥斯特瓦德、皮尔逊的科学哲学名著中，爱因斯坦科学哲学的诸多构成要素都能在其中窥见蛛丝马迹乃至明显烙印。第四，它在爱因斯坦与逻辑经验论者石里克等以及哥本哈根学派的交流和交锋中。第五，尤其是它在爱因斯坦对自己的科学探索过程和科学成果的哲学反思中。对前人思想成果的吸收、批判和改造，对自己科学实践的沉思、总结和提炼，构成了爱因斯坦明澈的哲学思想的源泉。"问渠那得清如许？为有源头活水来"，此言得之！

爱因斯坦是哲人科学家，也就是作为科学家的哲学家或科学思想家。他在1919年的一封信中，谈到他的哲学研究的主要途径："我只

---

① 《爱因斯坦文集》第一卷，许良英等编译，北京：商务印书馆，1976年第1版，第10页。
② 关于爱因斯坦对马赫的批评以及某些批评不甚妥当的辨析，可参见李醒民：《马赫》，台北：三民书局东大图书公司，1985年第1版，第277-301页。
③ C. 塞利希：《爱因斯坦》，哈尔滨：黑龙江人民出版社，1979年第1版，第229页。

不过希望从口头上和文字上去谈谈那些与我专业有关,同时又令哲学家们感兴趣的东西,这也许是我从事哲学研究的唯一一条途径。"①爱因斯坦之所以在钻研科学的同时热心于哲学研究,这是因为从客观上讲,当物理学的基础本身成问题的时候,此时"经验迫使我们去寻求更新、更可靠的基础,物理学家就不可以简单地放弃对理论基础作批判性的思考,而听任哲学家去做;因为他自己最晓得,也最确切地感觉到鞋子究竟是在哪里夹脚的。在寻求新的基础时,他必须在自己的思想上尽力弄清楚他所用的概念究竟有多少根据,有多大的必要性。""整个科学不过是日常思维的一种提炼。正因为如此,物理学家的批判性的思考就不可能只限于检查他自己特殊领域里的概念。如果他不去批判地考察一个更加困难得多的问题,即分析日常思维的本性问题,他就不能前进一步。"②此外,从主观上讲,爱因斯坦本人也是一个不满足于知其然,而喜欢追本穷源的人。他经常急切地关心这样的问题:我现在所献身的这门科学将要达到而且能够达到什么样的目的?它的一般结果究竟在多大程度上是"真的"?哪些是本质的东西,哪些则只是发展中的偶然的东西的?③诸如此类,不一而足④。

爱因斯坦的哲学既蕴涵在他的科学观念(这些观念本身就是哲学)中,也体现在他对作为一个整体的科学以及科学研究的对象(自然界)的思考中,从而形成了他的别具一格的科学哲学(包括部分自然哲

---

① H. M. 萨斯:爱因斯坦论"真正的文化"以及几何学在科学体系中的地位,赵鑫珊译,北京:《自然科学哲学问题》,1980 年第 3 期,第 47—49 页。
② 《爱因斯坦文集》第一卷,许良英等编译,北京:商务印书馆,1976 年第 1 版,第 341 页。
③ 同上书,第 84 页。
④ 例如,爱因斯坦说,关于现在(the Now)这个问题使他大伤脑筋。他解释道,现在的经验是人所专有的东西,是同过去和将来在本质上都不同的东西,然而这种重大的差别在物理学中并不出现,也不可能出现,这种经验不可能为科学所掌握,对他来说,这似乎是一种痛苦的但却无可奈何的事。参见《爱因斯坦文集》第三卷,许良英等编译,北京:商务印书馆,1979 年第 1 版,第 393 页。

学的内容)。爱因斯坦不仅给哲学家指明了道路,而且他的科学哲学是最鲜活的、最有生命力的、最受科学家欢迎的,因为这种科学哲学是由实践的哲人科学家创造的。科学家之所以选择它,是因为它明晰、诚实、独立,贴近科学家和科学共同体的科学实践和生活形式。

由于问题的驱使,由于鄙弃像"辉煌的海市蜃楼"那样的只能作为"主观安慰物"①的哲学体系,因此爱因斯坦的科学哲学没有晦涩难懂的生造术语,没有眼花缭乱的范畴之网,没有洋洋自得的庞大体系,但是诚如赖兴巴赫所说:"爱因斯坦的工作比许多哲学家的体系包含着更多的固有哲学。"②请听一下爱因斯坦晚年的一则总括性的哲学体验:"我们一方面看到感觉经验的总和,另一方面又看到书中记载的概念和命题的总和。概念和命题之间的相互关系具有逻辑的性质,而逻辑思维的任务则严格限于按照一些既定的规则(这是逻辑学研究的问题)来建立概念和命题之间的相互关系。概念和命题只有它们通过同感觉经验的联系才能获得'意义'和'内容'。后者同前者的联系纯粹是直觉的联系,并不具有逻辑的本性。科学'真理'同空洞幻想的区别就在于这种联系,即这种直觉的结合能够被保证的可靠程度,而不是别的什么。概念体系连同那些构成概念体系结构的句法规则都是人的创造物。虽然概念体系本身在逻辑上是完全任意的,可是它们受到这样一个目标的限制,就是要尽可能做到同感觉经验的总和有可靠的(直觉的)和完备的对应关系;其次,它们应当使逻辑上独立的元素(基本概念和公理),即不下定义的概念和推导不出的命题,要尽可能地少。命题如果是在某一逻辑体系里按照公认的逻辑规则推导出来的,它就是正确的。体系所具有的真理内容取决于它同经验总和的对应

---

① 《上帝死了——尼采文选》,戚仁译,上海:上海三联书店,第 1 版,第 24 页。
② A. Vallentin, *Einstein, A Biography*, Translated from the French By M. Budberg, London: Weidenfeld and Nicolson, 1954, p. 106.

可能性和完备性。正确的命题是从它所属的体系的真理内容中取得其'真理性'的。"①

请看,这段陈述所包含的哲学内涵多么丰富,多么深刻!它把经验论、理性论、约定论、整体论、实在论的合理内核和积极因素都囊括其中,但又不能简单地归之于任何一个"论"或"主义"(-ism),而是在各种"主义"之间保持了必要的张力。它恰如其分地阐明了经验与概念、逻辑和直觉、意义和真理等等之间的关系和职分,它把科学的本体论、认识论和方法论融合在一起。这样简明、深邃、新颖、别致的科学哲学,还能在哪儿找到?

爱因斯坦还就广泛的社会政治问题和人生问题发表了许多文章,其数量并不少于他的科学论著,从而形成了他见解独到的社会哲学和人生哲学。爱因斯坦之所以要分出宝贵的时间用于科学之外的思考,是因为他深知,科学技术的成就"既不能从本质上减轻那些落在人们身上的苦难,也不能使人的行为高尚起来"②。他进而认为:"单靠知识和技术不能使人类走上幸福而高尚的生活。人类有充分的理由把那些崇高的道德标准和道德价值的传播者置于客观真理的发现者之上。在我看来,人类应该更多地感谢释迦牟尼、摩西和耶稣那样的人物,而不是有创造性的好奇的头脑的成就。如果人类要保持自己的尊严,要维护生存的安全以及生活的乐趣,那就应该竭尽全力地保卫这些圣人所给予我们的一切,并使之发扬光大。"③其次,热爱人类,珍视生命,尊重文化,崇尚理性,主持公道,维护正义的天性也不时地激励他、驱使他这样做。最后,在于他的十分强烈的激浊扬清的社会责任感:他希

---

① 《爱因斯坦文集》第一卷,许良英等编译,北京:商务印书馆,1976年第1版,第5-6页。
② 同上书,第432页。
③ T.费里斯:《另一个爱因斯坦》,陈恒六译,北京:《科学与哲学》,1984年第6辑,第45-56页。

望社会更健全、人类更完美;他觉得对社会上的丑恶现象保持沉默就是"犯同谋罪"①。

爱因斯坦的社会哲学内容极为丰富,极富启发意义。他的开放的世界主义、战斗的和平主义、自由民主主义、人道的社会主义,以及他关于科学、教育、宗教的观点,至今仍焕发着理性的光华和理想的感召力,从而成为当今世界谱写和平与发展主旋律的美妙音符。他对人生价值和生命意义的探讨,对真善美的向往和追求,这对于人的劣根性的铲除,对于人性的改造,对于人的自我完善,都具有永不磨灭的意义。

"思想是具有永存价值的东西"②。爱因斯坦的哲学思想像他的科学的理性产品一样,是永恒流芳的。爱因斯坦在纪念牛顿诞辰三百周年所写的话正好可以在这里用作我们的评价:"理性用它的那个永远完成不了的任务来衡量,当然是微弱的。它比起人类的愚蠢和激情来,的确是微弱的,我们必须承认,这种愚蠢和激情不论在大小事情上都几乎完全控制着我们的命运。然而,理解力的产品要比喧嚷纷扰的世代经久,它能经历好多世纪而继续发出光和热。"③

在这里,我想就爱因斯坦的科学哲学思想多说几句话。爱因斯坦的科学哲学是一个由多元哲学——温和经验论、科学理性论、基础约定论、意义整体论、纲领实在论——构成的兼容并蓄、和谐共存的统一综合体。这些不同的乃至异质的哲学思想既相互限定、珠联璧合,又彼此砥砺、相得益彰,保持着恰到好处的"必要的张力",从而显得磊落跌宕、气象万千。这样独特而绝妙的哲学思想很难用一两个"主义"或"论"来囊括或简称,我不妨称其为"多元张力哲学"④。而且,纵观爱因

---

① 《爱因斯坦文集》第三卷,许良英等编译,北京:商务印书馆,1976年第1版,第321页。
② 同上书,第564页。
③ 《爱因斯坦文集》第一卷,许良英等编译,北京:商务印书馆,1976年第1版,第401页。
④ 李醒民:《善于在对立的两极保持必要的张力———卓有成效的科学认识论和方法论准则》,北京:《中国社会科学》,1986年第4期,第143-156页。

斯坦一生的哲学思想之演变,这种多元张力哲学的特征基本是一以贯之的,并不存在突然的转变或明显的断裂(更不存在早期的爱因斯坦和后期的爱因斯坦)。变化的只是各元之间张力的增损和调整,而不是统统去掉哪一元。

爱因斯坦的科学哲学本来是多极并存而又融为一体的多元张力哲学,可是许多哲学家和科学家或出于自己哲学体系的偏见,或囿于某种狭隘的认识论立场,极力从爱因斯坦的众多言论中撷拾片言只语,作为证明自己看法的"铁证"和反对别人观点的"旗帜"。爱因斯坦这头"哲学巨象"就这样被"肢解"了!在这里,我们不由自主地想起瞎子摸象和井底之蛙的寓言。

弗兰克在 1947 年就注意到:许多人认为爱因斯坦是"一种类型的实证论的守护神",并被实证论的反对者视为"邪恶的精神"。尽管他认识到爱因斯坦的哲学态度"不是如此简单的",但还是把爱因斯坦划入"实证论和经验论"之列。① 霍耳顿在 1960 年也提到,从极端实证论者到批判实在论者,都能从爱因斯坦著作中找到某些部分,挂在自己的旗杆上作为反对别人的战斗旗帜。但是,他仍然认为爱因斯坦是从感觉论和经验论为中心的科学哲学转变为理性论的实在论的。② 确实,从 1930 年代爱因斯坦首次被加冕为逻辑经验论的圣徒,到 1960 年代实在论的重新勃兴时期又被册封为实在论的早期斗士,此后类似的举动一直绵延不绝。例如,波普尔把爱因斯坦描绘成批判理性论者和证伪主义者③,费耶阿本德则视其为方法论的无政府主义者④。近

---

① P. Frank, *Einstein: His Life and Times*, London, 1949, pp. 259, 261.
② G. 霍耳顿:《科学思想史论集》,许良英编,石家庄:河北教育出版社,1990 年第 1 版,第 24,38 页。
③ K. 波普尔:《客观知识》,舒伟光等译,上海:上海译文出版社,1987 年第 1 版,第 26 页。
④ P. Feyerabend, *Against Method*, Verso, 1978, pp. 213, 18, 56-57.

些年,法因宣称爱因斯坦的哲学是动机实在论,接近范弗拉森的建构经验论,并让爱因斯坦乘上他的自然本体论的方舟。[1] 霍华德则把以整体论和约定论的不充分决定论的变种,看作是爱因斯坦成熟的科学哲学的基本要素。[2] N.麦克斯韦则把爱因斯坦划入他所杜撰的目标取向的经验论的范畴,并认为相对论就是按此模式发现的。[3]

其实,爱因斯坦的科学哲学不属于任何一个现成的哲学体系,但却明显地高于其中的每一个流派。爱因斯坦有着极强的独立性和批判精神,他在青少年时代博览群书时就不作各种哲学派别的俘虏,他在早期科学实践中就不墨守单一的认识论和方法论。他善于汲取各种不同的乃至相左的思想遗产的长处,又融入了自己的反思和创造,从而在事实与理论、经验与理性、感觉世界与思维世界的永恒命题的张力中开辟自己的道路,从而创造了一个又一个的科学奇迹和思想闪光。难怪玻恩称赞爱因斯坦是"一位发现正确比例的能手"[4]。

爱因斯坦为什么要自觉地采取这样一种多元张力哲学的立场呢?

首先是因为爱因斯坦清醒地认识到,哲学史上任何一个认真的、严肃的、沉思的哲学派别,都有其长短优劣之处,都有其合理的积极因素。正确的思想方法是使它们和谐互补,而不是把某元推向极端,或干脆排斥对立的一极。诚如爱因斯坦1918年所说:"我对任何'主义'并不感到惬意和熟悉。对我来说,情况仿佛总是,只要这样的主义在它的薄弱处使自己怀有对立的主义,它就是强有力的;但是,如果后者被扼杀,而只有它处于旷野,那么它的脚底下原来也

---

① A. Fine, *The Shaky Game*, Chicago: University of Chicago Press, 1986, p. 9.

② D. Howard, Was Einstein Really a Realist? *Perspectives on Science*, 1 (1993), pp. 204 - 251.

③ N. Maxwell, Einstein, Aim-oriented Empiricism and the Discovery of Special and General Relativity, *Brit. J. Phi. Sci*, 44 (1993), pp. 275 - 305.

④ 《爱因斯坦文集》第一卷,许良英等编译,北京:商务印书馆,1976年第1版,第414页。

是不稳固的。"①

其次,是问题的驱使。科学家在实践中面对各种各样亟待解决的问题,需要用不同的思路和方法去灵活处理,才能收到事半功倍之效;而墨守一隅,则往往难以自拔。爱因斯坦谈到在理性论和极端经验论之间摇摆的原因时说:一个逻辑的概念体系,如果它的概念和论断必然同经验世界发生关系,那么它就是物理学。无论谁想要建立这样一种体系,就会在任意选择中遇到一种危险的障碍(富有的困境)。这就是为什么他要力求把他的概念尽可能直接而必然地同经验世界联系起来。在这种情况下,他的态度是经验论的。这条途径常常是有成效的,但是它总是受到怀疑,因为特殊概念和个别论断毕竟只能断定经验所给的东西同整个体系发生关系时所碰到的某件事。因此他认识到,从经验所给的东西到概念世界不存在逻辑的途径。他的态度于是比较接近理性论了,因为他认识到体系的逻辑独立性。这种态度的危险在于,人们在探求这种体系时会失去同经验世界的一切接触。爱因斯坦认为,在这两个极端摇摆是不可避免的。② 依我之见,这种"摇摆"实际上是在对立的两极之间力图保持必要的张力,即寻找微妙的平衡或恰当的支点。

再次,是外部条件的约束,使科学家的态度不同于构造体系的职业哲学家。爱因斯坦说:"寻求一个明确体系的认识论者,一旦他要力求贯彻这样的体系,他就会倾向于按照他的体系的意义来解释科学的思想内容,同时排斥那些不适合于他的体系的东西。然而,科学家对认识论体系的追求却没有可能走得那么远。他感激地接受认识论的概念分析;但是,经验事实给他规定的外部条件,不容许他在构造他的概念世界时过分拘泥于一种认识论体系。因而,从一个有体系的认识论者看来,他必定像一个肆无忌惮的机会主义者:就他力求描述一个

---

① A. Fine, *The Shaky Game*, Chicago: University of Chicago Press, 1986, p. 9.
② 《爱因斯坦文集》第一卷,许良英等编译,北京:商务印书馆,1976 年第 1 版,第 476 页。

独立于知觉作用以外的世界而论,他像一个实在论者;就他把概念和理论看成是人的精神的自由发明(不能从经验所给定的东西中逻辑地推导出来)而论,他像一个唯心论者;就他认为他的概念和理论只有在它们对感觉经验之间的关系提供逻辑表示的限度内才能站得住脚而论,他像一个实证论者;就他认为逻辑简单性的观点是他的研究工作所不可缺少的一个有效工具而论,他甚至还是一个柏拉图主义者或者毕达哥拉斯主义者。"①因此,爱因斯坦不赞成下述经不起审查的错误观点:伽利略成为近代科学之父,乃是由于他以经验的、实验的方法代替了思辨的、演绎的方法。他一针见血地指出,任何一种经验方法都有其思辨概念和思辨体系;而且任何一种思辨思维,它的概念经过仔细的考察之后,都会显露出它们所由产生的经验材料。把经验的态度同演绎的态度截然对立起来,那是错误的,而且也不代表伽利略的思想。实际上,直到19世纪,结构完全脱离内容的逻辑(数学)体系才完全抽取出来。况且,伽利略所掌握的实验方法是很不完备的,只有最大胆的思辨才有可能把经验材料之间的空隙弥补起来。②

爱因斯坦在创立狭义相对论的过程中,多元张力哲学起了显著的作用③。1905年狭义相对论论文《论动体的电动力学》也充满了多元哲学的蕴涵。在这篇论文中,既有经验论和操作论的成分(量杆和时钟的可观察、可操作定义,提出两个原理的经验启示,推论的可检验性等,但相对论的语义指称并非由量杆和时钟构成,因为该理论也适用于微观世界),也有理性论(对称性的考虑,追求逻辑统一性和简单性,用探索性的演绎法形成的原理理论等)、约定论(大胆选择的假设,同

---

① 《爱因斯坦文集》第一卷,许良英等编译,北京:商务印书馆,1976年第1版,第480页。
② 同上书,第585页。
③ 李醒民:哲学是全部科学研究之母——狭义相对论创立的认识论和方法论分析(上、下),长春:《社会科学战线》,1986年第2期,第79-83页;1986年第3期,第127-132页。

时性的约定等)、整体论(该理论是一个有层次、有结构、逻辑严密的整体,像考夫曼实验那样的单个实验很难撼动它,除非摧毁其整个基础)、实在论(作为研究纲领已经渗透在整个理论中)的诸多因素。下面,我们拟以爱因斯坦的真理观加以剖析。

爱因斯坦说过:"'科学的真理'这个名词,即使要给他一个准确的意义也是困难的。'真理'这个词的意义随着我们所讲的究竟是经验事实,是数学命题,还是科学理论,而各不相同。"[①]爱因斯坦在这里实际上已隐含了他的真理观的多元张力哲学特征。

爱因斯坦相信"真理是离开人类而存在的",且"具有一种超乎人类的客观性"。他认为,"'真'这个词,习惯上我们归根结底总是指那种同'实在'客体的对应关系"。物理学家"关于几何学定律是否真",这就"必须把几何学的基本概念同自然界的客体联系起来"。他还指出,科学理论"只是某种近似的真理","自然规律的真理性是无限的"。[②] 这一切,都落入实在论的真理观的范畴内。

爱因斯坦的经验论的真理观在于,他承认理论成立的根据是"它同大量的单个观察关联着,而理论的"真理性也正在此";"我们的陈述的'真理'内容"就建立在基本概念和基本关系"同我们的感觉具有'对应'关系"。他断定"唯有经验能够判定真理",尽管这样做"不会是容易的"。他还提请人们注意:"真"(Wahr)和"被验证"(sich bewähren)这两个概念在语言上的亲缘关系的基础,在于其本质上的关系,而不应仅仅从实用的意义上加以误解。[③]

爱因斯坦虽然基本上把"真(理)"视为理论与实在或经验的符合或对应,但他并未否定关于"数学命题"的真理的问题;他在毫无保留

---

① 《爱因斯坦文集》第一卷,许良英等编译,北京:商务印书馆,1976年第1版,第244页。
② 同上书,第 271、95、158、236、523 页。
③ 同上书,第 115、513、508、592 页。

地承认几何学命题是"具有纯粹形式内容的逻辑上正确的命题"时,也在"有局限性"的意义上承认其"真理性"。作为一个温和的形而上学者,爱因斯坦相信:"逻辑上简单的东西不一定都能在经验到的实在中体现出来,但是根据建立在一些具有最大简单性前提之上的概念体系,能够'理解'所有感觉经验的总和",其根据在于"物理上真的东西"和"逻辑上简单的东西""在基础上具有统一性"。难怪爱因斯坦把内在的完美这个合情合理的标准作为评价科学理论真理性的一个重要标尺,难怪他依据广义相对论的"逻辑性和'刚性'"而对它的真理性深信不疑。① 不仅如此,爱因斯坦的理性论的真理观还体现在下述的1951年所写的短笺中:"真(理)是我们赋予命题的一种质。当我们把这个标签赋予一个命题时,我们为演绎而接受它,演绎和一般而言的推理过程是我们把一致性(cohesion)引入感知世界的工具。标签'真的'是以把这个意图作为最佳意图的方式被使用的。"②

爱因斯坦的约定论的真理观集中体现在下述思想之中:思维是概念的自由游戏,但只有在这种游戏的元素和规则被约定时,才谈得上"真理"概念③。例如,把欧几里得几何学的直线与刚体杆相对应,就可以谈论它的命题真理性。就物理学而言,理论多元论(对应于同一经验材料的复合可以有几种理论)的现实也要求在同样为真的理论中做出选择,这里也有约定的问题。

爱因斯坦的意义整体论表明,命题是从它所属的体系的内容中获取意义的。同样地,正确的命题也是从它所属的真理内容中取得"真理性"的,而体系的真理内容则取决于它同经验总和的对应。他还提

---

① 《爱因斯坦文集》第一卷,许良英等编译,北京:商务印书馆,1976年第1版,第244、249、96、496、380、503页。

② A. Fine, Einstein's Realism, *Science and Reality*, Edited by J. T. Cushing, Indiana: University of Notre Dame Press, 1984, pp. 106–133.

③ 《爱因斯坦文集》第一卷,许良英等编译,北京:商务印书馆,1976年第1版,第3页。

出这样一个原则性的论断:"只有考虑到理论思维同感觉经验材料的全部总和的关系,才能达到理论思维的真理性。"[1]爱因斯坦的整体论的真理观跃然纸上。

综上所述不难看出,爱因斯坦的真理观不仅有传统的真理符合(对应)论和真理融贯(一致)论的成分,也有新创的真理评价论(内在论的真理观)和真理整体论的要素,它融入了爱因斯坦多元哲学思想的积极因素,彼此之间在必要的张力关系中保持着动态的平衡与微妙的和谐。如果说1905年的狭义相对论是爱因斯坦的多元张力哲学在"实践"中的集中显现的话,那么他的真理观则是其多元张力哲学在"理论"上的显著展示。

---

[1] 《爱因斯坦文集》第一卷,许良英等编译,北京:商务印书馆,1976年第1版,第6、523页。

科学家的科学良心*

科学的精神气质(普遍性、公有性、非功利性、有组织的怀疑论)或科学的本性(科学之真:客观性、自主性、继承性、怀疑性;科学之善:公有性、人道性、公正性、宽容性;科学之美:独创性、统一性、和谐性、简单性)时刻以各种形式或公开提醒,或潜移默化科学家:他们应该做什么,而不应该做什么。在科学共同体内部工作的科学家,经过代代相传、亲身实践、自我反思和直觉领悟,逐渐形成了一套合乎道德规范的、并非都成文的外在行为准则。这些准则在科学家的心理世界中的内化就是科学家的科学良心,即科学家内心对科学及其相关领域中各种涉及价值和伦理问题的是非、善恶的正确信念,以及对自己应该承担的道德责任的意识、反省乃至自责。对于科学家个人来说,科学良心会自觉或不自觉地规范他的一言一行:他会为良好的后果而欣慰,也会为不良的后果而愧疚;对科学家共同体而言,科学良心往往形成一种"集体无意识",从而确保科学能够在正常的轨道比较顺利地运行。科学良心是科学家应有的道德品格,也是科学研究和科学进步的实在要素。下面,拟从六个方面展开论述。

1. 科学探索的动机和目的:追求真理,建构客观知识

步入科学共同体的人形形色色,其背景五花八门,他们的探索动机自然各式各样。有的想满足自己的雄心壮志,有的拟寻求特殊的娱乐,有的则怀着纯粹的功利目的。假如科学共同体中仅有这些人,科学

---

* 原载北京:《光明日报》,2004年3月30日B4版,出版时有改动。

绝不会像现在这样繁荣兴旺。要知道,科学是以追求真理或真知为价值导向的,尽管真理或真知也具有相对性。于是,科学家的最高目标和价值取向,应该是追求真理和建构客观知识本身。难怪彭加勒大力倡导为科学而科学;难怪爱因斯坦把力图勾画世界图像,渴望看到先定和谐,看作是无穷的毅力和耐心的源泉;难怪莫诺把追求真理视为科学家至高无上的品德;难怪莫尔强调,为知识而知识的追求不仅对科学家而言是高尚的理想,而且是科学进路的本质,同时也是文化进化的产物。历史上的伟大科学家——诸如开普勒、伽利略、牛顿、达尔文、麦克斯韦、马赫、彭加勒、爱因斯坦等等——莫不如此。

爱因斯坦还从更广阔的伦理道德视野看待对真理的追求。他追随斯宾诺莎,把追求真理同追求善、追求人的道德完美联系起来——因为真理包含着人类心智中终极的善。因此,科学家在献身于真理的追求时,也就是在履行科学家的社会责任和道德义务,而真理的非个人性和超文化性,又使这种追求成为可能。于是,追求真理的愿望必须优先于其他一切愿望的原则,是一份最有价值的思想遗产;对真理和知识的追求并为之奋斗,是人为之自豪的最高尚的品质之一。

2. 维护科学自主:自觉抗争,保持相对独立

自主或自主性(autonomy)本来的字面意义是"自我管辖"。科学的自主性有两方面的含义:它既是科学家个人的,也是科学共同体的。作为前者,诚如康德所说:"自主性是人类本性的尊严和每一个理性本性的基础。"作为后者,科学的自主性意指:科学对其社会环境的依赖与科学独立的核心能够自我决定和自我发展这样两种因素之间的张力。科学的自主性要求,科学家个人应有独立的人格和尊严,对于那些妨害科学进步的政治、经济、观念体系等方面的诱惑或压力,在思想上要高度警觉,在行动上要自觉抵制;科学共同体要协调其成员,力图把各种外部影响纳入到科学自身运动的固有逻辑之中,把各种不利的

干扰加以排除,对威胁科学发展的逆流则应极力抗争,以维护科学的相对独立性。

3. 捍卫学术自由:争取外在自由,永葆内心自由

科学是一项独创性极强的事业,它所发明或发现的是史无前例的知识产品。只有高度精神自由的人才能为之做出贡献。因此,说学术自由是科学的生命和科学进步的守护神,一点也不为过。于是,保证科学共同体的学术自由,尊重科学家自由的首创精神和研究、教学、言论、出版等等自由,就是顺理成章的事了。正如爱因斯坦所说:"追求真理和科学知识,应当被任何政府视为神圣不可侵犯;而且尊重那些诚挚地追求真理和科学知识的人的自由,应该作为整个社会的最高利益。"

学术自由包括两个方面。其一是,社会应该为科学共同体提供一个宽容的环境和自由的氛围,同时制定相关的规范和法律,以惩戒那些危害学术自由的行为。作为科学家个人,也要始终保持内心的自由:摆脱权威、社会习俗、思想偏见、心理定式的束缚,敢于有条理地怀疑批判已有的科学成果,自主地选择自己感兴趣的研究课题,公开讲授和大胆发表自己的思想见解,积极开展学术批评和反批评,勇于反对各种侵犯学术自由的行径……

4. 对研究后果的意识:防止科学异化,杜绝技术滥用

科学是人的理智的产物,科学本身是合理性的。但是,科学本身只创造手段,而不创造目的,它对于价值和目的而言是盲目的。当它被不负责任的人滥用或被怀着邪恶目的的人恶用时,科学的工具就变得毫无理性、极其危险。在现时代,由于科学被人为地打上了政治化、商业化、军事化的印记,科学已经被部分异化了。爱因斯坦在半个世纪前就洞察到这种异化现象:其一是作为科学"副产品"的技术这把"双刃剑"的负面影响,其二是科学专门化和技术化所造成的两种文化

的分裂和精神的扭曲,从而不可避免地导致人们生活的机械化、原子化和非人性化。

基于上述现状,科学家必须对自己研究的意义和目的有清醒的认识,为人类的尊严和长远福祉,为人与自然的和谐共处,为世界的永久和平而工作。科学家应该经常审视自己的研究,尽最大努力预防其可能出现的不利的应用后果。科学共同体也要及时制订有关律令或道德规范,教育、监督和约束科学家的行为,力求阻止科学异化和技术滥用。要使科学共同体的每一个成员明白,没有良心的科学犹如幽灵一般,没有良心的科学家是道德沦丧,是使科学作孽,是对人类的犯罪。

5. 科学发现的传播:实事求是,控制误传

科学与技术的一个重大不同点在于,技术的专利制度是技术发展的保障,而科学的保密措施则贻害于科学的进步。因此,科学家要及时在专业刊物或学术会议上发表他们的研究成果,以利科学共同体共享、批评和审查,促进科学的自由竞争和健康发展。那种对外严密封锁信息,或几个人抱作一团共谋优势地位,或剽窃他人未公开发表的数据和观念等行为,都是有悖于科学良心的不轨之举。与此同时,科学家要有自律意识,不应该为争夺优先权而轻率公布很不成熟的东西;也不应该在未面对科学共同体的情况下抢先搞什么记者招待会或新闻发布会;更不应该图谋一己之私利,就某些与科学有关的问题不负责任地信口开河、哗众取宠,误导消费者和公众。科学共同体的守门人要严把科学的"出口关",以免科学误传对社会和大众造成损害和危险,尤其是在医学、药学、营养学和食品学等与人的生命和健康直接相关的领域,更应谨慎从事。

6. 对科学荣誉的态度:尊重事实,宽厚谦逊

即使在今日科学体制化和职业化的时代,人们从事科学大多也不是单纯为了谋生,而是着眼于科学发明或发现。科学的公有性和非功利性规范使得科学家除了博得同行的承认外,几乎一无所得。于是,承认成了科学王国的"硬通货",荣誉是对科学劳作的最大报偿。因此,科学家重视承认和荣誉是很正常的,这也有助于推动科学的自由竞争。有道德修养和自知之明的科学家固然期望实至名归;即便一时实至而名未归,他们也会依然抱着宽厚谦逊的态度,在继续潜心研究中耐心等待;因为他们深知:逻辑是永恒的,历史是公正的。但是,一些私欲膨胀的人,则可能不择手段地争名夺利,干出欺骗、诡辩、剽窃抄袭、夸夸其谈和自我吹嘘、滥用专家权威、炮制赝科学和伪科学的勾当来。对于科学优先权之争,正直的科学家应该像爱因斯坦那样,既实事求是地讲清原委,又不纠缠于此而耗费精力。为优先权争得面红耳赤固不足取,但把本属于自己的独创拱手相让亦不足为训,因为这样做对他人和科学共同体均有百害而无一利。科学共同体也应该充分发挥科学奖励系统的积极功能,尽量减少"马太效应"和名不副实的现象的发生。

总而言之,作为知识体系的科学一般而言可以说是中性的(中立的)或价值无涉的,作为研究活动和社会建制的科学却负荷价值和承载伦理。科学家在科学工作中追求真的理论,感受美的神韵,他们也应该承担善的责任——直接地或间接地——尤其是在对科学成果的前景的意识和科学的应用方面。否则,即使不是犯罪,也是玩世不恭。

科学家对社会必须承担哪些道德责任*

我们所谓科学家对社会承担的道德责任,是指科学家在科学共同体之外应该承担的,与其他职业人士和一般公民不完全相同的道德责任,是由于他创造和使用科学知识而引出的、高出自然义务①的、附加的道德责任。

这些道德责任有哪些呢?国际科学协会联合理事会制定的《科学家宪章(1949)》倡言,科学家对于社会除了要尽一般民众的义务之外,还要另外承担一定的责任。(1)保持诚实、高尚、合作的精神。(2)周密调查自己从事的工作的意义和目的。受雇时了解工作的目的,弄清有关的道义问题。(3)最大限度地发挥作为科学家的影响力,用最有益于人类的方法促进科学的发展,防止对科学的错误利用。(4)在科学研究的目的、方法和精神方面援助国民和政府的教育事业,使其不致影响科学的发展。(5)促进科学的国际合作,为维护世界和平,为世

---

* 原载宜州:《河池学院学报》,2011年第3期。

① 沃尔珀特的一段话可供我们参考:"当我们思考科学家的社会责任时,我们根本上不关心在我们社会中所有公民的自然义务,诸如相互帮助、不使遭受不必要的痛苦等等。按照当代道德哲学家约翰·罗尔斯(John Rawls)的观点,这些义务适合于我们大家,与某些自愿的选择无关,例如我们做出的职业选择。相对照,特殊的义务源于已经做出的特殊选择,例如结婚或参加公职竞选。因此问题是,作为与其他公民不同的科学家,必须承担高于自然义务(duty)的什么义务(obligations)呢?在什么程度上,科学家拥有的有特权的知识承担附加的义务(obligations)呢?该问题本质上不是伦理问题,因为对与科学有关的不道德行为的诱惑似乎未呈现特殊的问题,尽管科学家当然必须不窃取观念,必须不欺诈或必须对有关动物实验采取应有的关心等等。"参见 L. Wolpert, *The Unnatural Nature of Science*, London, Boston: Faber and Faber, 1992, p.164. 在这里, duty 和 obligation 均指一个人的本分或义务。Duty 指一个人永远要尽之义务,因为按照道德律或法律这样做是对的。Obligation 指一个人在特定时间要做的事,因为他个人负有责任。参见梁实秋主编:《远东英汉大辞典》,台北:远东图书公司印行,1977年,第639页。

界公民精神做出贡献。(6)强调和发展科学技术具有的人性价值。为了履行这些责任,应该坚持科学家有一定的权利。(7)有权自由参加一般民众能够参加的一切活动。(8)为了解受托承担的研究计划的实行目的,有获得一般性情报的权利。(9)有权公开发表自己所从事研究的成果,并在研究活动中与其他科学家进行充分自由的讨论。但是,出于社会的或伦理的正当理由而必须加以限制的除外。[①] 罗斯在把抽象的科学价值翻译为具体的行动纲领时,提出四个可能的活动方面。(1)科学家必须意识到影响科学发展的社会的、政治的、经济的压力,必须明白古老的说法"出资人做主"一般地对科学,特殊地对他们的学科的意义。(2)科学家必须学会广泛地与同行和社会群体交流,必须愿意并能够解释他们做什么、为什么要做,明确说出他们是否感到他们的工作的社会应用是意义不明的或危险的。交流不仅仅局限于专业,还应该包括道德责任。(3)必须解决科学教育和课程内容存在的问题,设法把意识到压力和科学活动的真正价值的人培养成科学家,使他们意识到科学不是在真空中。(4)即使做了这一切,科学家也无法轻松地返回实验室从事喜欢的研究课题,他们必须自问:如何用我的科学技艺更好地服务于人民。[②]

上面列举的项目虽然或多或少与科学家对社会的道德责任相关,但是似乎比较零乱,彼此之间缺乏密切的联系,而且有些属于科学家在科学共同体内部应该遵守的道德规范。在这里,我们拟根据相关文献,尽可能全面地列举一些关系紧密的项目,尽管它们的集合并非总是充分的。

---

① 国际科学协会联合理事会:科学家宪章(1949),刁培德译,北京:《科学学译丛》,1983年第3期,第79-80页。

② S. Rose and H. Rose, The Myth of the Neutrality of Science. R. Arditti et. Ed. , *Science and Liberation*, Montreal: Black Rose Books, 1986.

第一,科学家要出自善良的意愿从事科学研究。要有科学良心,要有自律精神;要尽可能利用有限的资源,选择有利于人类福祉和公众身心健康的研究方向,关心科学研究结果的终点即科学应用和技术进展;竭力制止科学异化,尽力避免误用科学,坚决反对滥用和恶用科学。也就是说,科学家的探索动机一定要出自善意和良心,应用探索结果要尽可能达到最佳效果。哈罗德·尤里(Harrold Urey)的言论可以说代表了科学家中的心声:"我们的目的不是为了谋生和赚钱。这仅仅是我们达到目的的手段,仅仅是附带产生的。我希望消除人们生活中单调乏味的工作、痛苦和贫困,带给他们欢乐、舒适和美。"1971年10月30日,威斯康星大学的马奇(Robert H. March)向美国物理学会理事会呈交一份有276位会员签名的请愿书,提出对该学会章程的修正案。这个关于专业责任的修正案说:"学会的目的,应该是发展与传播物理学知识,以增进人对自然的理解,并为提高所有人的生活质量做出贡献。学会要援助它的会员追求这类人道目标,而且它将避免从事那些被判断为对人类福利产生危害的工作。"① 西博格昌言,科学家应该关注科学的技术应用,必须理解人的价值、敏感性和欲求以及需要。② 卡瓦列里倡导,科学家应该为公众的利益趋利避害,不要参与具有可疑技术困境的研究项目。他们应当在政治上行动起来,反对滥

---

① 戈兰:《科学和反科学》,王德禄等译,北京:中国国际广播出版社,1988年第1版,第100-101页。
② 西博格具体是这样讲的:"关于科学和技术的意义以及它们在社会中的作用,不能撇开人的价值和受到科学发现和技术变革影响的社会建构来理解。在我们急剧变化的世界上,科学家负有思考科学对社会的影响和向公众交流科学的特殊责任。科学家必须关注科学被应用的世界,他们必须理解人的价值、敏感性和欲求以及需要。只有人文学科和社会科学能够提供这种必不可少的、广阔的理解框架。关于在人文学科中表达出来的对过去和现在的洞察,对于就未来做出健全的判断是不可或缺的。"参见 G. T. Seaborg, *A Scientific Speaks Out*, *A Personal Perspective on Science*, *Society and Change*, Singapore: World Scientific Publishing Co. Pte. Ltd., 1996, p. 238.

用科学。①

为此,科学家必须要严于自律,在科学活动中自觉约束自己的行为,为自己的一言一行负责。诚如梅尔茨所言:"科学思想唯有按照严格的和谨慎的方式应用才能导致宝贵的结果,而一旦它们从按这样方式应用它们的人手中跑出来,就容易造成恶果。因为这种工具是那样锋利,所以应用它来加工物件似乎那么容易。科学思想的正确应用只有通过坚毅的训练才能学会,并且这种应用应当由不易养成的自我约束习惯来支配。"②卡瓦列里也发表同样的看法:"科学家应该感到在道德上受到约束,务必注意他的好奇心的理智方向;他应该不再简单地把他的商品提供给技术专家。他应该选择没有不可逆转的损害潜力的进路。……事实上,已经有多种多样的关于科学研究的有效法律约束,例如以人为对象的某些研究。"③布罗诺乌斯基更是提出一个比较

---

① L. F. Cavalieri, *The Double-Edged Helix*, *Science in the Real World*, New York: Columbia University Press, 1981, pp. 98-99, 147. 这位作者这样写道:"技术是以科学为基础的,技术没有履行它对社会的责任和义务。刚才举的几个例子对于现代技术与人的存在及其环境的关系来说即使不是典型的,也是有征兆的。这个事实改变了所有沿这条路线上的责任的本性。在理想世界,科学家也许可以有正当理由追求任何知识和所有知识,而把为公共利益评价和利用他们的结果留给他人。但是,当沿着这条链条走得更远的人明显不能被指望履行社会责任时,继续不加区别地给技术加油就变得对科学家——技术进步中的原动者——不负责任了。不参与把有限的研究资源远离容易被滥用(不管它们可能多么潜在地有用)的目标,并针对那些最可能给出系统的实在的目标为公众利益利用,现在是科学家的责任。这意味着,科学家应该达到哲学博士的头衔,扩大他的学识和理解力,并对人以及科学可能——或不可能——贡献给他们的方式进行严肃的思考。科学家有责任在政治上行动起来,以反对科学的不恰当应用,不管这些应用是有害的、无用的还是把资源从更有意义的追求中转移走。他应该参与使公众警惕任何潜在的问题;科学家毕竟处在认出它们的最佳可能位置上。这是科学家在我们生活的世界上的责任,与社会责任不属于科学家而属于技术专家的占优势的观点相比,它一点也不更乌托邦。""依我之见,科学家不应该参与发展具有可疑价值的技术困境,尤其是当他们的努力和资源在其他方面是如此需要时。……与农业有关的更紧迫的研究在于把科学原理应用于生态农业。这样的生态农业依赖太阳能、较多的人力投入、水的循环和精耕细作地利用土地。它的目的是用最小的能量消耗得到最大的产量。"

② 梅尔茨:《十九世纪欧洲思想史》(第一卷),周昌忠译,北京:商务印书馆,1999年第1版,第124页。

③ L. F. Cavalieri, *The Double-Edged Helix*, *Science in the Real World*, New York: Columbia University Press, 1981, p. 137.

激进的主张:科学家对出资人绝不能卑躬屈膝,要保持自己的独立性,必须作为公众希望的保护人和模范而行动。①

第二,科学家应该把科学普及和启蒙教育作为自己的职责之一。用通俗易懂的语言不定期地向纳税人和公众说明自己的研究方向、工作意义、预期结果和应用前景,尤其是讲清楚有关研究可能导致的现实的和潜在的负面影响和危险,让公众明白事情的来龙去脉,以便独立地做出判断,并对这些研究及其应用进行必要而有效的监督。这是科学家对社会的一项基本的道德责任,因为他们比别人更明白,在一定历史条件下,科学知识的边界究竟在何处,它们的应用可能产生什么样的后果。尽管"如何利用科学是由社会决定的,科学家所能做的莫过于坚持科学道德,以便社会做出明智的抉择。但是,由于理智而道德的决定需要对事实真相进行精辟透彻的讨论,因此科学家负有为此提供可靠事实的特别责任,因为外行对于他们提供的事实是难以鉴别的。科学家对于一件事情,比如对核能公开表态时,必须指明危险的程度,规定适用的范围;如果语义含糊地说它是安全或是危险,那就是渎职,就是犯罪"②。沃尔珀特也指出科学家的这一责任和职责:他们必须把他们工作的可能含义告诉公众,尤其是在敏感的社会争端出

---

① J. Bronowski, The Disestablishment of Science. W. Fuller ed., *The Social Impact of Modern Biology*, London:Routledge & Kegan Paul, 1971, p. 233 - 246. 布罗诺乌斯基以俄国的教训为例告诫:如果科学家想要维护有思想的公民(包括他们自己的学生)在他们之中珍视的作为手段和目的 integrity(诚实),那就必须放弃卑躬屈膝的政府资助。以我之见,现在存在加在科学家身上的建立不易腐坏的公共道德标准。公众开始理解,从一个发现到下一个发现的不断前进不是由于好运,甚至不是由于才干,而是由于科学方法中的某种东西保持行进的:追求真理中的不屈不挠的独立性,这种独立性不注意已接受的观点,或权宜之计,或政治上的好处。我们必须鼓励公众理解,因为它迟早甚至在国家事务中引起智力革命。其间,我们科学家必须作为公众希望的保护人和模范而行动,公众希望在某处存在能够克服一切障碍的道德权威的人。

② 英国《经济学家》编者:科学的本质,陈奎宁译,北京:《科学学译丛》,1983年第1期,第22-30页。

现的地方,他们必须清楚他们研究的可靠性;必须审查在什么程度上,对于科学本性的无知和它与技术的结合会误入歧途。① 世界科学工作者联合会强调,科学家有责任指出对科学知识的忽视、滥用会给社会带来有害的后果;同时通过普及教育,使社会本身必须有意提高评价和利用科学提供的各种可能性的能力。② 1973 年在英国成立的"科学与社会责任委员会"也把这种责任明文记录在案:"试图在尚未完全开发的科学与技术研究领域里,识别出那些将产生什么样的重大社会后果;客观地研究它们;努力预测其后果是什么;它们是否可以控制和怎样控制;发表忠实可靠的报告,以便引起公众的广泛思考。"③

毋庸讳言,有些科学成果确实十分深奥,其应用也足够错综复杂。尽管如此,这一切"也不应当仅仅由那些在专门技术中是行家的人来决定。如果我们想要避免技治主义的话,那么我们就必须学会辨认那些不能够只由科学来回答的问题,我们就必须提出更好的方法,借助这些方法公开地解释和争论这类问题,从而使公众掌握比较广泛的经验和常识。作为一个社会,我们必须学会把专家当做同事和顾问来看待。反过来,专家也必须学会使他的课题对外行也比较通俗易懂"④。对于科学共同体,也应该秉持同样的态度,因为这个群体像社会上的

---

① L. Wolpert, *The Unnatural Nature of Science*, London, Boston: Faber and Faber, 1992, p.152.

② 世界科学工作者联合会:科学家宪章(1948),张利华译,北京:《科学学译丛》,1983年第3期,第75-79页。该宪章上是这样写的:"科学家自身必须担负维护和发展科学的主要责任,因为只有科学家才能理解其工作的本质及其前进所坚持的方向。但是,运用科学却肯定是科学家和一般大众的共同责任。科学家既不能支配他们生活的那个社会的政治—经济—技术势力,也不要求得到这种支配权。尽管如此,科学家还是有责任指出对科学知识的忽视、滥用会给社会带来有害的后果。同时,社会本身必须有意提高评价和利用科学提供的各种可能性的能力。这只有通过对自然科学和社会科学的方法和结果进行普及教育才能达到。"

③ 戈兰:《科学和反科学》,王德禄等译,北京:中国国际广播出版社,1988年第1版,第101页。

④ 布朗:《科学的智慧——它与文化和宗教的关联》,李醒民译,沈阳:辽宁教育出版社,1998年第1版,第112页。

其他群体一样,有时也容易陷入本位主义和自私自利的泥沼①,必须引入公众和舆论的监督。在这方面,社会科学家也可以发挥重要的作用,负有特殊的责任。② 在这里,记住西博格的告诫是有好处的:"变成科学家的你们这些人也承认科学的人文方面,你们将能够超越科学努力的直接结果,注意评价它们对人和社会的后果。然后,你们将更好地准备完成你们的公民责任:帮助向公众阐明科学和技术发展的更广泛的含义。你们做这件事的能力不仅将使你们成为更有价值的公民,它也将使你们提升科学和科学家在我们社会中的地位。"③

第三,科学家应该适当参与政府的决策过程。必要时设立公共政策咨询机构,为社会和大众提供职业专长或科学知识;也可以就与科

---

① 卡瓦列里是这样说明这一点的:"科学家乐于认为,科学共同体在社会中占据一个特殊的地位,即非牟利的、仅对真理承担义务,因而在某种程度上是社会的恩人。生物科学与公众的新关系把这个图景中缺乏的因素——缺乏现实社会的科学哲学——引入焦点。新知识对社会有益的模糊的和可以容许的信托是不充分的,许多后核物理学家都会赞同这一点。现在,对教授和学生来说,是给予类似于医学伦理学的研究伦理学(research ethics)以严肃思考的时候了,研究伦理学应该定义科学研究与个人和社会的特定关系。实验室与公众安全的直接关系只是事情的一个方面;研究的方向和目的、它的成果的利用也基于科学家的良心。这些事情现在被大多数科学家留给偶然性和私人决定。可是,没有超越实验室,从而包括科学冲击社会的所有方式在内的确定的和普遍坚持的责任原则,科学共同体正好是像任何其他群体一样的自私自利群体,具有它自己划定的利益,它自己的动机,它自己的权能、影响和承认的奖励,以及它自己与权力机构和现状的关系。在这方面,科学与工业固有地不同吗? 或者,在它的社会良心上有固有的不同吗?"参见 L. F. Cavalieri, *The Double-Edged Helix*, *Science in the Real World*, New York: Columbia University Press, 1981, p. 91.

② 对此,波普尔是这样论述的:"社会科学家在这里有特殊的责任,因为他的研究多半涉及完完全全的对于力量的使用和滥用。我觉得人们应当认识到的社会科学家的道德义务之一是,如果他发现了力量的工具,尤其是总有一天会危及自由的工具,他不仅应当告诫人们提防这些危险,而且应当致力于发现有效的对策。我相信,实际上大多数科学家,至少大多数有创造力的科学家,都非常重视独立的、批评性的思考。他们大都嫌恶这样的观念:一个社会由技术专家和大众传播操纵。他们大都同意,这些技术中内在的危险可与极权主义的危险相比。"参见波普尔:《走向进化的知识论》,李本正等译,杭州:中国美术学院出版社, 2001 年第 1 版,第 10 页。

③ G. T. Seaborg, *A Scientific Speaks Out*, *A Personal Perspective on Science*, *Society and Change*, Singapore: World Scientific Publishing Co. Pte. Ltd. , 1996, p. 238.

学技术相关的重大事项做调查研究、分析评价,提出可行性的选择方案,供人民代表或政治家抉择和决策。这就要求科学家自觉地和主动地关心公共政策,也要求政治家尊重和重视科学家陈述的科学事实。为此,莫尔和盘托出两步决策模式:"科学家的责任是保证,仅考虑真正的知识,在构造可供选择的模型时服从科学的伦理准则。另一方面,政治家对在不同模式之间做出决定负责。"莫尔洞察到,在大多数情况下,在科学家的事实判断和政治家的价值判断中都存在分歧。从科学家方面来说,只要他们摆脱意识形态,特别是明确自己的责任(为事实陈述的真理负责),就履行了应有的职责。需要引起科学家和科学共同体警惕的是:"在批评的争端中,反对的政治集团将雇佣他们自己的科学家给他们提供从特定的政治立场的观点看来所需要的'事实'。在这些例子中,必须找到来自科学共同体内部的中性判断,避免进一步损害科学顾问的形象,败坏科学共同体的威望和正直。"[1]卡瓦

---

[1] H. Mohr, *Structure & Significance of Science*, New York: Springe-Verlay, 1977, Lecture 12. 关于两步决策模式,莫尔是这样论述的:"在这一点上,不同的价值系统和倾向结构径直地起作用。让我简短地重复一下,如果我们准备应用两步决策模式,我们必须遵循的实际步骤。利用不同的假定,能够构造出不同的自我一致的系统,其中每一个都同样合乎逻辑,同样能被科学知识证明有理。由科学家构造的可供选择的模式(或系统)仅仅是不同的,因为所选择的假定不同。在大多数情况下,在真实世界中复杂问题的解答能够建立在不同的假定上,这些假定依赖于人们心目中的手段和价值,需要利用这个决定,而不利用另一个决定。在大多数情况下,科学家不能做决定,因为几组假定从科学的观点来看同样是合理的。在这种情况下,以政治经验、政治品味和特定的价值系统及倾向结构为基础的政治决定开始起作用,并且是必不可少的。在两步决策模式中的关键之点是,责任被明确规定了,要阻止科学家夺取政治领导。作为一个准则,科学家是在没有学会政治策略的情况下进入公共政策场所的。大多数科学家在政治上是幼稚的,他们没有能力兼管政治责任和掌握政治权力。我不知道有任何科学家具有政治家的属性。"对于科学共同体内部出现的观点分歧,莫尔的看法如下:由立法机构、政府或行政机关所做出的决定都包含专家的"如果—那么"命题以及价值判断,后者几乎不可避免地具有观点的分歧。不过,"如果—那么"命题较为经常地变成争论的话题,只要它们包含真正知识或目前适用技术的外推。这通常导致互相冲突的主张,有时甚至在科学共同体内导致严重的争论。智商遗传和核电站风险就是这类例子。科学家作为一个国家的公民或作为特定意识形态的参与者所感到的道德责任,能够很容易地

列里以两个科学建制说事：一个是 GRAS,它是"一般辨认是安全的"(Generally Recognized As Safe)首字母的缩略词；它涉及食物的配料。美国科学联合会生命科学研究办公室在 1972 年为实验生物学组织了一个小型特别委员会。该委员会在五年内召开了 50 次执行会议,此后在 1977 年发表了它的报告。它陈述的意图是四重的。(1)阐明在给定的食物配料的安全性评估中考虑的因素的范围。(2)就在做出食物安全性的判断时遇到的关于技术两难困境的性质的技艺状态和评论提出评估。(3)就评价过程的哲学的、程序的和科学的细节提供建议。(4)指出为改善有关资料的可靠性和丰富意义所需的研究。另一个是美国科学院等科学团体。"美国科学院以及其他科学团体应该关注鉴定包括科学、技术和社会在内的所有问题。哪里存在问题,科学院就应该寻求现实的解决办法,仔细地审查原因,不把它自己限定在技术困境中。但是,这会要求完备地检查科学院组织……用所安排的基金保证它的独立性,科学院在使科学对社会施加影响时能够提供许多所需要的服务"①。

在科学家提供科学咨询和发表专业看法时,应该尽可能坚持科学的客观性。雷斯尼克表明："当科学被期望提供职业专长时,至少有两个理由要求科学家应该尽可能客观。第一,当科学家被请求给出专业看法时,公众期待他们将给出对事实的无偏见的、客观的评价。在新闻访谈、国会听证和在法庭中,科学家提供作为解决争端基础的事实和专门知识。放弃这一角色的科学家辜负了公众的信任,能够削弱公众对科学的支

影响他对科学事实状态的判断,特别是当有关的科学资料还不彻底"客观"时。甚至科学共同体的善意批评家也坚持下述观点：科学家不可能对一个问题的道德观点和政治观点有深刻的把握,而同时又坚持它的科学成分的完美的客观性。这是对可悲的状况的公正描述：如果科学共同体的第一流的科学家摆脱了政治意识形态,而且不怀疑对人的责任和公共责任明确地与政治代表有关,而科学家主要为陈述的真理负责,那么就能理解这种描述。科学家决定的问题不是"我们应该建设核电站吗？",而是"能够建设'安全的'的核电站吗？"。

① L. F. Cavalieri, *The Double-Edged Helix*, *Science in the Real World*, New York: Columbia University Press, 1981, pp. 99, 126.

持。第二,如果科学家例行地牺牲他们对客观性的承诺,以支持社会的或政治的目标,科学便可以变得完全政治化。科学家必须维护他们对客观性的承诺,以避免沿着斜坡下滑到偏见和意识形态。虽然道德的、社会的和政治的价值能够对科学产生影响,但是当科学家进行研究或被请求给出专家意见时,他们应该继续力求是诚实的、开放的和客观的。然而,当科学家作为关心公众事务的公民行动时,他们自由地摆脱了客观性紧身衣,因为他们可以像任何人一样地有权利倡导政治的或社会的政策。当科学家被请求作为专家服务时,他们自由地倾斜或偏向事实,提供主观的看法,从事各种劝说和修辞。因此,要解决科学和政治的混合造成的问题,科学家需要理解他们在社会中的不同角色。……对科学家来说,并非总是容易判断这些角色,有时由于强烈的个人参与兴趣,以致无法把公民和科学家的角色成功地分开。虽然科学家在职业的与境中应该力求客观性,但是职业伦理可能容许他们在罕见的案例中为社会或政治的目标牺牲诚实和公开性。比如在人类学的某些研究中。"①而且,科学家在这方面承担的责任应该是适当的②,不能层层加

---

① D. B. Resnik, *The Ethics of Science*, London and New York: Routledge, 1998, pp. 149 – 150.

② 沃尔珀特的下述言论讲得很有道理。问题不在于科学家独自地采取道德的或伦理的决定:他们在这个领域既没有权力也没有特殊的技能。事实上,在要求科学家负更多的社会责任方面存在着严重的危险——光是优生学的历史至少显示出某些危险。要求科学家负社会责任,而不是在有社会含义的领域谨慎从事,这便是毫无保留地把权力交给既非训练有素,亦非具有发挥它的能力的群体。在诸如核电站、生态学、临床试验、人的胚胎研究等形形色色的领域,科学家将无疑面对困难的社会和伦理问题。在每一种情况下,他们的义务除了每一个公民的那些责任以外,是把信息公开告诉公众,是开放的。对于怀疑公众或政治家是否有能力采取正确的决定的人来说,我推荐托马斯·杰弗逊的话:"我不知道除了人民本身之外的社会终极权力的受托人。如果我们认为他们没有启蒙到足以用审慎的处理权实施那种控制,那么补救办法是尽管相信他们,把他们的处理权告诉他们。"对于意义深长的例外,我相信科学家共同体在整体上相对于公众会负责任地行动。如果把伦理决定的唯一责任赋予科学家,或者如果设想他们不得不承担它,那么这就是一个大错误,因为这些决定是属于作为一个整体的公众的决定——该决定本质上是社会的和政治的决定。没有一个人会期望

码，更不能越俎代庖，否则既可能损害科学和科学家的声誉，又会成为政治家推卸责任和不作为的借口。

第四，应该经常对科学研究的课题或项目的可行性和风险性进行评估。对于具有某种危险性而又没有保险防御措施的研究，科学家本人或小组可以暂缓进行、临时中止或者果断放弃。在必要时，可由科学共同体通过充分交流和讨论，制定一些临时条款或时效不一的准则，必要时进行立法管制。但是，这一切必须谨慎行事，并随时加以改进和完善，否则会有害于社会。事实上，科学家及其共同体可以成为他们职业的管理者，他们正是这样做的。他们了解某一研究的后果后，经过细致评估和慎重考虑，主动自我设限。例如，1970年，生物学家保罗·伯格（Paul Berg）在斯坦福大学开始新的研究路线，研究高级动物中蛋白质合成机制。作为这个规划的一部分，他们想找到把SV40——引起肿瘤的猴子的病毒——嵌入大肠杆菌的方式。由于大肠杆菌通常留在人体中，研究小组的一些成员猜想，如果他们的细菌连同引起肿瘤的病毒不可避免地逸出实验室，那便会导致公众健康的大灾难。当这种可能性引起美国主要分子生物学家的注意时，他们宣布在这个以及与之相关的、对重组DNA技术的发展来说具有决定性的路线上暂停，以便讨论各种引发问题，再做决定。他们同意等待，直到安全因素能够被解决为止。1975年科学家再度开会讨论，决定取消禁令，后经国家卫生署另设研究准则。这个插曲的意味不是分子生物学家共同体抛弃了这条研究路线，只是延迟了研究。其意义是双重的。

科学家为流产是否应该合法的决定负责，尽管科学的信息是必不可少的。决定最终必须在告诉最新获得的科学知识以后，由我们选举的代表做出。重要的是要记住，正如法国诗人保罗·瓦莱里（Paul Valéry）所说："我们倒着进入未来。"科学家不会知道他们工作的全部技术含义和社会含义。今日的幻想是明日的技术，现实责任所在之处就是就技术和政治而言的。即使如此，人们必须警惕把这种观念看作教条，把科学视为一贯正确的。参见 L. Wolpert, *The Unnatural Nature of Science*, London, Boston: Faber and Faber, 1992, pp. 170 – 171.

一是分子生物学家能够做出自愿的、集体的决定。暂停是群体决定的结果，它是生物学家在没有直接的社会压力的情况下做出的决定。二是他们决定先问问题，而后进行研究。这恰恰与物理学家就原子弹所做的事情相反。伯格小组中被分派病毒嵌入的成员珍妮特·默茨(Janet Mertz)说："我借助原子弹和类似的事情开始思考。我不想成为向前走、造出杀害万人的妖怪的人。因此，几乎到那个周末，我决定，我将不进一步去做与这个计划有关的任何事情，或者就那件事而论，不进一步去做涉及重组 DNA 的任何事情。"①雷斯蒂沃说得好："总是存在对科学的强制。有时，这些强制是从'外部'(例如由宗教和政治的权威)强加的。有时，它们是从'内部'(例如当科学权威发现进行自律的行为是必要的、方便或谨慎的时候)施加的。对科学的强制的来源和形式依赖于科学活动在建制上自主的程度。科学文化和更广泛的文化是反映和指导科学家的行为的价值之源泉。"②在这方面，有必要尊重科学的自主性，由科学共同体内部施加的约束或限制一般而言总是恰当的，也是易于收到良好成效的。

第五，在当代这个科学技术的社会里，社会常常要求科学家就某些纷争和诉讼为法庭提交科学证据和证言。科学家有道德责任和义务接受和满足这样的要求，但是其提供的证据和证言必须客观、可靠，而且不应该收取额外的好处费。雷斯尼克对此有详细的分析和论述：当科学家作为在法庭上的专家证言时，应当是诚实的、开放的和客观的。在法庭上使用专家，会引起一些重要的伦理争端。(1)专家能够

---

① J. Vollrath, *Science and Moral Values*, Lanham: University Press of American, Inc., 1990, pp. 149 – 151.

② S. Restivo, *Science, Society, and Values, Toward a Sociology of Objectivity*, Bethlehem: Lehigh University Press, 1994, p. 96. 雷斯蒂沃接着说："法律、社会化和职业化有助于决定，科学家是否将(1)以损害环境或危及人和动物的完整与福利的方式工作, (2)从事欺骗性的活动, (3)保守秘密。"

偏向他们的证据吗？他们能够有倾向性地编写事实和隐瞒证据吗？虽然专家可能被诱使利用他们的证据，以便影响陪审团而利于特定的判决，但是我们就诚实和开放性所做的论据适用于专家证据。被请求给出专家证据的科学家正在以专业角色服务，这要求客观性，忘记这种责任的人将辜负公众信赖。即使专家确信被告有罪或不清白，或者诉说当事人的不利条件，也应该坚持公正和客观的义务。当以证人的立场出现时，科学家应该陈述事实并给出专家意见。(2)专家证据能够有利益冲突吗？即使如此，他们应该如何对这种状况做出反应呢？当专家具有与法庭案例的结果有关的私人利益或财产利益时，他们的证据能够有利益冲突。冲突能够发生在这样的时候：专家的利益与他在法庭面前提供客观证据的义务不一致。具有利益冲突的人不应该作为专家证人，因为这些冲突会影响他们的判断。(3)酬金污染证人有提供客观证据的能力吗？为证人证据付费，为的是提供给他们花费时间的补偿、旅行费用等等。只要专家的酬金与案子的结果无关，酬金不污染他的证据或造成利益冲突。代理人为有利的法庭结果而给专家提供奖金，则会是不道德的，但是为专家证据付做证本身的费用却不是不道德的。当我们认识到，一些作为专家证人服务赚如此之多的钱，以至于提供专家证据成为职业时，给专家证人付服务酬金的伦理学就成问题了。如果这些专家部分得到雇佣，因为他们的证据导致有利的结果，那么我们会说他们具有利益冲突，因为他们知道他们在法庭提供的证据能够导致未来的雇佣和其他形式的经济酬劳。①

第六，科学家应该组织起来，发挥科学共同体的合力，以便更好地承担对社会的道德责任。尤其是在二战使用原子弹之后，以及在当代

---

① D. B. Resnik, *The Ethics of Science*, London and New York: Routledge, 1998, pp. 149-150.

面对严重的环境和生态问题、大科学和高技术的不确定性和潜在的危险时,科学家总是行动在斗争的最前线。第一届帕格沃什会议于1957年7月7日至10日在加拿大新斯科舍的帕格沃什村召开。共有10个国家的22位代表参加会议,我国科学家周培源也出席了这次会议。会议通过三个报告:(1)在和平与战争期间使用原子能引起的危害,(2)核武器的控制问题,(3)科学家的社会责任。[①] "科学为人民"组织和"新炼金术学会"是近一些有组织行动的例子。虽然这些组织还在主流之外,而且也多少有过激之举,但是它们表明科学群体成员勇敢地承担起应有的道德责任,正在发挥集体的影响力。科学为人民是一个具有确定哲学的极其活跃的群体。它的意图是告诉人民尤其是卷入危险职业的人以技术危险,而不管在什么领域。成员们寻找和分析在科学和技术中争论的论题,例如就工作场所的安全提供他们的看法和指导。新炼金术学会代表了在科学意义上是活跃分子的科学家群体。他们的目的是排斥现代科学的复杂精度,发展在生态学上稳定的和完备的生活方式,克服作为现代工业社会的不平衡现象。新炼金术者相信,小规模的分散化的技术发展,尤其是在食物生产中,是通向稳定社会最有指望的路线,而稳定社会能与自然和谐相处。他们表明,利用家庭规模的被膜棚和其他生物生产革新,小规模的、高密集的农业能够在形形色色的气候条件下成功。虽然该项目不是能量密集的,但是这种农业类型并未重返旧的耕作方式——完全相反。该方法是有效的,以至作为一种附属活动的家庭能够提供一年到头的营养需要。作为一种附带的好处,在当地小规模生产必需品,可以期望导致更多地把重点放在社区生活上,较少在个人之间造成分裂,从而导致

---

① 第一届帕格沃什会议报告:科学家的社会责任,王德禄译,北京:《科学与哲学》,1986年第1期,第196-198页。

对责任和目的富有情感。新炼金术者承认,新的食物生产方法不会解决世界的所有问题,但是他们希望,通过表明小规模的精耕细作农业技术是行得通的,他们的观念可以证明在其他领域导致大的发展。①

---

① L. F. Cavalieri, *The Double-Edged Helix*, *Science in the Real World*, New York: Columbia University Press, 1981, pp. 156-157.

科学家的品德和秉性*

科学不仅是智力的努力,而且也是道德的努力——科学被视为由规范规定的建制①。因此,科学家的品德是科学的社会建制和活动的重要因素,甚至是须臾不可或缺的。科学家的品德和秉性不仅与人类共有的基本价值密切相关②,而且也直接来自科学的本性和科学家的角色特点(与此多有重叠)。而且,品德和秉性二者也是无法绝对分开和完全剥离的。不过,为了叙述方便,我们还是在思想上把它们脱钩,分别单列论述。

科学家是有德行的。彭加勒认为,科学家是勤奋的、热情的、谦逊的、温和的、富有青春活力的、恬淡无欲的人③。波兰尼指出,开拓型的

---

* 原载北京:《自然辩证法通讯》,2009年第31卷,第1期。

① 本一戴维认为:"科学家关于他们自己的研究行为的规范多样性表明,这种行为可以由价值承诺和群体卷入决定,而不是由探究的逻辑或科学实施的规范来决定。⋯⋯科学中的社会控制在分析上和经验上不同于研究的功能。社会控制的有效性以及它的独特性可能是主要条件之一,该条件使个体研究者自由地使用他的想象和直觉成为可能。因为他最终将受到相当严格的和重要的规范的判决,所以他能够实际上被容许享有像他希望的那么多的自由。"参见 J. Ben-David, *Scientific Growth*, *Essays on the Social Organization and Ethos of Science*, California: University of California Press, 1991, pp. 341 – 342.

② 马斯洛道出了这种关系:"科学是建立在人类价值观基础上的,并且它本身也是一种价值系统。人类感情的、认识的、表达的以及审美的需要,给了科学以起因和目标。任何一种需要的满足都是一种'价值'。⋯⋯这些情况还没有涉及这样一个事实,即作为科学家,我们分享着我们文化的基本价值,并且至少在某种程度上可能将不得不永远如此。这类价值包括诚实、博爱、尊重个人、社会服务、平等对待个人做出决定的权利(即使这个决定是错误的也不例外)、维持生命与健康、消除痛苦、尊重他人应得的荣誉、讲究信用、讲体育道德、公正等等。"参见马斯洛:《动机与人格》,许金声译,北京:华夏出版社,1987年第1版,第7页。

③ ポアンカレ(H. Poinearé):《科学者と詩人》,平林初之輔訳,岩波書店,1927年,8-14,29页。李醒民:《理性的沉思——论彭加勒的科学思想与哲学思想》,沈阳:辽宁教育出版社,1992年第1版,第183-185页。

科学理论家和研究者天性中的固有品质是：冒险时的信念、鉴赏力、勇气、自信和大胆。这是他们鲜明的特性，而不是巧合的、偶然的或可有可无的东西①。布罗诺乌斯基一锤定音：

> 在明显的意义上，存在德行的力量。按照世间的公共生活标准，所有工作中的学者不用说是特有德行的。他们不做轻率的主张，他们不欺骗，他们不试图不惜代价地说服别人，他们既不诉诸偏见、也不诉诸权威，他们对自己的无知往往是坦率的，他们的争论相当有礼貌，他们没有把正在辩论的事情与种族、政治、性别或年龄混为一谈，他们耐心地倾听年轻人和老年人的话。这些是学者的普遍美德，它们尤其是科学家的美德。②

我们很难列出包罗万象的一览表，把科学家的优秀品德尽收其中。但是，就其群体和整体而言，科学家在品德上要高于社会的平均水准，起码诸多美德在科学家身上表现得尤为明显。拉帕波特（A. Rapaport）提出，基于在科学实践中体现的价值——例如宽容、对真理的热爱、协作等价值——科学共同体可以被看作是道德共同体的模范③。戈兰虽然认为科学家毕竟也是人，凡是人具有的弱点和罪过他都具有，但是他还是坦率地承认，他们在智力、好奇心、忍耐力、创造力和客观性方面比一般人稍强一些。特别是，科学家为取得认识上的进步而合作，这已被其他专业引为典范。④ 罗蒂在提出"科学性作为道德

---

① 马斯洛：《科学家与科学家的心理》，邵威等译，北京大学出版社，1989年第1版，第151页。

② J. Bronowski, *Science and Human Values*, New York: Julian Messner Inc., 1956, pp. 75–76.

③ T. Sorell, *Scientism, Philosophy and the Infatuation with Science*, London and New York: Routledge, 1991, p. 2.

④ 戈兰：《科学和反科学》，王德禄等译，北京：中国国际广播出版社，1988年第1版，第 i, 1 页。

美德"的命题时,发表了有代表性的看法:

> 自然科学家频频是某些道德美德的鲜明范例。科学家理所当然地因为固守劝说而非强力,因为(相对地)不易被腐蚀,因为耐心和有理性而有名。在17世纪的牛津和索邦,皇家学会和自由博学者圈子汇集了在道德上更高尚的阶层的人。即使在今天,诚实的、可靠的、公正的人被选入皇家学会的比例也大于被选入下院的比例。在美国,国家科学院显著地比众议院较少腐败。①

经济学家海尔布龙纳(R. Heilbroner)在他的《探究人的前景》中有点悲观地询问:"人有希望吗?"可是他最终还是相信,具有独立的理智分析传统的科学家将处在头一批被唤醒的人之中,也许他们将创造把所有人的意识结晶起来的有效核心。②

科学家群体为什么具有较高的德行呢?不用说,科学家没有权力或鲜有权力是一个重要原因——不是有"权力意味着腐败,绝对权力绝对地腐败"的说法吗?但是,更为重要的原因被罗蒂一语言中:"科学家中的这样的美德的盛行与他们的科目或程序的本性有某种关系。"③尤其是科学方法和科学精神④——其中实证和理性的方法和精神最为根

---

① R. Rorty, Is Natural Science a Natural Kind? E. McMullin ed., *Construction and Constraint*, *The Shaping of Scientific rationality*, Indiana: University of Notre Dame Press, 1988, pp. 70 – 71.

② L. F. Cavalieri, *The Double-Edged Helix*, *Science in the Real World*, New York: Columbia University Press, 1981, p. 143.

③ R. Rorty, Is Natural Science a Natural Kind? E. McMullin ed., *Construction and Constraint*, *The Shaping of Scientific rationality*, Indiana: University of Notre Dame Press, 1988, pp. 70 – 71.

④ 李醒民:《科学的文化意蕴》,北京:高等教育出版社,2007年第1版,第215 – 296页。该书的"科学精神"一章中:"科学精神以追求真理作为它的发生学的和逻辑的起

本——的长期熏陶，潜移默化地在科学家身上打上难以磨灭的印记。萨力凡尽管认为科学精神并非科学家所特有，亦非科学家所必有和尽有，作为人的科学家也有人所必有的劣根性，然而他还是明确承认，科学的客观标准与证明标准的确高于一切别界的标准，科学要求的结果是共同的和实验可以证明的。这种精神习惯或科学精神自然地倾向于形成一种道德修养，其价值的鲜明和采用的广泛，比在人类的任何别种活动中都大得多。① 布罗诺乌斯基正确地指出，从个人角度看，科学家无疑具有人的弱点。但是，在国家和教条似乎总是或威胁，或欺骗的世界上，科学家的本体被训练得回避，或被组织得拒绝除事实之外的其他说服形式。破坏这个准则的科学家像李森科那样被唾弃，在实验室破坏该准则的科学家发现这是在扼杀自己。没有必要把这些美德追溯到科学家的个人之善，并非其气质使科学家成为如此坚定不移的强有力的社会群体。这一切是由作为一种职业的科学的本性和传统决定的。② 莱维特也对科学界较纯洁、科学家少欺诈的原因有所明察：

> 就事实来说，科学中的欺诈行为是很少的。与大多数专业相比，这一领域是相当纯洁的。这并不等于宣布科学家个人具有道

点，并以实证精神和理性精神构成它的两大支柱。在两大支柱之上，支撑着怀疑批判精神、平权多元精神、创新冒险精神、纠错臻美精神、谦逊宽容精神。这五种次生精神直接导源于追求真理的精神。它们紧密地依托于实证精神和理性精神，从中汲取足够的力量，同时也反过来彰显和强化了实证精神和理性精神。它们反映了科学的革故鼎新、公正平实、开放自律、精益求精的精神气质。"另外，顺便说一下，达尔文早在1859年就使用过"科学精神"一词："近代学者以科学精神讨论这个问题的，首推布丰……"参见达尔文：《物种起源》，周建人等译，北京：商务印书馆，1995年新1版，第1页。

① 萨立凡等：《科学的精神》，萧立坤译，台北：商务印书馆，1971年第1版，第5—10页。
② J. Bronowski, *Science and Human Values*, New York: Julian Messner Inc., 1956, pp. 75-76.

德上的优势地位。……这仅仅指出这样一个事实,即开明的自我利益通常会取消研究者任何公然欺骗的企图。如果一个发现重要到可以为它的发现者赢得崇高的声望,迟早会以某种形式得到重复,如果检查到有任何欺骗,那么接着就会受到报应。①

莫尔讲得特别有趣和实际:"有些人在他们的私生活中,有极端的偏见,是不可靠的,甚至是不诚实的。但是,一当他们接近做科学工作的工作台或写字台,就会改变他们的态度。完全的诚实在科学工作中是绝对必要的。……从长远看,绝对诚实对科学家来说是不会吃亏的,这不仅是不做假的陈述,而且让那些反对他的观点充分表达。道德马虎,在科学中比在商业和政治领域要遭到更严厉的惩罚。"②

比如,谦虚或谦逊是科学家普遍具有的美德,这显然与科学的本性和规范结构有关。诚如萨顿所说:那些精通科学的人是不喜欢说得太多和太响的,最伟大的科学家一般总是保持谦虚的态度。③ 这并不是说没有一点虚荣的地方,因为他们也是人,而且是有缺点的。开尔文勋爵在一生中完成了一个人所能希望做出的全部发现,他在晚年这样说:"有一个词可以刻画我在过去 50 年间为了推动科学事业的前进而坚持不懈地进行最艰辛的努力,这个词就是失败。"科学家之所以如此,这直接受到他们的研究对象、结果、历史和与境的影

---

① 莱维特:《被困的普罗米修斯》,戴建平译,南京:南京大学出版社,2003 年第 1 版,第 397 - 398 页。莱维特是针对"欺骗是科学研究特有的现象,而且每一个实验室都隐藏着罪恶的秘密"的流言,进行反驳时说这番话的。
② 莫尔:科学和责任,余谋昌译,北京:《自然科学哲学问题》,1981 年第 3 期,第 86 - 89 页。
③ 萨顿:《科学史和新人文主义》,陈恒六等译,北京:华夏出版社,1989 年第 1 版,第 96 页。

响。面对大自然的宏伟、浩瀚、精微和奥妙,科学家能不油然而生敬畏之心和谦卑之情①?面对浩渺无垠的知识海洋和有知远远小于未知、无知、非知②的现状,科学家能不感到自己势单力薄和力不从心③?面对前人的开拓和贡献、今人的激励和协作,科学家能无受惠之感和感恩之心?面对社会的大力支持和纳税人的慷慨资助,科学家能对其趾高气扬、不可一世④?面对这一切,科学家若不谦恭、不谦顺,那才是咄咄怪事,那才叫泯灭了科学良心(scientific conscience)。

布罗诺乌斯基把涉及科学家的道德良心的两个问题——一是humanity(人性、博爱),一是integrity(诚实、正直)——径直与科学的本性联系起来。"博爱问题涉及人应该在每个国家制胜其他国家的永恒斗争中,尤其是在战争的情况下采取的立场。虽然科学家(像技术专家一样)比他们的公民同胞更多地被拖入这种斗争,但他们的道德两难选择恰恰与其公民同胞相同:他必须针对普遍的博爱感权衡他们的爱国主义。如果就科学而言存在特殊的东西的话,那只能是,他们比

---

① 史蒂文森和拜尔利虽然认为科学家在同事面前并非总是谦卑的,但是他们宣称在自然面前是谦卑的。参见 L. Stevenson and H. Byerly, *The Many Faces of Science, An Introduction to Scientists, Values and Society*, Boulder, San Francisco, Oxford: Westview Press, 1995, p. 39.

② "非知"意指,科学不知道它不知道的东西是什么(what)!它不知道它不知道的东西在哪里(where)!它不知道它为什么(why)不知道这些不知道的东西!对于科学而言,"非知"也许要远远多于"已知"、"未知"或"无知"的总和。如果科学知道它目前还不知道的东西的三个w,那么它至少"已知"它暂时还不知道的对象,这已经把"非知"转化为"未知"了。参见下述文献中关于"科学的限度"的论述。李醒民:《科学的文化意蕴》,北京:高等教育出版社,2007年第1版,第297-328页。

③ 牛顿的名言最具代表性:"我不知道在世人看来我可能像什么,但是就我自己而言,我只不过是在海边玩耍的孩子,不时地因为发现较通常要光滑的卵石和要美丽的贝壳而欢娱,而真理的大海还没有在我们面前发现呢。"参见 F. Aicken, *The Nature of Science*, London: Heinemann Educational Books, 1984, p. 1.

④ 维格纳说到点子上:"我们受到社会慷慨的支持,应当表现出谦虚和感谢,而不是蔑视那些不是科学家的人。"参见 E. P. Wigner:科学家与社会,王荣译,上海:《世界科学》,1993年第4期,第10-12页。

其他人更多地意识到,他们属于国际共同体。诚实问题出自科学强加给追求它的人的工作条件。科学是对真理的无尽探索,献身于科学的人必须接受严格的纪律。例如,他们不是出于无论什么目的的隐瞒真理的党派。对于他们而言,在手段和目的之间没有什么区别。科学不承认真理以外的其他目的,因此它拒绝一切权术计谋,而追逐权力的人为他们使用坏手段达到他们所谓的好目的辩解。"①R. 科恩(R. Cohen)从更为广阔的视野看问题。他提出:

> 科学共同体的伦理是"合作共和国的民主的伦理",科学的传统达到"感恩和造反的独一无二的融合",还有竞争和合作的融合。科学倾向于促进观念的民主论坛,因为科学具有使其研究的结果公开化、不压制相反意见的义务和责任。当然,这样的理想并非总能遇到。但是,在传统价值得到承认之处,科学最为繁荣兴旺——科学也许有助于承认自由、宽容、独立、坚忍、独创性、真理性和国际友爱。

奥本海默乐观地争辩说:"在所有理智活动中,唯有科学原来在时代要求的人中具有一种类型的普遍性。""科学在这里被认为有文明化和人文化的效果,用特别实际的、现世的关注代替非实在的、宗教的价值。"②

毋庸讳言,科学家不是完人,不是安琪儿。像任何个人和群体并非十全十美一样,科学家在品德上亦有诸多不足和缺点,甚至还有品

---

① J. Bronowski, The Disestablishment of Science. W. Fuller ed., *The Social Impact of Modern Biology*, London:Routledge & Kegan Paul,1971,pp. 233 - 246.

② L. Stevenson and H. Byerly,*The Many Faces of Science*,*An Introduction to Scientists*,*Values and Society*, Boulder, San Francisco, Oxford: Westview Press,1995,p. 34.

质恶劣的科学家①。"有证据表明,科学家与其他人一样具有相同的道德行为:迷信、机会主义、痴心妄想、赶浪头、追时髦、对新事物和外来事物怀有偏见。只要稍加留神,这一切都会在研究科学家的行为时发现。"②梅多沃列举了科学家的一些无行行为。有些人使出浑身解数以提高自己作为科学家的声望,而用非科学的手段败坏他人的名誉。有些科学家剽窃别人的思想,还要卑鄙地辩解说他和别人是各自独立地来源于某一更早的思想。有些人采用肮脏手段,不引用自己获益的作者的新近论文,反而大量引用离自己年代久远的研究工作。有些人在公开发表的论文中故意略去某些技术细节,使别人无法弥补和借鉴。有些人挑剔成癖,或者抓住别人的弱点攻其一点不及其余,或者暗示自己早已有同样的观点。有些人稍有一点想法,就自吹自擂,自以为是亘古未有,谁要对他说半个不字,就会招来敌意的怨恨。③ 戈兰点出有劣迹的科学家的名字:牛顿在争夺优先权时操纵调查委员会,并伪造日期。数学家 J. 伯努利曾被说成是一个"粗暴、陋习成性、嫉妒、在必要时还不诚实的人"。地理学家伍德沃德(J. Woodward)以其"怪癖、浮夸、神经质、举止粗鲁"而著称。乌利瓦(A. Uliva)沦为罪犯。拉姆福德伯爵(Count Rumford)是间谍、诌媚者、受贿者。④ 萨顿也洞察到:

　　科学家有时表现出一种过于骄傲和过于肯定的可鄙倾向,并

---

① 彭加勒在表明"无私利地为真理本身的美而追求真理……能使人变得更完善"的同时,他也清楚地知道:"这里存在着错误,思想者并非总是由此引出他能够在其中发现的宁静,甚至在这里也有品质恶劣的科学家。"参见彭加勒:《科学与方法》,李醒民译,沈阳:辽宁教育出版社,2000年第1版,第8页。

② R. S. Cohen, Ethics and Science. R. S. Cohen et al. ed., *For Dirk Struck*, Dordrecht-Holland: D. Reidel Publishing Company, 1974, pp. 307 – 323.

③ 梅多沃:《对年轻科学家的忠告》,蒋效东译,天津:南开大学出版社,1986年第1版,第47 – 48页。

④ 戈兰:《科学和反科学》,王德禄等译,北京:中国国际广播出版社,1988年第1版,第123 – 124页。

且作为一个阶层显得过于自以为是。他们中的一些人愚蠢地攻击一切非科学的活动,造成了许多本来可以避免的反对他们的对立面。还有一些人的举止就像是喝醉了酒的孩子,放肆地毁坏在他看来是错误的或非理性的事物,这只能证明他们是一些轻率地反对偶像的人,比那些迷信偶像的制造者更为愚蠢、更不可饶恕。……科学家并不一定是明智的;他的思想可能很敏锐,但是也可能很狭隘;他也许能看穿蒙蔽所有其他人的奥秘,在某一方面他也许具有简直让人不可思议的智力,但是在其他方面也许是迟钝而愚蠢的。最后,还必须承认,许多科学家显得缺乏教养,这必然会激怒那些被他们看不起的人,而这些人可能比他们更为文明。①

乍看起来,刚才罗列的科学家的一些乖僻之举,似乎与"科学家是有德行的"判断薰莸不同器,实则不然。要知道,科学家的品德缺憾是个体的,在整个群体中毕竟是背离规范的个例。科学共同体一直采取各种措施,遏制和清除这些不端行为。况且,科学家的一些不良行径不少发生在科学活动和建制之外——当然,任其滋生、污染,也会腐蚀科学共同体。莫尔注意到这个问题:科学家在公共讲坛上的行为威胁科学界的道德标准。温伯格对这种令人遗憾的情况做了充分分析:"当科学家在公共讲坛上就科学问题发表意见时,他们不服从关于在通常科学交流渠道中表达意见的规定。由于这些传统的规定不起作用,这种超越科学的辩论常常会导致在科学上的不负责任:在公众辩论中提出的证明水准低于专业辩论中提出的证明水准,而且科学家往往只对公众讲一半真实的话。……如果科学家允许自己有权在公共讲坛

---

① 萨顿:《科学史和新人文主义》,陈恒六等译,北京:华夏出版社,1989年第1版,第46-47页。

上信口开河,我想这种习惯可能会逐渐蔓延到科学讲坛。"这种不负责任的态度将很快破坏科学的可靠性和在公众当中的威信。如果我们不划清科学辩论和超科学辩论的界线,我们将会毁掉我们的基础。①

像一般人一样,科学家的秉性可谓五花八门、形形色色。梅多沃注意到,"科学家是这样一些人:他们具有截然不同的气质,以迥然相异的方式做各种各样的事情。在科学家中有收藏家、分类家和强迫性整理家;许多人具有侦探的气质,许多人是探险家;有些人是艺术家,另一些则是工匠。也有诗人兼科学家或哲学家兼科学家,甚或还有少数神秘主义者。……甚至还有少数骗子。"②威尔逊发现:

> 在性格上,科学家像其他人群一样地多种多样。你随便找出一千个科学家,就会发现各式各样的人:既有慷慨的,也有贪婪的;既有心态平和的,也有情绪多变的;既有庄重的,也有轻佻的;既有好交往的,也有爱独处的。有些科学家冷漠得就像四月份收税的会计;如果进行检查的话,就会发现极少数科学家有狂躁型抑郁症。③

也许是由于科学家在品德和秉性上的两面性或双重性,使得世人对科学家既神化,又误解。有各种各样关于科学家的神话:安贫乐道而视金钱如粪土,高瞻远瞩而明察秋毫,一心一意追求真理而别无旁骛,诸如此类,不一而足。当然,我们不能说绝对没有这样的科学家;即使有,想必人数也不会太多;大多数科学家与普通人在品德和秉性

---

① 莫尔:科学伦理学,黄文译,北京:《科学与哲学》,1980 年第 4 辑,第 84-102 页。
② 梅多沃:《对年轻科学家的忠告》,蒋效东译,天津:南开大学出版社,1986 年第 1 版,第 3-4 页。
③ 威尔逊:《论契合——知识的统合》,田洺译,北京:三联书店,2002 年第 1 版,第 81 页。

上的确没有过大差别。戈兰举出许多科学家积累财富的例子,以批驳科学家清贫度日的神话:牛顿起初是来自农村的孩子,去世时已是富人。开尔文勋爵通过他的专利积累了大量财产。狄塞尔在40岁前已是百万富翁。J.J.汤姆逊的房地产规模使同代人惊愕不已。类似的富人科学家还可以列出一个长长的名单。他还用事例戳穿科学家英明的神话。沃森甚至称一些科学家为"笨蛋"。如果科学家是英明的,按理说他们对理解新理论就不会有困难。可是,卢瑟福半开玩笑地宣称,盎格鲁撒克逊的心智无法理解相对论。在狭义相对论诞生多年之后,美国物理学会主席马吉(W. F. Magie)对时间和空间的相对性概念一头雾水。他在1911年的主席演说中还宣称:"我在相对性原理中看不到宇宙问题的终极解答。实际有用的解答必然是每一个人——普通人以及训练有素的学者——可理解的。以前的物理学理论就是这样可理解的。"如果科学家是英明的,错误就不大会频繁出现。可是,任何科学理论都能够被诠释为对先前错误的矫正,在科学家个人的成就中也显现出许多错误。[1] 针对科学家被描绘为献身真理的追求者,他们全神贯注地理解难以驾驭的自然,轻蔑他们工作的功利主义应用,十足的利他主义,仅接受内心充分满足这一丰厚报酬,轻看金钱、名声或任何种类的外部报偿,西博格申明:

> 这是不准确的描述。一般而言,科学家是十分普通的人。在他们的专业内部,他们天生的理智才能是人的平均数,他们训练后的能力肯定较强。但是作为人,他们像其他任何人一样,受相同的短处、需要、欲望和倾向的支配。[2]

---

[1] M. Goran, *Science and Anti-Science*, Michigan: Ann Arbor Science Publishers Inc., 1974, pp. 44 – 45, 59.

[2] G. T. Seaborg, *A Scientific Speaks Out*, *A Personal Perspective on Science*, *Society and Change*, Singapore: World Scientific Publishing Co. Pte. Ltd., 1996, pp. 3 – 4.

世人对科学家也有诸多误会。其中,最典型的有两点:一是误以为科学家是狭隘的专门家,属于同一呆板模式;二是误以为科学家冷若冰霜,没有感情和人性。第一点明显是错误的:科学家理所当然地是专家,要不怎么能在某一学科取得成就呢。但是,博学的、多才多艺的科学家也大有人在,其中有够格的诗人、音乐家、画家等等。哈密顿、戴维、伏打、阿姆斯特朗、罗蒙诺索夫、E. 达尔文、麦克斯韦、开尔文勋爵、西尔维斯特(J. J. Sylvester)擅长写诗,氦姆霍兹、鲍罗丁(A. Borodin)、瑞利勋爵、爱因斯坦具有音乐天赋,巴斯德、海克尔、奥斯特瓦尔德、迪昂是有名的业余画家。就更不必提及伟大的科学家多半是伟大的哲学家了。难怪马斯洛说:我们伟大的科学人物,通常都有广泛的兴趣,并且自然不是狭隘的工匠。从亚里士多德到爱因斯坦,从达·芬奇到弗洛伊德,这些伟大的发现者都是多才多艺、丰富多彩的,他们具有人文主义、哲学、社会以及美学等方面的兴趣。他还表示:

> 假如科学家与诗人、哲学家之间的界线不像当今这样不可逾越,这将显然有利于科学。方法中心论仅仅将他们归于不同的领域,问题中心论将他们考虑为互相帮助的协作者。多数伟大的科学家的个人经历表明,后一种情况较前一种情况更接近真实。许多大科学家本身又是艺术家和哲学家,他们从哲学家那里获得的营养,不亚于从自己的科学同行那里获得的营养。①

其实,只要我们明白,科学本质上是艺术的事业,科学是理智的诗歌,科学与哲学在起源和现实中是并蒂莲或孪生体,就不难理解科学家一般并非狭隘的专门家了,特别是伟大的科学家往往是伟大的哲学家和科

---

① 马斯洛:《动机与人格》,许金声译,北京:华夏出版社,1987年第1版,第12、18页。

学艺术家。萨顿还从另外的角度揭橥:"一个常见的错误是,认为科学家好像都属于同一模式。暂且不说他们的知识范围极端不同,就是他们的风格也是多样的。"①关于科学家的科学风格的多样性,我们将在下边论述。

关于第二点误会,是由于人们仅仅看到表面现象。诚然,科学家是尊重事实,讲究理性,坚持客观性的,要尽可能排除主观的和情感的东西涉入科学理论。但是,这并不说明科学家在科学中没有掺和一点主观因素,也不说明他们没有感情和人性,尤其是在作为研究活动和社会建制的科学中。沃尔珀特表明:"在对科学的许多误解中,说科学家以不动感情的方式追求真理,他们惟一的报偿和目的是对世界的更好理解,或者他们完全是竞争的和自私自利的。虽然二者具有某种真理成分,但这些是误导的形象。"科学家在情感上卷入他们的工作,此外享受发现的乐趣;科学家之间的社会相互作用在建立科学家的目标中扮演根本性的角色。科学家之间存在竞争,但是也有诸多合作。科学家想要其他人接受自己的观念,但是新观念的接受比证实或证伪的判断更复杂。科学家在没有健全理由的情况下,不愿意放弃自己的观念或接受其他人的观念。②马奥尼指出,科学家不仅在职业角色的履行中是主观的——往往明显不过地易动感情。科学家也许以比几乎任何其他从业者更多的热情卷入他的使命中去,他们完全可能对他的生涯的非金钱方面有更强烈的私人投入。③

---

① 萨顿:《科学史和新人文主义》,陈恒六等译,北京:华夏出版社,1989年第1版,第92页。

② L. Wolpert, *The Unnatural Nature of Science*, London, Boston: Faber and Faber, 1992, p. ix.

③ 马奥尼继续说:科学家的根本任务是增加或精制我们的知识。在指出他们在追求该目标中可以满足各种个人的需要这一点之后,似乎有理由提出两个尝试性的推测:科学家将充满感情地对察觉是提高或挑战我们流行的知识状态的事件(例如新发现或新范式)做出反应;科学家将充满感情地对察觉是反映他个人能力的和对该任务贡献的事件(例如他的实验的成功和失败、对他的工作的承认或重视等)做出反应。参见 M. J. Mahoney, *Scientist as Subject: The Psychological Imperative*, Cambridge, Massachusetts: Ballinger Publishing Company, 1976, pp. 109 – 111.

至于说科学家没有人性,更是无稽之谈。尽管科学家从事客观性很强的研究工作,但是科学家毕竟也是人①,怎么会没有人性呢?人为的和为人的科学是有人性的②,这无疑是创造科学的科学家之人性在科学中的显现——"科学被视为科学家的人类本性的产物"③。反过来,科学的人性又说明科学家是有人性的。休谟早就提出"人性本身是科学的首都或心脏"的命题。他说:

> 一切科学对于人性总是或多或少地有些关系,任何学科不论似乎与人性离得多远,它们总是会通过这样或那样的途径回到人性。即使数学、自然哲学和自然宗教,也都在某种程度上依靠于人的科学;因为这些科学是在人类的认识范围之内,并且是根据他的能力和官能而被判断的。④

波普尔从科学的可错性和科学家会犯错误这个角度,说明科学和科学家具有人性:"我的著作是想强调科学的人性方面。科学是可以

---

① 齐曼讲得有道理:"有一种观点认为,科学研究的纯粹性,既不是由它的目的决定的,也不是由它的产品决定的,而是由研究者的个性(personality)决定的。它把注意力引向将研究者看做人,而不是看做社会这架机器上的一个螺丝钉。""在科学事业中,个人使命感仍然是一个很重要的因素。"参见齐曼:《真科学:它是什么,它指什么》,曾国屏等译,上海:上海科学教育出版社,2002年第1版,第29、30页。

② 参见专著(李醒民:《科学的文化意蕴》,北京:高等教育出版社,2007年第1版)中的导言、科学的功能、科学价值、科学精神、科学审美章节。

③ 马斯洛:《科学家与科学家的心理》,邵威等译,北京:北京大学出版社,1989年第1版,第1页。

④ 休谟还说:"一旦掌握了人性以后,我们在其他各方面就有希望轻而易举地取得胜利。从这个岗位,我们可以扩展到征服那些和人生有较为密切关系的一切科学,然后就可以悠闲地去更为充分地发现那些纯粹是好奇心的对象。任何重要问题的解决关键,无不包括在关于人的科学中间。在我们没有熟悉这门科学之前,任何问题都不能得到确实的解决。因此,在试图说明人性的原理的时候,我们实际上就是在提出一个建立在几乎是全新的基础上的完整的科学体系,而这个基础也正是一切科学惟一稳固的基础。"参见休谟:《人性论》,关文运译,北京:商务印书馆,1980年第1版,第6-8页。

有错误的,因为我们是人,而人是会犯错误的。"① 瓦托夫斯基看问题的视野更为宽广:"我们需要重新提出问题,以使科学工作本身能够被看做本质上是人类的工作,并且在高度完美的意义上,可以被看做是人道的事业。为了这个目的,我们必须考虑在普通种类的人类活动中什么是科学活动的基础,并且我们必须确立存在于科学和日常生活之间的实际连续性。我们还必须考虑科学的特点是什么,但不是从科学超越于人类活动的意义上,而是从科学本身是一种与众不同的、独一无二的,在各种决定性的方式上与其他人类活动不同的人类活动这种意义上去考虑。如果以这种方式探讨问题,那么将可以看到,科学代表着人性的一项最高成就,而不是某种置身于人性之外的事物。"②

我们曾经讨论过科学异化问题③,科学家异化的危险性同样也是存在的——这在当下并不是什么稀罕之事。要知道,

> 在不良的社会大环境和失范的共同体的小环境的熏染下,科学家若不能正确地看待自己和严格自律,也会被颓风裹挟、被浊浪席卷:或被极权政治异化为政治官僚或政治痞子,或被市场经济异化为经济机器或经济动物,或被泡沫学术异化为学术掮客或科学骗子,或被时尚文化异化为科学玩偶或文化小丑,干出种种违背科学规范和泯灭科学良心的事情,从而贻害于科学和科学共同体,并进而毒化社会。

---

① 波普尔:《科学知识进化论》,纪树立编译,北京:三联书店,1987年第1版,"作者前言"第1页。
② 瓦托夫斯基:《科学思想的概念基础——科学哲学导论》,范岱年等译,北京:求实出版社,1982年第1版,第30页。
③ 李醒民:《科学的文化意蕴》,北京:高等教育出版社,2007年第1版,第329-399页。

萨顿对科学家异化以及由此引起的科学异化忧形于色①。英国前技术部长本(A. W. Benn)指出,科学家有堕落为"新型工头"的危险②。科学家异化应该引起科学家自身和科学共同体的深思和警惕!对此,科学家除了加强社会责任感和自律意识之外,科学共同体也要设法抑制和消弭科学的社会结构中的异化源泉③。科学家职业在现代社会是一种声望很高的、十分受社会尊重的职业④,科学家要有自知之明,要以身作则,要对得起"科学家"这个光荣的称谓和公众的称许,决不能

---

① 萨顿说:"相当多的科学家已经不再是科学家了,而成了技术专家和工程师,或者成了行政官员,实际操作者以及精明能干、善于赚钱的人。……技术专家如此深深地沉浸在他的问题之中,以致于世界上的其他事情在他眼里不复存在,而且他的人情味也可能枯萎消亡。于是,在他心中可能滋长出一种新的激进主义:平静、冷漠,然而是可怕的。"他还说:"如果把科学丢给头脑狭窄的专门家,过不了多久它就会退化成新的经院主义,失去其生命力和固有的美,变得像死亡一样的虚假和妄谬。"参见萨顿:《科学的历史研究》,刘兵等译,北京:科学出版社,1990年第1版,第49,17页。

② A. W. 本在 1971 年说过:"现在人们猛然醒悟这样一个事实:科学和技术是权力的最新表达形式,掌握它们的那些人已经变成新型工头,完全像过去拥有土地的封建地主和拥有工厂的上辈资本家。一般人对现状大都不会感到满意,除非他们掌握了这种权力并使之满足自己的需要。"参见戈兰:《科学和反科学》,王德禄等译,北京:中国国际广播出版社,1988年第1版,第12页。

③ 拉维茨注意到,在科学的社会结构的特征中,我们能够窥见强烈迫使科学家异化的源泉:来自社会,来自他们工作的果实,来自对责任的任何实际有效的指向。或者由于远离(例如学究式的人物),或者由于从属性(例如雇佣为他人和集团的利益研究和咨询),个人切断了与社会决定及其后果的联系,他们没有经验和机会做任何可控制他们还在制作的总变化发动机的事情。不过,即使坚持认为只有遵守秩序才是他的义务的工程师,也处于较高水平的意识,因为他至少看到这个问题,并且能够选择政策。不幸的是,科学共同体处在创造巨大力量的位置,而社会却剥夺了其使用这些力量的责任。参见 J. R. Ravetz, *The Merger of Knowledge with Power*, *Essays in Critical Science*, London and New York: Mansell Publishing Limited, 1990, p. 150.

④ 马奥尼认为,科学是有声望的职业。虽然它的特殊学科在公众的印象中可能兴盛和衰落,但是毋庸置疑,作为科学家,比大多数职业负载更高的社会地位。同样很清楚,我们的文化尊崇知识。真理的光辉是如此无孔不入,以至它几乎是不可觉察的——我们的思维浸透了对知识的尊重。对真理的这种尊崇部分地说明了对真理寻求者的流行的尊崇。科学家是知识的高级教士。他有能力与实力进行神秘的联络,是我们的智慧的大使。参见 M. J. Mahoney, *Scientist as Subject: The Psychological Imperative*, Cambridge, Massachusetts: Ballinger Publishing Company, 1976, p. 3.

随波逐流、自暴自弃,沦为人人唾弃的异化人。

科学家要防止和避免自身被异化,务必坚持科学态度,永葆科学良心——这是抵御异化的不二法门。巴姆把科学态度归结为至少六个特征:好奇、好推测、愿意坚持客观性、愿意保持虚心、愿意暂不做出判断和愿意坚持尝试性。科学的好奇是有所关注的好奇,它发展为对探索、研究、冒险和实验的关注,其目的在于理解。初始假设往往是推测性的,并且每一个假设都包含某种程度的推测性。显然,好推测意在形成和尝试做出假设。坚持客观性对科学来说是基本的,这包括好奇、经验、理性等诸多方面。虚心意指愿意听取和容忍别人的建议,即便与自己的结论相矛盾。在有足够的证据之前不下结论,而不管这种持续悬而不决的状态需要多大耐心。不仅未经证明的假设(包括工作假设)应该以尝试性的态度加以对待,而且应该把整个科学事业看作是尝试性的,因为它仍然有不确定性,对方法也应该持非教条的态度。① 任鸿隽特别指出:"科学家的态度当信其所已知,而求其所未知,不务为虚渺推测武断之谈。"②

在科学态度中,最重要的也许是批判态度和客观态度。按照马赫的观点,科学态度首先是批判态度:经验资料总是具有最后的发言权,没有教条、神圣理论和先验陈述的地位。这些原则明确地定义了科学事业的限度。科学只能给出实际事态的描述(和预言),规范和价值不能借助科学来发现,在它的范围之外。而且,我们从来也不能担保,我们今天接受的东西明天还将是可接受的:科学理论是假设性的,不能被证明,很可能在未来被拒斥。③ 布罗德指明:

---

① 巴姆:科学的问题和态度,王毅译,上海:《世界科学》,1991年第1期,第50-53页。
② 任鸿隽:《科学救国之梦——任鸿隽文存》,樊洪业、张久村编,上海:上海科技教育出版社,2002年第1版,第48页。
③ D. Dieks, The Scientific View of the World: Introduction. Jan Higevoord ed., *Physics and Our View of the World*, New York: Cambridge University Press, 1994, pp. 61-78.

科学态度的精髓是客观性。科学家在分析事实和检验假设时,理应严格排除自己对结果的期待。在公众的心目中,客观性是科学的突出特点,因为它使科学家看问题不因教条的歪曲而受影响,使他能够如实地看待真实世界。要做到客观是不容易的,研究人员要经过长时间的训练才能达到。①

笔者曾经在多年前讨论过科学良心问题②。所谓"良心",是个人对自己与行义为善的义务相关的行为、意向和品性的道德上的善恶感和荣辱感。良心对社会生活有重大意义,对人们的行为具有判断、指导和监督作用③。所谓科学良心指的是,在科学建制之内工作的科学家,经过代代相传和自我实践,经过科学方法和科学精神的熏陶,逐渐形成了一套合乎道德的外在行为准则,这些准则的内化就是科学家的科学良心,即科学家内心对科学研究中各种涉及伦理道德方面的是非、善恶和应负的责任的正确认识——他应该做什么,而不应该做什么。

波兰尼对科学良心做过细致的考察和精湛的研究。他说,人们无法依据任何已经确立的规则去解决直觉洞察的问题,最终做出何种决定纯粹是科学家自己的事情,他得凭自己的个人判断去抉择;现在,我们发现这种判断还有一个道德层面——高层次的利益总是与低层次

---

① 布罗德等著:《背叛真理的人们》,朱宁进等译,上海:上海科技教育出版社,2004年第1版,第184页。

② 李醒民:科学家的科学良心,北京:《百科知识》,1987年第2期,第72-74页。

③ 也就是说,"在人们行为之前,良心能帮助和指导个人进行道德判断,做出符合一定道德准则的抉择;在行为过程中,能激励人们自觉自愿地按照一定的道德准则去行动,并及时纠正偏离道德准则的思想和行动;在行为之后,能对自己行为的后果和影响做出一定的评价,对履行道德义务的良好后果感到满足和欣慰,从而提高道德自觉性,对不良后果感到内疚和羞愧。"参见冯契主编:《哲学大词典(修订本)》,上海:上海辞书出版社,2001年第1版,第849页。

的利益相冲突。可见,科学家的判断还是良心的事情,个人判断中已经嵌入对理想的信念和忠诚问题。当然,在科学界,即使只进行最简单的操作,对科学理想——细致与诚挚的自我批评理想——的忠诚也是不可缺的。这种忠诚亦是初踏科学门槛的学生需要学习的第一件事。遗憾的是,在学习此种科学良心时,许多人只学会卖弄学问和疑神疑鬼——这种卖弄和怀疑可能瓦解一切科学研究的进展。执行任何一条科学规则都不能满足科学良心,因为每条科学规则都只服从它自己的诠释。举例而言,如果我们去验证某件当前提及的事物,就不涉及我们此处讨论的特殊良心,而只牵涉到平常的责任心而已。可是,如果要我们判断他者的数据可在多大程度上被采用,此时我们就得同时避免太过谨慎和太过大意的危险,那科学良心就至关重要了。在一切科学决策过程中,如某项科学研究之探询、研究成果之公布、接受公众质疑并为之辩护,难度将更大,它们都涉及科学家的良心。对科学家来说,其中的每个过程都在检验他们对科学理想的诚意与奉献精神。科学家必须想尽一切法子,与他所预测的潜在实在建立联系,这种联系一经确立,即自始至终得到科学家本人科学良心的赞成。因此,科学家得接受一项任务——他们必须对证据的效力表态,虽然这些证据永远无法完成;他们还得相信,这种听从于科学良心的命令而进行的冒险行动是他们能够胜任的职责,同时也是他们为科学做出贡献的恰当机会。他进而表明:

在科学发现的任何阶段,我们均能清楚地辨认出两个不同的个人因素,它们参与科学判断,使科学判断能够成为科学家自己的事情。某些证据在科学家身上不断激起直觉性的冲动,而这种冲动又与证据另一部分互相抵触。科学家的一半思想不停地提出新的主张,另一半则不停地反对它们,两部分都是盲目的,任哪一部分自行其是都会将科学家引向无限的歧途。不加约束的直觉性思考将导致放纵的任性结果；但是，对批判性规则的严格履行又可能使发现系数彻底瘫痪。唯有由这二者之上的第三方来做出公证的裁决，方能解决这个冲突。在科学家的脑海里，科学良心的角色就是这超越其创造性冲动和批判性谨慎的第三方。当科学家宣布最终结论的时候，必定要奏出个人责任的调子，我们可以从中听到科学良心敲出的音符。由此可见，科学的基础里隐藏道德的因素。

在把科学良心看作是调解直觉性冲动和批判性程序的规范法则和师徒间关系的最终仲裁者之后，波兰尼还探讨了科学共同体在培育共同科学理想的过程中，是如何组织它的成员的科学良心的。①

---

① 波兰尼说："通常，科学家在感情上和道德上最终向科学臣服总要经历几个不同的阶段，让我们对这些阶段逐一回顾。在真正理解科学真谛之前，年青的心灵初次走进科学，一股对科学的热爱、对科学的重大意义的信仰激励着这颗心。有了对知性权威的这种初步服从，他才会刻苦汲取科学知识。下一步，这个渴望成为科学家的年轻人将得一些伟大的科学家——健在的或去世的科学家——树为自己的榜样，寻求从他们身上获得自己未来科学生涯的灵感。在很多情况下，年轻人都会追随某位大师，向他尽情表白自己的崇敬和信任。不久之后，他将投身于追求发现的活跃行动里，深深沉迷于解决某个问题。这时他得竭尽全力追求对实在的真实感觉，以避免自欺。为此，他或许要痛苦地拒绝成就感——由某种不怎么可信的东西所带来的成就感——的诱惑。在宣布自己终于完成某个发现之前，他必须先聆听发自自身的科学良心的声音。岁月流逝，他的科学良心也日益成长，担负许多不同的新功能；他的科学良心诠释他的科学理想，而他在科学理想的指引下做出判断——发表论文，批评同行的论文，向学生讲演，选择一些职位的候选人等等，以诸如此类数以百计的不同方式做出判断。最后，他成为科学管理系统的一分子，将自己的爱和关怀扩及每个原创性的努力，以此培育科学的自然成长。此时，他将再一次臣服于实在，臣服于科学的内在目的。科学共同体的全体成员包括每个科学家共同做出的这些不同形式的服从，无疑强化了他们的力量。正是由于确知对科学理想的同等义务为所有科学家普遍接受，他们更加坚持对科学理想之实在的信念。当每一位科学家都基本信赖他人作品中传达的信息，预备直面自己的科学良心担保它们的可靠性，并据以建立自己的观点之时，个体的科学良心就得到了他者的广泛担保。这么一来，一个科学良心的团体——有组织地共同根植于相同理想的团体——就出现了，它体现着这些理想，并成为这些理想之实在的鲜活证明。"参见波兰尼：《科学、信仰与社会》，王靖华译，南京：南京大学出版社，2004年第1版，第41—43、58—59页。

科学家的科学态度和科学良心不光在科学建制和科学活动中不可或缺——否则会直接导致科学异化和科学家异化,而且在参与科学与社会相关的事务(咨询、做证、兼职、雇佣、决策等)乃至直面某些社会问题时,也能秉持批判的姿态和公正而客观的立场。波兰尼认为:"对于相互对立的论战仍然无法解决的问题,科学家必须本着科学良心做出自己的判断。"[①] 这种做法不仅适用于科学内部,也适用于科学外部。

---

① 波兰尼:《科学、信仰与社会》,王靖华译,南京:南京大学出版社,2004年第1版,第14页。

爱因斯坦的伦理思想和道德实践*

可以毫不夸张地说，爱因斯坦是20世纪最伟大的科学家、思想家和人。他的科学思想、哲学（科学哲学、社会哲学、人生哲学）思想都是颇有见地、不同凡响的。他虽然没有大部头的伦理学著作，但却有丰富的伦理思想。这些伦理思想体现在他的字里行间中，也渗透在他的切实行动中。本文拟将他的有关伦理问题的零散论述以及他的道德实践加以归拢和梳理，以纪念爱因斯坦狭义相对论创立100周年和其逝世50周年。

一、人生的目的和意义

对人生的目的和意义的认识，是爱因斯坦伦理思想的基础。如果要用一句话来概括，那就是反对猪栏理想，追求真善美。他说："我从来不把安逸和享乐看作是生活目的本身——这种伦理基础，我叫它猪栏的理想。照亮我的道路，并且不断给我新的勇气去愉快地正视生活的理想，是善、真和美。……人们所努力追求的庸俗目标——财产、虚荣、奢侈的生活——我总觉得是可鄙的。""我也相信，简单纯朴的生活，无论在身体上还是在精神上，对每个人都是有益的。"①

在一语道出了他的人生哲学的主旨后，爱因斯坦进而从个人与社会的关系加以论述。他说："一个人的真正价值首先决定于他在什么

---

* 原载长沙：《伦理学研究》，2005年第5期。
① 《爱因斯坦文集》第三卷，许良英等编译，北京：商务印书馆，1979年第1版，第43、42页。

程度上和在什么意义上从自我解放出来。""一个人对社会的价值首先取决于他的感情、思想和行动对增进人类利益有多大作用。""人只有献身于社会,才能找出那实际上是短暂而有风险的生命的意义。"这是因为,个人之所以成为个人,以及他的生存之所以有意义,与其说是靠着他个人的力量,不如说是由于他是伟大的人类社会中的一个成员,从生到死,社会都支配着他的物质生活和精神生活。正是由于认识到人是为社会而生存的,所以爱因斯坦岂止是"吾日三省吾身"。他这样道白:"我每天上百次提醒自己:我的精神生活和物质生活都依靠着别人(包括生者和死者)的劳动,我必须尽力用同样的分量来报偿我所领受了和至今还在领受了的东西。我强烈地向往简朴的生活。并且时常发觉自己占用了同胞的过多劳动而难以忍受。"①

爱因斯坦敏锐地洞察到,由于未能正确处理个人与社会的关系,从而构成我们时代的危机。他澄清了一些人的糊涂看法:现在的个人虽然比以往更加认识到他对社会的依赖,但是他并没有体会到这种依赖性是一份可靠的财产,是一条有机的纽带,是一种保护的力量,反而把它看作是对他的天赋权利的一种威胁,甚至是对他的经济生活的一种威胁。以致他性格中的唯我论倾向总是在加强,而他本来就比较脆弱的社会倾向却逐渐在衰退,不自觉地做了自己唯我论的俘虏。为了纠正这种错误倾向,他经常把那些为社会无私奉献的人作为楷模加以颂扬。他称赞俄国作家高尔基是"社会的公仆",褒扬美国最高法院大法官佩布兰代斯"在默默无声地为社会服务之中寻找自己生活的真正乐趣",是我们这个缺乏真正的人的时代中的"一个真正的人"。他一再表白:"社会的健康状态取决于组成它的个人的独立性,也同样取决于个人之间密切的社会结合。"②

---

① 《爱因斯坦文集》第三卷,许良英等编译,北京:商务印书馆,1979 年第 1 版,第 35、38、271、38、42 页。

② 同上书,第 271、39 页。

在涉及个人与他人的关系时,爱因斯坦坚持个人应为人类或人民服务,应与他人无私合作的原则。他像荷兰物理学家洛伦兹那样,把"服务而不是统治"视为"个人的崇高使命"①。在他的心目中,为人类服务是至高无上的和无比神圣的:"没有比为人类服务更高的宗教了。为公共利益而工作是最大的信条。"②爱因斯坦不仅身体力行,而且呼吁人们诚实地回报同胞的辛勤劳动:既从事一些能使自己满意的工作,也应该从事公认的能为他人服务的工作。不然的话,不管一个人的要求多么微不足道,他也只能是一个寄生虫。③

爱因斯坦把无私合作看作是人与人之间真正有价值的东西。他希望人们学会通过使别人幸福来获取自己的幸福,而不要用同类相残的无聊冲突来攫取幸福。他在一位青年的名言集锦簿中这样深情地写道:"你们是否知道,如果要实现你们炽热的希望,那就只有热爱并了解世间万物——男女老幼、飞禽走兽、树木花草、星辰日月,唯有如此你们才能与人同甘共苦、同舟共济!睁开你们的眼睛,打开你们的心扉,伸出你们的双手,不要像你们的祖先那样从历史中贪婪地吮吸鸩酒毒汁。那么,整个地球都将成为你们的祖国,你们的所有工作和努力都将造福于人。"④

爱因斯坦强调个人献身社会和服务他人,并不是要禁绝人的正当欲望和泯灭人性,更不是假道学和唱高调。他在他所说的"人类的兄弟关系和个人的个人主义(individualism)"⑤之间保持了必要的张力,

---

① A. Einstein, *Out of My Latter Years*, New York: Philosophical Library, 1950, p. 23.
② W. Cahn, *Einstein, A Pictorial Biography*, New York: The Citade Press, 1955, p. 126.
③ H. 杜卡丝、D. 霍夫曼编:《爱因斯坦论人生》,高志凯译,北京:世界知识出版社,1984年第1版,第57页。
④ 同上书,第33—34页。
⑤ P. A. Bucky, *The Private Albert Einstein*, Kansas: A Universal Press Syndicate Company, 1993, p. 84.

使二者协调一致。他一方面认为,"在人生的服务中,牺牲成为美德"。另一方面又指出,"自我牺牲是有合理的限度的"。他明确表示:"道德行为并不意味着仅仅严格要求放弃某些生活享受的欲望,而是对全人类更加幸福的命运的善意关怀。"① 他也强调社会应对个人负责,尊重个人自由和应有的权利,尤其不能用暴力侵犯人的尊严和价值。这是因为,爱因斯坦深知:"个人及其创造力的发展,是生命中最有价值的财富"②;"由没有个人独创性和个人自愿的、规格统一的个人所组成的社会,将是一个没有发展可能的社会"。正是基于这一认知,他特别提出:"我们不仅要容忍个人之间和集体之间的差别,而且确实还应当欢迎这些差别,把它们看作是我们生活的丰富多彩的表现。这是一切真正宽容的实质;要是没有这种广泛意义上的宽容,就谈不上真正的道德。"③

对待金钱或物质财富的关系,最能体现一个人的人生观或道德价值了。爱因斯坦在谈到这个问题时说:"巨大的财富对愉快如意的生活并不是必需的"④,"生活必需提供的最好东西是洋溢着幸福的笑脸"⑤。他甚至这样表白自己的心迹:"我绝对相信,世界上的财富并不能帮助人类进步,即使它是掌握在那些对这事业最热诚的人的手里也是如此。只有伟大而纯洁的人的榜样,才能引导我们具有高尚的思想和行为。金钱只能唤起自私自利之心,并且不可抗拒地会招致种种弊端。有谁能想象像摩西、耶稣或者甘地竟挎着[钢铁大王]卡内基的钱包呢?"⑥

---

① 《爱因斯坦文集》第三卷,许良英等编译,北京:商务印书馆,1979 年第 1 版,第 63、499、157。

② O. 内森、H. 诺登编:《巨人箴言录:爱因斯坦论和平》(上),李醒民译,长沙:湖南出版社,1992 年第 1 版,第 413 页。

③ 《爱因斯坦文集》第三卷,许良英等编译,北京:商务印书馆,1979 年第 1 版,第 143、157-158 页。

④ 同上书,第 14 页。

⑤ A. Moszkowski, Einstein: *The Searcher, His Work Explained from Dialogues with Einstein*, Translated by H. L. Brose, London: Methuen & Co. Ltd., 1921, p. 239.

⑥ 《爱因斯坦文集》第三卷,许良英等编译,北京:商务印书馆,1979 年第 1 版,第 37 页。

爱因斯坦对金钱的态度与他的同胞叔本华的看法何其相似:"金钱,是人类抽象的幸福。所以一心扑在钱眼里的人,不可能会有具体的幸福。"①

二、以人道主义为本的善意

爱因斯坦是一位伟大的人道主义者,以人道为本的善意是他的伦理思想的出发点。他的人道主义是科学的人道主义和伦理的人道主义的综合、扬弃和创造。所谓科学的人道主义,按照卡尔纳普的说法,其要义是:第一,人类没有什么超自然的保护者和仇敌,因此人类的任务就是去做一切可以改善人类生活的事情;第二,相信人类有能力来这样改善他们的生活环境,即免除目前所受的许多痛苦,使个人的、团体的乃至人类的内部的和外部的生活环境基本上都得到改善;第三,人们一切经过深思熟虑的行为都以有关世界的知识为前提,而科学的方法是获得知识的最好方法,因此,我们必须把科学看作改善人们生活的最有价值的工具②。所谓伦理的人道主义,是指人们日常生活中的行为应建立在逻辑、真理、成熟的伦理意识、同情和普遍的社会需要的基础上③。爱因斯坦的人道主义是他看待和处理社会和个人问题的善意的、圣洁的情怀。

爱因斯坦把人道主义视为欧洲的理想和欧洲精神的本性,并揭示出它所蕴涵的丰富内容和宝贵价值。他说:"欧洲的人道主义理想事实上似乎不可改变地与观点的自由表达,与某种程度上的个人的自由意志,与不考虑纯粹的功利而面向客观性的努力,以及鼓励在心智和

---

① A.叔本华:《意欲与人生之间的痛苦》,李小兵译,上海:上海三联书店,1988年第1版,第158页。

② 参见洪谦主编:《现代西方哲学论著选集》(上册),北京:商务印书馆,1993年第1版,第556页。

③ P. A. Bucky, *The Private Albert Einstein*, Kansas: A Universal Syndicate Company, 1993, p. 81.

情趣领域里的差异密切相关。这些要求和理想构成欧洲精神的本性。""它们是生活道路中的基本原则问题"。①

爱因斯坦的科学的人道主义也许来自古希腊精神所导致的创造源泉,他的伦理的人道主义恐怕源于犹太教《圣经》所规定的人道原则——无此则健康愉快的人类共同体便不能存在。他言简意赅地阐明了这一点:"我们的文明总是基于我们文化的保持和改善。而文化则受到两个源泉的滋养。其一来自意大利文艺复兴所更新和补充的古希腊精神。它要求人们去思考、去观察、去创造。其二来自犹太教和原始的基督教。它的特征可以用一句箴言来概括:用为人类的无私服务证明你的良心。在这个意义上,我们可以说,我们的文化是从创造的源泉和道德的源泉进化而来的。"他看到,道德源泉对于我们的生存依然是极其重要的,但是它在现时已经丧失了它的许多功能。必须从道德源泉汲取伟大的力量,以克服社会中的罪恶。②

源于犹太教的人道原则是爱因斯坦终生的信条,这些信条在他的心目中无异于康德的"头上的星空和内心的道德律"。他在给一位朋友的信中说:"我现在越来越把人道和博爱置于一切之上……我们所有那些被人吹捧的技术进步——我们唯一的文明——好像一个病态心理的罪犯手中的利斧一样。"③面临人道原则在德国和西欧蒙受损失和时代的腐败堕落,爱因斯坦大声疾呼:"正是人道,应该得到首先的考虑。"④他经常敦促人们以忧乐与共的心情去理解同胞,以便大家在这个世界上

---

① A. Einstein, *Out of My Latter Years*, New York: Philosophical Library, 1950, p. 181.
② O. 内森、H. 诺登编:《巨人箴言录:爱因斯坦论和平》(上),李醒民译,长沙:湖南出版社,1992年第1版,第220-221页。
③ H. 杜卡丝、D. 霍夫曼:《爱因斯坦论人生》,高志凯译,北京:世界知识出版社,1984年第1版,第78页。
④ O. 内森、H. 诺登编:《巨人箴言录:爱因斯坦论和平》(上),李醒民译,长沙:湖南出版社,1992年第1版,第71页。

和睦相处。他说:"我们最难忘的体验来自我们同胞的爱和同情。这种同情是上帝的礼物,当它似乎是不应得的时候,他就更加使人高兴了。同情总是应该用真心诚意的感激之情、从人自己的机能不全的感觉中流露出来的谦逊来接受;它唤起了投木报琼、投李报桃的欲望。"① 爱因斯坦的人道主义充满了"纯真的爱"和"天赋的善"。

与尊重和弘扬人道原则伴随,爱因斯坦也十分重视争取和捍卫与人道密切相关的人权。他所理解人权的精神实质是:保护个人,反对别人和政府对他的任意侵犯;要求工作并从中取得适当报酬的权利;讨论和教学的自由;个人适当参与组织政府的权利。他强调还有一种非常重要的但却不常被人提及的人权,那就是个人有权利和义务不参与他认为是错误的和有害的活动。②

三、科学与伦理的相互关系

作为一个关心伦理问题的科学家,爱因斯坦多次讨论过科学与伦理的相互关系。他认为,二者之间既有严格的区别,又有一定的联系。他赞同休谟的观点:一组由关于事物存在的描述性的判断所组成的前提(不论其多么完备),不能有效地导出任何命令性的结论(一个以"应该"形式出现的语句)。他说,我们必须仔细地区分我们一般希望的东西和我们作为属于知识世界而研究的东西。在科学领域里根本作不出道德的发现,科学的目的确切地讲是发现真理。伦理学是关于道德价值的科学,而不是发现道德"真理"的科学。③ 是什么的知识并未向

---

① H. 杜卡丝、D. 霍夫曼编:《爱因斯坦论人生》,高志凯译,北京:世界知识出版社,1984年第1版,第331页。
② 《爱因斯坦文集》第三卷,许良英等编译,北京:商务印书馆,1979年第1版,第322页。
③ A. Moszkowski, Einstein: *The Searcher, His Work Explained from Dialogues with Einstein*, Translated by H. L. Brose, London: Methuen & Co. Ltd, 1921, p. 145.

应该是什么直接敞开大门:人们能够具有最明晰、最完备的是什么的知识,可是却不能从中推出我们人类渴望的道德目标是什么。客观知识只能向我们提供达到目标的手段,但是终极目标本身和对达到它的渴望则来自另外的源泉。正是在这里,我们面临着科学和纯粹理性的限度。他说:"切不可把理智奉为我们的上帝;它固然有强有力是身躯,但却没有人性。它不能领导,而只能服务;……理智对于方法和工具具有敏锐的眼光,但对于目的和价值却是盲目的。"①

另一方面,爱因斯坦也明确指出,尽管科学和理智思维在形成目标和伦理判断中不能起作用,但是当人们认识到,为达到某个目的某些手段是有用的,此时手段本身就变为目的。理智虽然不能给我们以终极的和根本的目的,可是却能使我们弄清手段和目的的相互关系,正确地评价它们并在个人感情生活中牢固地确立它们。② 此外,关于事实和关系的科学陈述固然不能产生伦理准则,不过逻辑思维和经验知识却能使伦理准则合乎理性和连贯一致。如果我们能对某些基本的伦理命题取得一致,那么只要最初的前提叙述得足够严格,别的命题就能够从它们推导出来。③ 由此可见,科学对伦理的关系是间接的而非直接的,即提供逻辑联系和方法手段。伦理对科学的知识内容毫无作用,但是对科学探索的动机和动力、对科学的技术应用却起支撑和定向作用,此时独立于科学的伦理便与科学结缘了。

像数学公理一样的基本伦理准则从何而来呢? 归拢一下爱因斯坦的零散看法,其源泉大致有四。第一,它来自犹太教和基督教的崇高目标和深厚底蕴,这些东西构成我们的抱负和评价的牢固基础,成为人们

---

① 《爱因斯坦文集》第三卷,许良英等编译,北京:商务印书馆,1979 年第 1 版,第 190 页。
② A. Einstein, *Out of My Latter Years*, New York: Philosophical Library, 1950, p. 22.
③ 《爱因斯坦文集》第三卷,许良英等编译,北京:商务印书馆,1979 年第 1 版,第 280 - 281 页。

的精神支柱和感情生活的支点。这是宗教的重要的社会功能。第二,它们来自健康社会中的强有力的优良传统。这些影响人们的行为、抱负和判断,调整和维系社会成员之间的正常关系。第三,它们来自我们天生的避免痛苦和灭亡的倾向,来自个人积累起来的对于他人行为的情感反应。它不是通过证明,而是通过启示,通过强大的人格中介形成的。第四,只有由有灵感的人所体现的人类的道德天才,才有幸能提出广泛且根基扎实的伦理公理,被人们作为个人感情经验基础而逐渐接受。但是,他反对把道德基础与神话和权威联系在一起。他认为,伦理公理的建立和检验同科学公理并无很大的区别,它是经得起经验考验的。[①]

正是基于科学与伦理之间的独立性,爱因斯坦指明,责备科学损害道德是不公正的[②]。只有当道德力量退化时,科学和技术才会使它变得低劣,没有什么东西能够保护它,即使我们业已建立起来的制度也无能为力。[③] 也正是基于道德与科学分离的观点,他坚决反对贬义的科学主义即科学方法万能论和科学万能论。他表明,把物理科学的公理应用到人类生活上去目前已经成为时髦,但是,这不仅是错误的,而且也是应当受到谴责的。科学方法这个工具在人的手中究竟会产生什么,完全取决于人类所向往的目标的性质。[④]

爱因斯坦所处的时代是一个手段日益完善、目标每每混乱的时代,因此他格外强调科学的局限性和伦理道德对社会的巨大意义。他说:科学本身不是解放者,不是幸福的最深刻的源泉。它创造手段,而不创造

[①] O.内森、H.诺登编:《巨人箴言录:爱因斯坦论和平》(下),刘新民译,长沙:湖南出版社,1992年第1版,第254—255页。

[②] 《爱因斯坦文集》第三卷,许良英等编译,北京:商务印书馆,1979年第1版,第282页。

[③] O.内森、H.诺登编:《巨人箴言录:爱因斯坦论和平》(上),李醒民译,长沙:湖南出版社,1992年第1版,第205页。

[④] 《爱因斯坦文集》第一卷,许良英等编译,北京:商务印书馆,1976年第1版,第303,397页。

目的。它适合于人利用这些手段达到合理的目的。当人发动战争和进行征服时,科学的工具变得像小孩手中的剃刀一样危险。我们应该记住,人类的发展完全依赖于人的道德发展而定。① 这是因为,如果手段在它背后没有生气勃勃的精神,那么手段无非是迟钝的工具。倘若在我们中间达到正确目标的渴望是极其有生气的,那么我们将不缺少力量找到接近目标并把它化为行动的手段。② 他进而这样写道:"改善世界的根本并不在于科学知识,而在于人类的传统和理想。因此我认为,在发展合乎道德的生活方面,孔子、佛陀、耶稣和甘地这样的人对人类做出的巨大贡献是科学无法做到的。你也许明明知道抽烟有害于你的健康,但却仍是一个瘾君子。这同样适用于一切毒害生活的邪恶冲动。我无须强调我对任何追求真理和知识的努力都抱着敬意和赞赏之情,但我并不认为,道德和审美价值的缺失可以用纯粹智力的努力加以补偿。"③

四、科学家的社会和道德责任

爱因斯坦是一位科学家,他的科学理论是象牙塔内的阳春白雪,但是他却坚定而勇敢地走出象牙之塔,义无反顾地投身到各种有益的社会政治活动中去。他明明知道,"在政治这个不毛之地浪费许多气力原是可悲的"④。他也看透了"政治如同钟摆,一刻不停地在无政府状态和暴政之间来回摆动"⑤。他更明白,"有必要从大规模的社会参

---

① O. 内森、H. 诺登编:《巨人箴言录:爱因斯坦论和平》(上),李醒民译,长沙:湖南出版社,1992 年第 1 版,第 413-414 页。
② A. Einstein, *Out of My Latter Years*, New York: Philosophical Library, 1950, p. 24.
③ 《爱因斯坦文集》第一卷,许良英等编译,北京:商务印书馆,1976 年第 1 版,第 255 页。
④ 同上书,第 473 页。
⑤ H. 杜卡丝、D. 霍夫曼编:《爱因斯坦论人生》,高志凯译,北京:世界知识出版社,1984 年第 1 版,第 40 页。

与中解脱出来",否则"便不能致力于我的平静的科学追求了"①。但是,追求真善美的天生本性,嫉恨假恶丑的理性良知,以及他的十分强烈的社会责任感和道德心,又促使他不能不分出相当多的时间和精力,就紧迫的社会问题发表看法和声明,直接参与到各种社会事务之中。他说:"我对社会上那些我认为是非常恶劣的和不幸的情况公开发表了意见,对它们的沉默就会使我觉得是在犯同谋罪。"②

在爱因斯坦所处的时代,科学家涉足社会和政治问题被认为是多管闲事乃至越俎代庖。但是,爱因斯坦并不如是观。他在写给同行的信中这样说:"我不同意你的观点:科学家对政治问题,在比较广泛的意义上讲是对人类事务应该缄默。德国的情况表明,随便到什么地方,这样的克制将导致把领导权不加抵抗地拱手让给那些愚蠢无知的人或不负责任的人,这样的克制难道不是缺乏责任心的表现吗?假定乔尔达诺·布鲁诺、斯宾诺莎、伏尔泰和洪堡这样的人都以如此方式思考和行动,那么我们会是一种什么处境呢?我不会为我说过的话中的每一个词感到后悔,我相信我的行为是有益于人类的。"③

在爱因斯坦看来,缄默就是同情敌人和纵容恶势力,只能使情况变得更糟。科学家有责任和良知以公民的身份发挥他的影响,有义务变得在政治上活跃起来,有勇气公开宣布自己的政治观点和主张。如果人们丧失政治洞察力和真正的正义感,那么就不能保障社会的健康发展。他揭示出,科学家对政治问题和社会问题之所以不感兴趣,其原因在于智力工作的不幸专门化,从而造成人们对这些问题的愚昧无知,必须通过耐心的政治启蒙来消除这种不幸。他把荷兰大科学家洛伦兹作为楷模,

---

① O.内森、H.诺登编:《巨人箴言录:爱因斯坦论和平》(上),李醒民译,长沙:湖南出版社,1992年第1版,第75页。

② 《爱因斯坦文集》第三卷,许良英等编译,北京:商务印书馆,1979年第1版,第321页。

③ O.内森、H.诺登编:《巨人箴言录:爱因斯坦论和平》(上),李醒民译,长沙:湖南出版社,1992年第1版,第292-293页。

号召人们像洛伦兹那样"去思想,去认识,去行动,决不接受致命的妥协。为了保证真理和人的尊严而不得不战斗的时候,我们决不逃避战斗。要是我们这样做了,我们不久将回到那种允许我们享有人性的态度"①。

爱因斯坦所处的时代,社会危机此起彼伏,文明价值日益式微,精神时疫无孔不入,其生存环境是相当严峻、相当险恶的。加之在当时,科学家参与公共事务的情况在旧的学术传统内是没有先例的,而爱因斯坦的超越国家和个人的政治见解又往往遭到当局的嫉恨和迫害,遇到群氓的嘲讽和反对,以及受蒙蔽的民众的不理解和冷遇。在这种情况下,要站出来讲真话并付诸行动,需要何等的道德力量和勇气!但是,坚信"人类一切珍宝的基础是道德基点"②的他,还是明知山有虎,偏向虎山行。

爱因斯坦也对科学的异化和技术的误用、滥用、恶用同样十分关注。他向来认为,没有良心的科学是灵魂的毁灭,没有社会责任感的科学家是道德的沦丧和人类的悲哀。科学家在致力于科学研究时,必须以高度的道德心,自觉而负责地担当其神圣的、沉重的社会责任,警惕和制止科学和技术误入歧途或被人引入歧途。他强烈谴责那些不负责任和玩世不恭的专家,呼吁人们要以诺贝尔为榜样,要有良心和责任感,坚决拒绝一切不义要求,必要时甚至采取最后的武器:不合作和罢工。③他在加州理工学院的讲演中谆谆告诫未来的科学家和工程师:"如果你们想使你们的一生的工作对人类有益,那么你们只了解应用科学本身还是不够的。关心人本身必须始终成为一切技术努力的目标,要关心如何组织人的劳动和商品分配,从而以这样的方式保证我们科学思维的结果可以造福于人类,而不致成为诅咒的祸害。当你

---

① 《爱因斯坦文集》第三卷,许良英等编译,北京:商务印书馆,1976年第1版,第150页。
② C.塞利希:《爱因斯坦》,哈尔滨:黑龙江人民出版社,1979年第1版,第206页。
③ 《爱因斯坦文集》第三卷,许良英等编译,北京:商务印书馆,1976年第1版,第205、213页。

们沉思你们的图表和方程式时,永远不要忘记这一点!"①

爱因斯坦以自己的言论和行动为科学家和民众树立了榜样,也为世人留下了丰厚的社会哲学和政治哲学遗产——开放的世界主义、战斗的和平主义、自由的民主主义、人道的社会主义以及远见卓识的科学观、别具只眼的教育观、独树一帜的宗教观。像爱因斯坦这样在科学上有划时代贡献,在社会政治问题上又如此有责任感和道德心,在人类的历史上难觅第二人。

五、"世界上最善良的人"

爱因斯坦不仅以卓著的科学成就和博大的哲学思想(科学哲学、社会哲学、人生哲学)而伟大,而且也以高尚的人格和品德而伟大。在某种意义上,作为一个人的爱因斯坦比作为一个学者的爱因斯坦还要伟大。当他活着的时候,全世界善良的人似乎都能听到他的心脏在跳动;当他去世时,人们不仅感到这是世界的巨大损失,而且也是个人的不可弥补的损失。这样的感觉是罕有的,一个自然科学家的生与死引起这样的感觉,也许还是头一次。这种感觉从何而来呢?

它来自爱因斯坦的做人和为人。有人曾问普林斯顿的一位老人:你既不理解爱因斯坦的抽象理论,也不明白爱因斯坦的深邃思想,你为什么仰慕爱因斯坦呢?老人回答说:"当我想到爱因斯坦教授的时候,我有这样一种感觉,仿佛我已经不是孤孤单单一个人了。"②西班牙的一位优秀的大提琴家说:"虽然我无缘亲自结识爱因斯坦,我却始终对他怀有

---

① O.内森、H.诺登编:《巨人箴言录:爱因斯坦论和平》(上),李醒民译,长沙:湖南出版社,1992年第1版,第171页。

② Б.Г.库兹涅佐夫:《爱因斯坦传——生·死·不朽》,刘盛际译,北京:商务印书馆,1988年第1版,第287页。

深深的敬意。他肯定是一位伟大的学者,但是更重要的,他是在许多文明价值摇摇欲坠时人类良心的支柱。我无限感念他对非正义的抗议,我们的祖国就是非正义的牺牲品。确实,随着爱因斯坦的去世,世界失去了它自身的一部分。"① 爱因斯坦之所以能够活在广大普通人的心中②,主要在于他热爱人类,珍视生命,尊重文化,崇尚理性,主持公道,维护正义,以及他独立的人格,仁爱的人性,高洁的人品。

英费尔德多次讲过,爱因斯坦是世界上最善良的人。他详细地分析了这位好人的善的源泉。他说,对别人的同情,对贫困、不幸的同情,这就是善意的源泉,它通过同情的共鸣器起作用。但是,善意还有完全不同的根源,这就是建立在独立清醒思考基础上的天职感。善的、清醒的思想把人引向善、引向忠实,因为这些品质使生活变得更纯洁、更充实、更完美,因为我们用这种方法在消除我们的灾难,减少我们生活环境之间的摩擦,并在增加人类幸福的同时,保持自己内心的平静。在社会事务中应有的立场、援助、友谊、善意,可以来自上述两个源泉,可以来自心灵和头脑。英费尔德更加珍视第二类善意——它来自清醒的思维,并认为不是清醒的理智支持的感情是十分有害的。③

英费尔德的分析是有道理的。在爱因斯坦身上,理性的思维和善意的行动是珠联璧合、相得益彰的。进而言之,爱因斯坦的善意的源泉,是建立在对自己、对他人和社会以及对道德价值的明晰认识基础上的。他经常说,"我是自然的一个小碎屑"④。这种谦卑感和敬畏感常常流露在他的字里行间,成为他自知、自律、自制的心理动机和能

---

① C. 塞利希:《爱因斯坦》,哈尔滨:黑龙江人民出版社,1979 年第 1 版,第 240 页。

② 关于这方面的详细材料,可参见李醒民:《爱因斯坦为什么会成为家喻户晓的人物?》,北京:《民主与科学》,2004 年第 4 期,第 27 - 30 页。

③ C. 塞利希:《爱因斯坦》,哈尔滨:黑龙江人民出版社,1979 年第 1 版,第 249 - 250 页。

④ G. Holton, *Thematic Origins of Scientific Thought*: *Kepler to Einstein*, Cambridge, Massachusetts: Harvard University Press, 1973, p. 366.

量。不用说,对他人和社会的负债感和回报感,也是他的善意行动的巨大源泉。值得注意的是,他甚至能从逆境中汲取无穷的道德力量,并把历尽艰难困苦的道路视为唯一通向人类成熟和产生道德力量的真正伟大的道路[①]。

爱因斯坦不仅对伦理的价值和道德的意义有深刻的认识,而且以身作则,有勇气在风言冷语的社会中坚持伦理信念并做出道德示范。他觉得,不管时代的气质如何,总有一种人的珍贵品质,它能够使人摆脱那个时代的激情[②]。爱因斯坦对善的追求或为善表现在三个方面:正心(对己)、爱人(对人)和秉正(对社会)。他严于律己,时时以道德和良心自省,处处以先贤和时贤自勉。他宽以待人,满怀善良之心和博爱之情为人处事。他坚持正义和公道,投身社会比任何科学家都多,利用自己的声誉和影响行善举,做好事。良心是爱因斯坦的道德感的核心,良心使他的为善具有一种天职感和使命感。宽容是他待人和爱人的前提之一。他深得宽容的真谛和实质:尊重他人的任何信念,不仅仅是容忍,而且是谅解和移情,更应当欢迎差异和异议。爱因斯坦经常在文章和讲演中推崇和宣扬他心目中的贤良之士,这既是自己从善如流的需要,更是为了在世道浇漓和浮躁浅薄的时代彰善瘅恶、扬清激浊、匡救世风——这也是他为善的一种方式。

爱因斯坦具有罕见的独立人格。他深知独立性的价值和社会意义,把这种人格视为人生真正可贵的东西。他始终如一地追求真善美的理想和目标,他反对迷信权威和个人崇拜,他向往孤独和超凡脱俗,都是他的独立人格的体现。爱因斯坦具有惊人的仁爱人性。犹太教的上帝之爱和圣洁诫命,欧洲文艺复兴和启蒙运动的人道和博爱精

---

① H. 杜卡丝、D. 霍夫曼编:《爱因斯坦论人生》,高志凯译,北京:世界知识出版社,1984年第1版,第76页。
② 《爱因斯坦文集》第一卷,许良英等编译,北京:商务印书馆,1976年第1版,第620页。

神,以及东方佛教的"行善者成善"、"四无量心"(慈无量心:思如何予众生以快乐;悲无量心:思如何拯救众生脱离苦难;喜无量心:见众生离苦得乐而喜;舍无量心:对众生一视同仁)和儒家"仁者爱人"的箴言,似乎在爱因斯坦身上集为一体。他富有爱心和同情心,乐于助人——即使在向求助者提供帮助时,他也特别注意尊重对方,设身处地地为对方着想。他一向平等待人,不管他们是总统、皇后、大学校长、社会名流,还是青年学生、普通工人和农民,哪怕是社会最底层的侍者、佣人乃至偏执症患者,他都以礼相待。爱因斯坦也具有感人的高洁人品。他淡泊名利,简朴平实,谦虚谨慎,持之以恒,通脱幽默。即使在将要离开人世时,他对这个世界也没有一丝一毫的索取:不举行任何宗教的或官方的殡葬仪式,不摆花圈花卉,不奏哀乐,不建坟墓,不立纪念碑,骨灰秘密存放,住宅禁作纪念馆,以免时人和后人前往凭吊、瞻仰和朝圣。关于这方面的材料和例子很多,有兴趣的读者可参阅有关传记和我的著作[①]。我们对爱因斯坦的德行了解得越多,我们就愈能体会出世人称他为"上帝的使者,人类的仆人"的真正含义。

[①] 李醒民:《爱因斯坦》,台北:三民书局东大图书公司,1988年第1版,第453-541页。

科学家与宗教

罗素注意到这样一个现象:虽然在科学和宗教之间一直存在一种特殊的斗争,但是在所有时代和所有地方——18世纪末的法国和苏维埃俄国除外——绝大多数科学家都拥护他们当时的正统观念。其中有些是特别著名的科学家。牛顿虽然是一位阿里乌斯教徒,但他在其他所有方面却是基督教信仰的拥护者。居维叶是一个地地道道的、典型的天主教徒。法拉第是一个桑德曼派信徒,但是就连他都认为那个教派的谬误是科学论据所不能证实的,他对科学和宗教的关系的看法是能够博得每个教士称赞的。斗争是神学与科学之间的斗争,而不是与科学家之间的斗争。一般说来,科学家即使自己的观点遭到谴责,也是尽量避免冲突。我们知道,哥白尼曾把自己的著作奉献给教皇;伽利略退缩了;笛卡儿虽然认为住在荷兰是深谋远虑的,但他还是竭力同教士保持良好的关系,并且有意保持沉默,得以免于被谴责为具有与伽利略同样的观点。[①] 科学家往往是信仰宗教的,甚或自身就是宗教教徒,这是历史的和现实的事实。即使他们不直接介入或参与宗教,他们也常常具有某种宗教感情。诚如爱因斯坦所说:"固然科学的结果是同宗教的或道德的考虑完全无关的,但是那些我们认为在科学上有伟大创造成就的人,全都浸染着真正的宗教的信念。他们相信我们这个宇宙是完美的,并且是能够使追求知识的理性努力有所感受的,如果这种信念不是一种有强烈感情的信念,如果那些寻

---

① 罗素:《科学和宗教》,徐奕春等译,北京:商务印书馆,1982年第1版,第101页。

求知识的人未曾受过斯宾诺莎的对神的理智的爱的激励,那么他就很难会有那种不屈不挠的献身精神,而只有这种精神才能使人达到他的最高的成就。"①

科学家为什么如此?其中的缘由何在?萨顿告诉我们:"我越是思索就愈益确信,无私是最卓越的科学的奋斗基调。这种无私主要是由于一种参与——有意识的参与——宇宙的神秘活动的感觉。一个自己具有真正知识之火的科学家总是感到,虽然他只是总体的微不足道的一部分,但是他的努力无论多么小,都可以对实现人类的目的有所贡献:更深刻地理解自然,更严格地适应它,更好地引导,更加有理性的热情。这也是一个更深远的目标的实现。如果宗教的本质是对生命的严肃的思考,不含有任何自私或个人的动机,如果他清楚地意识到生命的统一性和完整性以及我们本身与它的整体,那么纯粹科学家就具有强烈的宗教感情。"他引用老赫胥黎的言论为自己的观点佐证:"科学对于我来说好像是以一种最崇高和最强烈的方法来教导伟大的真理,它体现在完全服从上帝意态的基督教概念之中。要像一个幼小的儿童那样坐在事实面前,准备放弃所有的先入之见,并且谦恭地跟随自然,无论它把你领到什么地方甚至什么深渊,否则你什么也学不到。我只是刚刚开始学习心灵上的满足和安宁。因为我已下决心无论冒什么样的风险,都要去这样做。"②马斯洛也充分肯定科学研究中的类宗教感情:"获得(各种水平上的)知识的过程以及对知识的观察及欣赏,证明是审美的快感、类宗教的愉悦和敬畏与神秘体验的最丰富的源泉之一。这种情感体验是生活中的最大乐趣。正统而世俗的科学出于种种原因力图清除这些超验性体验。这种清除对维护

---

① 《爱因斯坦文集》第三卷,许良英等编译,北京:商务印书馆,2010年第1版,第300页。
② 萨顿:《科学史和新人文主义》,陈恒六等译,北京:华夏出版社,1989年第1版,第94页。

科学的纯洁性来说毫无必要,相反,它剥夺并排除了科学中的人本需求。这几乎等于说从科学中不必或不可能获取愉悦。"①

沃尔珀特对科学家信仰宗教做出如下解释:"科学家至少面对两个在相反方向驱使他们的问题。一方面,他们的理论无论可能多么成功,将总是存在定律或基本粒子的不可还原的集合,必须把它们看做是给定的,没有任何原因。在这里必定出现一种没有原因、没有说明的点:宇宙起源必定最终是不可解释的,某些事物必然被看做是毋庸置疑的起点。科学从来也不能为一切事物提供答案:即使存在可以说明一切事物的统一理论时,必定总是有某种东西——对该理论的辩护、基本公设——依然无法说明、无法阐释,科学家必须接受这一点。这可能驱使一些科学家表明,上帝提供了起点,上帝上紧宇宙的发条并使之运行。但是,现在科学家在相反的方向上被驱使,因为以上帝为公设,就是假设既无证据又无根据的因果机械论,这个公设不能被证伪。科学家也许可以相信上帝,但是他或她不能利用上帝作为自然现象的说明。上帝逃避了肉体化的存在和感知,因为他并不在空间中,他的存在无法显示。于是,他的存在是与世界的实在具有截然不同的特征。在这种意义上,上帝是非存在的实体。科学家如何能够处理非存在的实体呢?它能够使人满意,甚至得到安慰,因为科学家在宗教中找到支持,尽管它与科学信念不相容。但是,如果在理智上存在从科学世界到对某些更有秩序的似上帝(God-like)的东西的宗教信念,那么就没有理由相信,该道路会导向仁慈的基督教的上帝,或任何其他信仰的上帝。"许多最伟大的科学家都毫无困难地深深地相信宗教,这种悖论可以借助与科学比较的宗教的自然本性来理解。把托尔

---

① 马斯洛:《科学家与科学家的心理》,邵威等译,北京:北京大学出版社,1989年第1版,第155页。

斯泰的观点贯彻到底,科学家或任何其他人在没有宗教的情况下必须面对冷漠的宇宙,必须接受所有的人的希望和恐惧、所有心醉神迷的欢乐和令人惊骇的痛苦,所有学者、艺术家和圣徒以及技术专家的创造性的苦恼将永远烟消云散,不留一点痕迹。正如阿累维(Halévy)提出的,如果"理性与我们赖以生存的本能相比是无关紧要的",那么一些科学家就能够把科学和宗教之间的冲突撇开。因为作为宗教的需要与人的科学活动不抵触,甚至能够具有积极的效应,从而差异是两种思维模式。按照宗教科学家约翰·波尔金霍姆(John Polkinghorne)的看法,一个进路是把神学事业用圣·安塞姆(St Anselm)的话来概括:信仰寻求理解。神学是宗教体验的思考,循着怀特海的定义:"宗教教义是以精确的术语阐明在人类的宗教经验中描述的真理之尝试。"以严格相同的方式,物理科学的教条是以精确的术语阐明通过感官知觉发现的真理。[1]

尽管科学家可能具有强烈的宗教感情,甚或是笃信宗教的宗教徒,但是他们与宗教先知相比,其思想差异还是蛮大的。帕斯莫尔对此做了比较。"首先,在风格这件并不重要的事情上,正如皇家学会的奠基者充分承认的,科学家尽可能以精确的、可以做批判考虑的、方便的语言提出他们的观察材料,供他们的同行批判。相比之下,先知则是不明了的、含糊其辞的,偏爱寓言和类比而不是直接的陈述;为了他的强权赢得皈依,他有意使他的"寓意"可以做形形色色的诠释。第二,在于他们对批判的反应。科学家是有人性的;批判可以使他情绪波动,不过他期待并请求批判。相比之下,先知指责他的批评者是'没有信念的人'。第三,科学家受到的批判相当显著地是国际化的,以至

---

[1] L. Wolpert, *The Unnatural Nature of Science*, London, Boston: Faber and Faber, 1992, pp. 145–147.

它在某种程度上摆脱了国家偏见或民族传统强加的限制。它也在时间上延伸,以至由特定时期的心理倾向引起的错误能够期望在长时期内矫正。相比之下,先知也可能被国际地诠释,但是容易被非同胞遗忘或痛斥,这与隶属于周密的批判截然不同。第四,虽然科学家和先知都就未来做预言,但是,科学家的预言基于可独立地批判的原理,先知则基于自己的纯粹断言和对文本的诠释,这种诠释的表达是不正当的,不服从精确的诠释准则。第五,正如波普尔早就指出的,科学家的预言在时间和空间被指定,以至我们有办法决定它是否成功。先知的预言谋划得无论发生什么,它们还是无法被证伪"①。

科学家信仰宗教,似乎并不妨碍他们的科学研究,也不影响与非信教科学家的关系。一个历史事实是,哈雷是天文学家,而不是占统治地位的贵族或宗教集团,他资助牛顿出版伟大著作《自然哲学之数学原理》。从宗教信仰来看,哈雷是无神论者,而牛顿用他自己的话来说,最憎恨的就是无神论者,两人的宗教信仰完全不同,是共同的科学认识事业使他们走在一起。② 总而言之,科学家信仰还是不信仰宗教,信仰什么宗教,这完全是他个人私人的事情,而与他从事科学职业无关。这就像他回家是儿子、女儿或爸爸、妈妈,上班是某一行业的工作人员一样自然而然,没有什么好奇怪的。只要科学家能够把私人的、心灵的内部领域与公共的、开放的科学领域分开,一般不会发生矛盾,也不会产生精神上的剧烈冲突,更不会出现所谓的双重人格或人格分裂。

---

① J. Passmore, *Science and Its Critics*, Duckworth: Rutgers University Press, 1978, pp. 83 - 84.

② 蔡仲:《后现代相对主义与反科学思潮》,南京:南京大学出版社,2004 年第 1 版,第 213 页。

爱因斯坦的宇宙宗教感情[*]

爱因斯坦坦言，他不信仰那个同人类的命运和行为有牵连的人格化的上帝，而笃信斯宾诺莎的"上帝"（自然或实体）。他结合科学探索的实践经验和内心体验，沿着斯宾诺莎的思想路线前进了一大步。他每每用世界的合理性和可理解性、宇宙的和谐、自然的秩序、事物的规律性、现象的统一性、实在的理性本质等等作为他的宇宙宗教（cosmic religion）的信条，他也常常将其称为宇宙宗教感情。

爱因斯坦不是传统意义上的宗教徒。他明确表示"我是一个深沉的宗教异教徒"，决不会因年迈力衰而变成"神父牧师们的猎物"。为此，他遭到教会和教徒们的强烈抗议和谴责。他们呐喊，正是上帝的这种人格化因素，对人来说是最珍贵的。他们发出警告：不许爱因斯坦这位"难民"干扰和贬损他们对人格化上帝的虔诚信仰。既然如此，爱因斯坦为何还要用"宗教"和"上帝"的之类的术语表达他的思想和信念呢？他在1951年给索洛文的信中对此作了透辟的说明：

> 你不喜欢用"宗教"这个词来表达斯宾诺莎哲学中最清楚地表示出来的一种感情的和心理的态度，对此我可以理解。但是，我没有找到一个比"宗教的"这个词更好的词汇来表达我们对实在的理性本质的信赖；实在的这种理性本质至少在一定程度上是人的理性可以接近的。在这种信赖的感情不存在的地方，科学就

---

[*] 原载北京:《方法》，1998年第8期，出版时有改动。

退化为毫无生气的经验。尽管牧师们会因此发财,我可毫不在意,而且对此也无可奈何。

确实,爱因斯坦的这种信赖感情和心态类似于宗教的信仰和态度,只有用"宇宙宗教"才能恰如其分地描述他们。在这方面,杨振宁与爱因斯坦可谓"心有灵犀一点通"。他说:"一个科学家做研究工作的时候,当他发现有一些非常奇妙的自然界的现象,当他发现有许多可以说是不可思议的美丽的自然的结构,我想应该描述的方法是,他会有一种触及灵魂的震动,因为当他认识到,自然的结构有这么多的不可思议的奥妙,这个时候的感觉,我想是和最真诚的宗教信仰很接近的。"

斯特恩在1945年发表的一篇访问记中写道:只要爱因斯坦的非凡心灵还活着,他就不会停止对宇宙秘密的最后的沉思。他自己的哲学,他称之为"宇宙宗教"。宇宙宗教鼓舞他始终忠诚于他所献身的事业——探索"自然界里和思维世界里所显示出来的崇高庄严和不可思议的秩序"。宇宙宗教不仅内化为科学家对宇宙合理性和可理解性的信仰,而且也外化为科学家对自己的研究对象(客观的世界)和研究结果(完美的理论)所表露出的强烈的个人情感,乃至参与塑造了他的整个人格。爱因斯坦觉得,由于没有拟人化的上帝概念同他对应,因此要向没有宇宙宗教感情的人阐明它是什么,那是非常困难的。但是,从他对具有此种感情的人的观察中,尤其是从个人的深切体验中,他也谈及宇宙宗教感情的表现形式。

宇宙宗教感情的表现形式之一,是对大自然和科学的热爱和迷恋。在12岁时,爱因斯坦由于阅读通俗自然科学书籍,抛弃了曾经使他得到第一次解放的"宗教天堂",从此凝视深思自然的永恒之谜使他的精神得到了又一次解放。他终生笃信作为希伯来精神和古希腊精神完美结合的"对神的理智的爱"——斯宾诺莎的这一命题既体现了对大自然的热爱之情,也体现了对认识自然的迷恋之意。这种热爱和迷恋不仅表现在他的诸多言论中,而且有时也使他在行动上达到如醉如痴、鬼使神差的地步,乃至对人世间的许多功利追求和物质享受都无暇一顾或不屑一顾。

宇宙宗教感情的又一表现形式,是奥秘的体验和神秘感。爱因斯坦把世界的合理性和可理解性视为永恒的秘密,并从中获得了最深奥的奥秘的体验。他曾发自内心慨叹:"当人们想通过实验来探索自然的时候,自然变得多么诡谲啊!"他在一次谈话中说:

> 我相信神秘,坦率地讲,我有时以极大的恐惧面对这种神秘。换句话说,我认为在宇宙中存在着许多我们不能觉察或洞悉的事物,我们在生活中也经历了一些仅以十分原始的形式呈现出来的最美的事物。只是在与这些神秘的关系中,我才认为我自己是一个信仰宗教的人。但是我深刻地感觉到这些事物。

诚如爱因斯坦所说,他的这种神秘感和奥秘的体验"同神秘主义毫不相干"。他尖锐地指出:"我们这个时代的神秘主义倾向表现在所谓的通神学和唯灵论的猖獗之中,而在我看来,这种倾向只不过是一种软弱和混乱的症状。"他接着说:"我们的内心体验是各种感觉印象的再造和综合,因此脱离肉体而单独存在的灵魂这种概念,在我看来是愚蠢而没有意义的。"

另一种宇宙宗教感情的表现形式,是好奇和惊奇感。对于宇宙的永恒秘密和世界的神奇结构,以及其中所蕴含的高超理性和壮丽之美,爱因斯坦总是感到由衷的好奇和惊奇。这种情感把人们一下子从日常经验的水准和科学推理的水准,提升到与宇宙神交的水准——聆听宇宙和谐的音乐,领悟自然演化的韵律——从而直觉地把握实在。这种情感即使科学家心荡神驰,心明眼亮,也使科学变得生气勃勃而不再枯燥无味。难怪爱因斯坦说:"不熟悉这种神秘感的人,丧失了惊奇和尊崇能力的人,只不过是死人而已。"他指出,在否认神(自然)的存在和世界有奇迹这一点上,充分暴露了实证论者和职业无神论者的弱点。我们应该满意于承认奇迹的存在,即使我们不能在合法的道路上走得更远(证明其存在)。在这里,我们情不自禁地想起彭加勒的名言:"定律是人类精神的最近代的产物之一,还有人生活在永恒的奇迹中而不觉得奇怪。相反地,正是我们应当为自然的合目的性而惊奇。人们要求他们的上帝用奇迹证明规律的存在,但是永恒的奇迹就是永远也没有这样的奇迹。"

赞赏、尊敬、景仰乃至崇拜,也是宇宙宗教感情的表现形式。爱因斯坦明确表示,他的宇宙宗教是由赞颂无限高超和微妙的宇宙精灵(spirit)构成的,这种精灵显现在我们微弱的精神所察觉的细枝末节中。对于宇宙的神秘和谐,他总是怀着"赞赏和景仰的感情"。对于存在中所显示的秩序和合理性,他每每感到"深挚的崇敬",始终持有"尊敬的赞赏心情"。他还说:

> 我的宗教思想只是对宇宙中无限高明的精神所怀有的一种五体投地的崇拜心情。这种精神对于我们这些智力如此微弱的人只显露出我们所能领会的极微小的一点。

谦恭、谦卑乃至敬畏,同样是宇宙宗教感情。面对浩渺的宇宙在本体论上的无限性,面对神秘的世界在认识论上的不可穷尽性,作为沧海之一粟的人,自然而然地会产生这样的感情。诚如爱因斯坦所说:我在大自然里所发现的只是一种宏伟壮观的结构,对于这种结构人们现在的了解还很不完善，这会使每一个勤于思考的人感到谦卑。作为一个人，人所具备的智力仅能够使自己清楚地认识到，在大自然面前自己的智力是何等的欠缺。如果这种谦卑的精神能为世人共有，那么人类活动的世界就更加具有吸引力了。他还提到，对于理解在存在中显示出来的合理性有过深切经验的人来说，通过理解，他从个人愿望和欲望的枷锁里完全解放出来，从而对体现于存在之中的理性的庄严抱着谦恭的态度，而这种庄严的理性由于其极度的深奥，对人而言是可望而不可即的。但是从宗教这个词的最高意义来说，我认为这种态度就是宗教的态度。因此我以为科学不仅替宗教的冲动清洗了它的拟人论的渣滓，而且也帮助我们对生活的理解能达到宗教的精神境界。

这种谦恭和谦卑的情感有助于抑制人妄自尊大和目空一切的恶习（爱因斯坦在1952年说过："当我正在进行运算，一只小虫落在我的桌上时，我就会想，上帝多么伟大，而我们在科学上的妄自尊大是多么可怜，多么愚蠢啊！"）。此外，爱因斯坦也许对叔本华的观点——人们能够感到敬畏的程度是人们的固有价值的量度——心领神会，他的气质和感情中充分渗透了对大自然的敬畏感。他说："如果我身上有什么称得上宗教的东西，那就是对迄今为止我们的科学所揭示的世界的结构的无限敬畏。"他在分析了牛顿虔诚而敏感的心灵后指出："在每一个真正的自然探索者身上，都有一种宗教敬畏感；因为他发现，不可能设想他是第一个想出把他的感知关联起来的极其微妙的线索。还未被暴露的知识方面，给研究者以类似于儿童试图把握大人处理事物的熟练方式时所经历的那种情感……"

最后，喜悦、狂喜也属于宇宙宗教感情的范畴。爱因斯坦表示，尽管人们对世界的美丽庄严还只能形成模糊的观念，但也会感到一种兴高采烈的喜悦和惊奇，这也是科学从中汲取精神食粮的那种感情。在

谈到科学家的宗教精神时,爱因斯坦说:

> 他的宗教感情所采取的形式是对自然规律的和谐所感到的狂喜和惊奇,因为这种和谐显示出这样一种高超的理性,同它相比,人类一切有系统的思想和行动都只是它的一种微不足道的反映。只要他能够从自私的欲望的束缚中摆脱出来,这种情感就成为他生活和工作的指导原则。这样的感情同那种使自古以来一切宗教天才着迷的感情无疑是非常相像的。

宇宙宗教感情直接地成为科学研究的最强有力的、最高尚的动机。爱因斯坦认为,只有那些做出了巨大努力,尤其是表现出热忱献身精神——无此则不能在理论科学的开辟性工作中取得成就——的人,才会理解这样一种感情的力量,唯有这种力量,才能做出那种确实是远离直接现实生活的工作。只有献身于同样目的的人(玻恩和杨振宁就是这样的人。玻恩说:"科学家对研究的冲动,像宗教徒的信仰或艺术家的灵感一样,是人类在宇宙的回旋中渴望某种固定的事物,处于静止的事物——上帝、美、真理——的表达。真理是科学家对准的东西。"杨振宁指出,科学家在意识到自然的神秘结构时,常常会产生深深的敬畏之情,这种感受是最深层的宗教感情。在科学家一日复一日的生活中,最具吸引力的并不都是其研究成果的实际应用,而是以某种方式进入大自然的令人敬畏的本质),才能深切地体会到究竟是什么在鼓舞着这些人,并且给他们以力量,使他们不顾无尽的挫折而坚定不移地忠诚于他们的志向。给人以这种力量的,就是宇宙宗教感情。他说:

> 固然科学的结果是同宗教和道德的考虑完全无关的,但是那

些我们认为在科学上有伟大创造成就的人,全都浸染着真正的宇宙宗教的信念,他们相信我们这个宇宙是完美的,并且是能够使追求知识的理性努力有所感受的。如果这种信念不是一种有强烈情感的信念,如果那些寻求知识的人未曾受过斯宾诺莎的对神的理智的爱的激励,那么他们就很难会有那种不屈不挠的献身精神,而只有这种献身精神才能使人达到他的最高的成就。

事实上,正是宇宙宗教感情所激发的忘我的献身精神,才使得科学家像虔诚的宗教徒那样,在世人疯狂地追求物质利益和感官享受的时代,在一件新式时装比一打哲学理论受青睐的时代,也能够数十年如一日地潜心研究,矢志不移,丝毫不为利欲所动。

爱因斯坦看到,开普勒、牛顿、马赫、普朗克就是这样的科学家。为了从浩如烟海的观察数据中清理出天体力学的原理,开普勒和牛顿全靠自己的努力,花费了几十年的寂寞劳动,专心致志地致力于艰辛的和坚忍的研究工作,他们对宇宙合理性——而它只不过是那个显示在这个世界上的理性的一点微弱的反映——的信念该是多么深挚,他们想了解它们的愿望又该是多么热切!正是宇宙宗教感情,给他们以强烈的探索动机和无穷的力量源泉。爱因斯坦本人何尝不是如此呢?深沉的宇宙宗教信仰和强烈的宇宙宗教感情不仅是他从事科学研究的巨大精神支柱,而且在某种程度上成为他安身立命的根基。他鄙视对财产、虚荣和奢侈生活的追求,他生性淡泊、喜好孤独,都或多或少与之有关。

宇宙宗教(感情)既是科学探索的强大动机和动力,也是爱因斯坦的独特的思维方式。这种思维方式不同于科学思维方式(实证的和理性的)和技术思维方式(实用的和功利的),它是直觉型的,即是虔敬的、信仰的、体验的和启示的,在形式上与神学思维有某种类似性,我们不妨称其为"宇宙宗教思维方式"——

在宇宙宗教思维中,思维的对象是自然的奥秘而不是人格化的上帝;思维的内容是宇宙的合理性而不是上帝的神圣性;思维方式中的虔敬和信仰与科学中的客观和怀疑并不相悖,而且信仰本身就具有认知的内涵,它构成了认知的前提或范畴(科学信念);此外,体验与科学解释或科学说明不能截然分开,它能透过现象与实在神交;启示直接导致了灵感和顿悟进而触动了直觉和理性,综合而成为科学的卓识和敏锐的洞察力。与此同时,宇宙宗教思维方式中所运用的心理意象(imagery)和隐喻、象征、类比、模型,直接导致了科学概念的诞生。这种思维方式在很大程度上是摆脱了语言和逻辑限制的右脑思维,从而使人的精神活动获得了广阔的活动空间和无限的自由度,易于形成把明显不同领域的元素关联起来的网状思维——这正是创造性思维过程的典型特征,因为语词的和逻辑的思维是线性过程。

爱因斯坦常常谈到上帝,不用说,此处的上帝不是在神学的意义上使用的,而是他进行(或表达)宇宙宗教思维的过程(或结果)的一种心理意象和隐喻形象(有时还带有思想实验的某些特征)。在这里,上帝或作为客观精神(宇宙的理性或自然的规律),或作为主观精神(思维的科学家),或二者水乳交融、兼而有之。关于前者,爱因斯坦说过这样一些话:

我想知道上帝如何创造了这个世界。我对这种或那种现象不感兴趣,对这种或那种元素的光谱不感兴趣。我想知道他的思想,其余的都是细节。

不过,他从漫长的科学生涯中认识到:要接近上帝是万分困难的,如果不想停留在表面的话。他曾表明:"上帝是不管我们在数学上的困难的,他是从经验上集成一体的。"在谈到量子力学时,爱因斯坦曾对弗兰克说:"我能够设想,上帝创造了一个没有任何定律的世界:一句话浑沌。但是,统计定律是最终的和上帝掂阄的概念对我来说是极其不喜欢的。"他在坚持闭合空间假设时说:耶和华不是在无限空间这个基础上创造世界的,因为它导致了极其荒诞的结果。他在给外尔的信中这样写道:如果上帝放过了你所发现的机遇而使物理世界和谐,人们真的能够责备上帝不一致吗?我以为不能。假如他按照你的计划创造了世界,那么我会斥责地对他说:"亲爱是上帝,假如在你的权力内给予[分离开的刚体的大小]以客观意义并非说谎,那么你理解不深的上帝为什么不轻视[保持它们的形状]呢?"在这些言论中,上帝基本上是作为实在论客观精神的面目出现的。爱因斯坦有时以旁观者的身份凝视上帝,有时则面对面地与上帝亲昵地或幽默地对话,由上帝的反映中猜测自然界的奥秘,从而达到一种神驰和神悟的境界。从上述言论也不难看出,爱因斯坦对自然统一性、和谐性、简单性、因果性的坚定信仰。

爱因斯坦有时也站在上帝的立场上,力图从上帝的观点来看待事物,设身处地地像上帝那样思想和行动。这时,上帝就成为科学家的主观精神的代名词,科学家的思想便像天马行空、独往独来,其才思纵横、喷涌如泉,达到最大限度的精神自由。爱因斯坦曾对他的助手说过:"实际上使我感兴趣的东西是,上帝在创造世界时是否有任何选择。"上帝会创造一个概率的宇宙吗?他觉得答案是否定的。如果上帝有能力创造一个科学家能在其中辨认科学规律的宇宙,那么他就有能力创造一个完全受这样的定律支配的宇宙,而不会创造一个个别粒子的行为不得不由机遇决定的宇宙。在理论建构和选择方面,据罗森回忆:

爱因斯坦的思维具有最大的明晰性和简单性,他从一些作为基础的简单观念开始,然后一步一步地建立起理论。当在一个给定阶段有几种继续前进的道路时,他会选择在他看来是最简单的道路。他常用的一个词是"合理的"(vernünftig, reasonable)。在建造一个理论时,他会在采纳之前问自己,某一个假定是否合理。有时,当他考虑不同的可能性时,他会说:"让我看看,假如我是上帝,我会选择其中哪一个?"正如我们所说的,他通常选择最简单的。

在爱因斯坦看来,简单的思想是上帝也不肯放过的。他说:"当我评价一个理论时,我问我自己,假如我是上帝,我会以那种方式造宇宙吗?"对于美的理论,他会说:"这是如此漂亮,上帝也不会拒绝它。"相反地,如果一种理论不具有上帝要求的简单之美,那它至多只是暂时的,是"反对圣灵的罪恶"。

宇宙宗教思维的第三种方式,也许是最高的思想境界。此时,客观精神和主观精神,或自然与认识主体,或上帝与科学家,完全融为一体,你中有我,我中有你。这是一种出神入化、天人合一的境界,有些类似于庄周梦蝶、知鱼之乐,从而直入自然之堂奥,窥见世界之真谛——因为此时"我们用来看上帝的眼睛就是上帝用来看我们的眼睛"。诚如分子生物学奠基人之一莫诺所言:"当注意力如此集中的想象的经验达到出神入化而忘却其他一切的境地时,我知道(因为我就有过这种经验)一个人会突然发现自己同客体本身,比如说同一个蛋白质分子完全融为一物了。"主体与客体融为一体之时,正是把握实在、获得真知的天赐良机。

爱因斯坦的光量子论文也许就是这样的神来之笔,要不他怎么称光量子概念是"来自上帝的观念"呢?尽管他认为无法偷看上帝手里握的底牌或囊中的藏物,但他还是试图通过"物化",达到"天地与我并生,而万物与我为一"的境界,猜中上帝的底牌或藏物,至少是较有把握地估计一下。请听他1916年在一封信中是任何揣摩实在的理性结构的:

你已经正确地把握了连续统带来的退却。如果物质的分子观点是正确的(近似的)观点,即如果宇宙的部分是用有限数目的运动点描述的,那么目前理论的连续统就包含太大的可能性的流形。我也相信,这种"太大"是为下述事实负责的:我们目前的描述手段对于量子论是失败的。在我看来问题似乎是,人们如何在不求助连续统(空时)的帮助下能够详尽阐述不连续的陈述;连续统作为一种不受问题的本质辩护的补充构造物应该从理论中被取缔,这种构造物并不对应于"实在的"东西。但是很不幸,我还缺乏数学结构。在这条道路上我已经把我自己折磨得多么厉害!

可是我在这里也看到原理的困难。电子(作为点)在这样一个体系中是终极实体(建筑砖块)。实际上存在这样的建筑砖块吗?上帝按他的智慧把它们造得都一样大、彼此相似,是因为他想以那种方式造它;如果情况使他高兴,他会以不同的方式造它们,这种说法令人满意吗?用连续统的观点,人们在这方面的境况会好些,因为人们不必从一开始就规定基本的建筑砖块。进一步的,是古老的虚空问题!但是,这些考虑必须把压倒之势的事实围在外面:连续统比所描述的东西更充分。

1921年,爱因斯坦对同事说过一句隽语箴言,这句话后来被刻在普林斯顿法因厅的壁炉上:"上帝难以捉摸,但是不怀恶意。"爱因斯坦在1930年对这句话做了解释:"大自然隐匿了它的秘密,是由于它本质上的崇高,而不是使用了诡计。"不过,他有一次在散步时对外尔说:"也许,上帝毕竟怀有一点恶意。"这些隐喻式的话语负荷着巨大的思想分量,蕴涵着丰富的体验妙谛。可以说,它把爱因斯坦的宇宙宗教的信仰、感情、动机和动力、思维方式等集于一身,充分显示出自然的无穷隽永和科学的博大智慧。

斯宾诺莎在他的伦理学中区分了三种不同的人性生活:感性生活、理性生活和神性生活。感性生活来源于我们心灵的想象和不正确的观念,因而使我们受制于激情,顺从自然的共同秩序,这可以说是人类的奴隶阶段或自然状态。理性生活来源于理性认识和正确的观念,因而使我们摆脱激情的控制,不受制于自然的共同秩序,而遵循理性的指导而生活,这可以说是人类的理智阶段或社会状态。神性生活来源于神的本质的观念,因而使我们摆脱一切秩序,直接与神合二而一,这可以说是人类的自由阶段或社会状态。爱因斯坦就是一位达到了自由阶段、进入到神性生活的科学家和人。他像斯宾诺莎那样有机地融宗教、知识和道德(乃至艺术)即真善美于一体。他的宇宙宗教(感情)不仅是追求真知底蕴的绝妙氛围,而且也是理想的人生境界。这实际上是一种高超的科学哲学和人生哲学,是最高的智慧和最大的幸福。无怪乎爱因斯坦认为:"你很难在造诣较深的科学家中间找到一个没有自己宗教感情的人","在我们这个物欲主义的时代,只有严肃的科学工作者才是深信宗教的人"。

科学与人文刍议*

一、科学与人文的含义

关于科学(science)的含义,读者耳熟能详,我本人就此已经在两部专著①中做过详尽的论述,故不拟赘述。在这里,我只想给科学一个现成的简明定义:"科学是人运用实证、理性和臻美诸方法,就自然以及社会乃至人本身进行研究所获取的知识的体系化之结果。这样的结果形成自然科学的所有学科,以及社会科学的部分学科和人文学科的个别领域。科学不仅仅在于已经认识的真理,更在于探索真理的活动,即上述研究的整个过程。同时,科学也是一种社会职业和社会建制。作为知识体系的科学既是静态的,也是动态的——思想可以产生思想,知识在进化中可以被废弃、修正和更新。作为研究过程和社会建制的科学是人的一种社会活动——以自然研究为主的智力探索过程之活动和以职业的形式出现的社会建制之活动。"②不过,我还想如同多年前那样强调:我们生活在文化之中,尽管文化因科学的物质福利大量地依赖于科学,但是它对科学赖以立足的新观念和新眼界却基本上一无所知。对于绝大多数社会成员来说,其中包括为数不少的

---

* 原载宜州:《河池学院学报》,2012年第6期。
① 李醒民:《科学的文化意蕴》,北京:高等教育出版社,2007年第1版。李醒民:《科学论:科学的三维世界》(上卷、下卷),北京:中国人民大学出版社,2010年第1版。
② 李醒民:科学是什么?长沙:《湖南社会科学》,2007年第1期,第1—7页。

身居权力顶峰和知识山巅的权威人士或精英人物,也往往只注意科学对社会的"形而下"(或曰"器物层次")的作用,而低估乃至忽视它的"形而上"(或曰"观念层次")的作用。于是,人们把科学简单地等同于技术,把科学看作是装着精巧戏法的盒子,能变幻出我们所需要的东西。科学纯粹成了功利主义的追求物质财富的工具(当然这也是科学的重要社会功能之一)。这种对科学的工具论的态度无异于现代的货物崇拜(Cargo Cult),它在一定程度上扭曲了追求真知、追求智慧的科学的形象,泯灭了科学精神的弘扬。①

再考察人文的意思。在中国古代典籍中,人文的含义大体有二。一指礼乐教化。《易·贲》曰:"文明以止,人文也。观乎天文以察时变,观乎人文以化成天下。"二指人世间事。《后汉书·公孙瓒传论》有:"舍诸天运,征乎人文,则古之休烈,何远之有?"英语中的人文一词 humanity 源于拉丁语 humanitas(人性,人格,人情;仁爱,和气,温柔,友好;教养,文明;姿态的优美,语言的文雅,行为的彬彬有礼;人类),14 世纪进入英语。humanity 的意义大体有四:人的质或状态;人的属性或质;研究与自然科学(诸如物理学或化学)相对立的人的思维的产物和关切的学问之分科(诸如哲学或语言);人类。② 在现代中西文献中,关于人文的含义见仁见智,难于定于一尊。在本文,我们拟在下述三种含义上使用术语人文:作为一种学科群的人文,作为善性和人道的人文,作为一种与人相关的思想体系和制度规范的人文。

作为一种学科群的人文相当于人文学科(humanities)。笔者在刚刚完成的一篇论文中这样界定:"人文学科是关于人和人的特殊性的

---

① 李醒民:什么是科学?——为《科学的智慧——它与宗教和文化的关联》序,北京:《民主与科学》,1998 年第 2 期,第 35-37 页。

② *Merriam-Webster's Collegiate Dictionary* (Tenth Edition), Springfield: Merriam-Webster, Incorporated, 1999, p. 564.

学科群,主要研究人本身或与个体精神直接相关的信仰、情感、心态、理想、道德、审美、意义、价值等的各门科学的总称。它把那些既非自然科学,也非社会科学的学科都囊括其中。人文学科主要包括:现代与古典语言学、文学、历史学、哲学、宗教学、神学、考古学、艺术等具有人文主义内容和人文主义方法的学科。"①人文学科有时被称为人文科学、文科(arts)、人学(human science),在德语中被称为精神科学(Geisteswissenschanften),有时甚至被笼统地、简单地称为文化(culture)——它确实是文化,但仅仅是人类文化或知识的一个部类,不过却是十分重要的、对人生最有意义的一个部类。

作为善性和人道的人文,是指经过漫长的自然进化和文化熏陶,在人的本性(种族的天然遗传基因和文化积淀)和内心存有的善良的人性和人道情感——爱护人的生命、关怀人的幸福、尊重人的人格和权利。西方的人文思想强调以人为主体,尊重人的价值,关心人的利益。中国的人文思想似乎意指一种由人性出发,自觉地发挥其道德努力和道德成就,来转化周遭的生活世界。② 作为善性和人道的人文展现了人的终极关怀和人文情怀,以及对真善美的孜孜追求。

作为一种与人相关的思想体系和规范制度的人文,其核心是以人为本——以人为现实之本和价值之本,重视人,尊重人,关心人,爱护人;把人永远视为目的而不是手段;人是一切考虑的出发点,也是最终的归宿。这种人文集中体现在各种宗教神学流派、哲学体系、价值观、人生观、世界观以及对人生和生命的系统思考和深刻认识中,并具体化为一套有约束力或强制力的、行之有效的规范(习俗规范、道德规范

---

① 李醒民:知识的三大部类:自然科学、社会科学和人文学科,合肥:《学术界》,2012年第8期,第5-33页。

② 沈青松:《解除世界的魔咒——科学对文化的冲击与展望》,台北:时报文化出版有限公司,1984年第1版,第七章。

和法律规范)和制度。这一切都是人类文化中先进的、优秀的、健康的部分,代表社会进步的大方向和人的自我完善的总目标。

在中国,作为一种与人相关的思想体系和规范制度的人文,在儒家的仁爱(仁者爱人)观念及其礼制中得以淋漓尽致地表达。仁爱的最高原则也许是:"夫仁者,己欲立而立人,己欲达而达人。能近取譬,可谓仁之方也已。"(《论语·雍也》)"老吾老以及人之老,幼吾幼以及人之幼。"(《孟子·梁惠王上》)仁爱的具体含义为:"能行五者于天下为仁矣。"曰"恭、宽、信、敏、惠。恭则不侮,宽则得众,信则任焉,敏则有功,惠则足以使人。"(《论语·阳货》)"夫温良者,仁之本也;慎敬者,仁之地也;宽裕者,仁之作也;动作逊接者,仁之能也;礼节者,仁之貌也;言谈者,仁之文也;歌乐者,仁之和也;分散者,仁之施也。"(《孔子家语》)仁爱的内涵还包括"博学而笃志,切问而近思"(《论语·子张》)。仁爱者对待人生的一大现实问题即富贵贫贱的正确态度是:"富与贵,是人之所欲也;不以其道得之,不处也。贫与贱,是人之所恶也;不以其道得之,不去也。"(《论语·里仁》)

在西方世界,作为一种与人相关的思想体系和规范制度的人文,与在欧洲文艺复兴诞生并在启蒙运动中发扬光大的人文主义(humanism)和人道主义(humanitarianism)密切相关,甚至在某种意义或程度上是同义词。人文主义思潮反对宗教教义、神学权威和经院哲学,把人从中世纪的枷锁下解放出来,并大力支持学术研究和科学研究;强调人是世界的中心,必须以人为本,关怀人,维护人的尊严,追求现实的人生幸福;倡导宽容,反对暴力,争取思想自由,宣扬个性解放,抨击等级观念,主张人人平等;崇尚理性和科学,摒弃迷信和蒙昧主义。人道主义是关于人的本质、使命、地位、价值和个人发展等等的进步思潮和理论体系,是以人为本、以人为中心的一种世界观。人道主义的核心思想是:提倡关爱人、尊重人、爱护人,关注人的福祉和幸福。

法国资产阶级革命时期把它具体化为自由、平等、博爱等口号。

作为一种与人相关的思想体系和规范制度的人文也与人权思想有千丝万缕的联系。人权(human rights)是个近代概念,在西方政治思想中是16世纪以后逐渐发展的一个观念。这个观念十分复杂,它包含了对个人自由与平等的普遍认识与肯定。同时也预设了社会国家中个人与政府及个人与个人之间的关系——一种权利与义务之间的关系。最简单地说,人权思想肯定个人在社会和国家中的基本权利,而这些权利却被认为人之为人这一事实所引起,而非政治或社会所赋予。换言之,人权是与生俱有的,是人在自然状态之中根本就有的。因此,人权也叫人的自然权利(natural rights)。人权思想包含四点对人之为人的理解:自主的能力,平等的地位,内在的价值,负责的行为。① 人权建立的里程碑是下述文献:《英国大宪章》(1215),《权利请愿书》(1628),《协定法案》(1701),《美国独立宣言》(1776),《弗吉尼亚人权法案》(1776),《人权与公民权宣言》(1789),《人权法案》(1791),《自由宣言》(1893),《世界人权宣言》(1948)等。

由此可见,人文的视角把人聚焦于视野的中心,人文的语境时时处处言及人和关于人的一切,人文的世界是一个以人为本体的、充满价值和意义的世界。

二、科学与人文的主要特征

我在前面提及的"知识的三大部类:自然科学、社会科学和人文学科"一文中,从知识的外在关联(研究对象、认识主体、认知取向、研究方法、自主性、进步性、成熟度、历史感)和五个内在特征着眼,讨论了

---

① 成中英:《知识与价值——和谐、真理与正义的探讨》,台北:联经出版事业公司,1986年第1版,第402、405页。

科学与人文学科之间的差异。与此同时,也从他们把人作为研究对象、包含主观性、追求知识的和谐和理论图式(schema)或秩序、不是孤立的或绝对独立的、在方法的运用上也不是没有交集、不能完全否认人文学科也有某种累积的特征六个方面揭示了他们的共性。科学与人文学科的这些特征上的对比,大体上也适合于科学与人文,因为人文本来就把人文学科囊括其中。在此处,我们拟进一步展示一下科学与人文(包括人文主义)的各自特征,并适当加以比较。

科学的特征——罗列起来可能有一大堆,我们在这里仅仅指出作为知识体系的科学(暂且不论作为研究过程和社会建制的科学)或科学知识的几个主要的特征。

其一是科学(知识)基本不包含伦理道德和价值。莫兰表明,科学具有典型的西方式的构成特点,一方面是在世俗思想和宗教思想之间做出断然的分离,另一方面是在事实判断和价值判断之间做出断然的分离。因此在科学中没有道德的考虑,人们为了认识而认识。这种分离使某种西方式分割的、分解的和分析的思想变成科学认识的一个基本动力。但是,这种认识一旦发展起来,它就变成普遍性的。当然,社会中必须已经存在一定的发展程度来建立大学、研究机构和检验的设施。这样,通过科学的普遍化运动,产生了世界其他部分的西方化。这种西方化又引起感到丧失了他们本来特征的文化发起反西方化的斗争。另一方面,这种普遍化推动了普遍的演绎、归纳、分析的认识过程,使得经验-理性-逻辑的思维在西方科学中被孤立化、自主化并得以极度发展。①

其二是科学(知识)基本不涉及生活的目的、人生的价值和生命的意义。科学并没有对托尔斯泰的下述重大问题提供答案:"对于我们

---

① 莫兰:《复杂思想:自觉的科学》,陈一壮译,北京:北京大学出版社,2001年第1版,第55页。

来说唯一重要的问题是,我们要做什么?我们怎样生活?"①尽管科学(以技术为中介)强大的物质功能把人从繁重的体力劳动中解放出来,提高了生产效率,使人丰衣足食,从而能够从事文化享受和文化创造;尽管科学的精神功能(批判功能、社会功能、政治功能、文化功能、认知功能、方法功能、审美功能、教育功能)②和科学精神(科学精神以追求真理作为它的发生学的和逻辑的起点,并以实证精神和理性精神构成它的两大支柱。在两大支柱之上,支撑着怀疑批判精神、平权多元精神、创新冒险精神、纠错臻美精神、谦逊宽容精神)③有助于提升人的精神境界,促进人的自我完善,有益于人生;但是,科学毕竟没有直接告诉我们生活的意义、生命的价值、终极的目标和人生的理想,也就是没有为我们建构人生观。诚如 J. S. 赫胥黎注意到的:"人生价值之衡量,科学由于它的方法正好从它自己扫除尽了。"④难怪在当年的科玄论战中,张君劢断定科学不能解决人生观问题——这是有一定的道理的。因为人生观与科学的确有天渊之别。第一,科学为客观的,人生观为主观的。第二,科学为逻辑的方法所支配,而人生观则起于直觉。第三,科学可以以分析方法下手,而人生观则为综合的。第四,科学为因果律所支配,而人生观则为自由意志的。第五,科学起于对象之相同现象,而人生观起于人格之单一性。"就以上所言观之,则人生观之特点所在,曰主观的,曰直觉的,曰综合的,曰自由意志的,曰单一性的。"⑤

---

　① 马克斯・韦伯:《学术与政治》,冯克利译,北京:三联书店,1998 年第 1 版,第 144 - 145 页。
　② 李醒民:论科学的精神功能,厦门:《厦门大学学报》(哲学社会科学版),2005 年第 5 期,第 15 - 24 页。
　③ 李醒民:《科学的文化意蕴》,北京:高等教育出版社,2007 年第 1 版,第 229 - 275 页。
　④ J. S. 赫胥黎:《科学与行动及信仰》,杨丹声译,台北:商务印书馆,1978 年第 1 版,第 108 - 109 页。
　⑤ 张君劢、丁文江等:《科学与人生观》,济南:山东人民出版社,1997 年第 1 版,第 35 - 38 页。

其三是科学(知识)基本不具有感情和诗意。为了追求客观性和客观真理,科学借助严格的实证方法和理性方法,通过严谨的批评和审查程序,把主观的情感和浪漫的诗意尽可能排除在它的辖域之外。J. S. 赫胥黎明察:"科学有意地把感情和价值从它的态度和方法两者内排除。它的唯一目的是知识的,它的唯一方法是统计的、比较的或测度的;它除了真理的价值之外,我们什么也不能经验到。任何感情,任何神圣禁例,都不可挡住它研究的路;它只能扫除意义才能获得成功。它显出消除那种奇怪的但含教训的哑谜,即只有延缓判断它才能达到更正确的判断,只有从它的方法中放逐那种感情的推进力和那种信仰意志的错误信念,它才能够达到更大的信念。"①伯特在描绘力学的世界图像时刻画得惟妙惟肖(要知道,现代科学观对此已经做出重大修正):"牛顿的伟大权威丝毫不差地成为一种宇宙观的后盾,这种宇宙观认为,人是一个庞大的数学体系的不相干的渺小观察者(因为他就像一个关闭在暗室中的存在物),而这个体系的那些符合力学原理的有规律的运动便构成了自然界。但丁和弥尔顿那富有浪漫主义色彩的辉煌宇宙,在人的想象力翱翔于时空之上时不曾对其施加任何限制,现在却一扫而空了。空间被等同于几何学王国,时间被等同于数的连续统。从前人们认为他们所居住的世界光彩夺目、鸟语花香,充满了喜悦、爱和美,到处表现出有目的的和谐和创造性的理想,现在则被逼到散乱的生物大脑的小小角落中去。真正重要的外部世界是一个坚硬、冷漠、无色、无声的死寂世界;是一个量的世界,一个按照力学规律可以从数学上加以计算的运动的世界。具有人类直接感知到的世界,恰恰变成了外面的那个无限的机器的奇特的、渺小的结果。"②

---

① J. S. 赫胥黎:《科学与行动及信仰》,杨丹声译,台北:商务印书馆,1978 年第 1 版,第 106 - 107 页。

② 伯特:《近代物理科学的形而上学基础》,徐向东译,成都:四川教育出版社,1994 年第 1 版,第 223 - 224 页。

顺便提一下,科学具有严密的、严整的逻辑体系。"现在仍然存在两种差异(将来可能会减弱)确实把自然科学和研究人类各种行为的正题法则的科学对立起来。一方面,前一种科学有一个等级顺序。这当然不是指学科的重要性而言,而是指概念的前后演变关系和学科的递减或递增的普遍性与复杂性而言。另一方面,这些学科由于自身的发展,提出了各种各样把'高级'现象还原或非还原为'低级'现象的问题。这两种情况都不断迫使每一位专家把目光投射到他的学科界限以外的地方。"第一点是,人们今天要在人文科学中寻求类似的顺序,那是徒劳的,直至现在也没有任何人提出来。第二点是,每一个自然科学的专家确实需要在这一登记顺序中对先于自己的学科有相当高深的训练,甚至还常常需要这些在先学科的研究者的合作。这就使这些研究者对后来学科所引起的问题发生兴趣。①

与科学相反,人文恰恰拥有科学所不包含、不涉及、不具有的上述三项内容,也就是说它关注的中心是人,是人的所思所想、所作所为。进而,它还拥有两个鲜明的特征。一是主观性。人文"必须注意形象的主观性,而且它在本质上是可变的,不能进行客观规定。尽管它不是客观性的,但是却能亲身体验与客体在瞬间的交流。诗不是心智的机能,而是灵魂的机能。富于诗意的表现会通过'反响'立即达到读者的灵魂深处。富于诗意的表现生成了读者的存在"②。二是个体性——对象的个体性和创造者的个体性。"科学是一堆规律和法则,人文主义则不是关于规律的(或不如说不只是关于规律的),而是关于独特物、独特的东西、独特的事件的。这种独特物各自都有各自的

---

① 皮亚杰:《人文科学认识论》,郑文彬译,北京:中央编译出版社,2002年第1版,第155-156页。
② 金森修:《巴什拉——科学与诗》,武青彦等译,石家庄:河北教育出版社,2002年第1版,第227页。

价值。……人文主义无论取何种面目,总是关于特定物的价值的"①。人文主义的兴趣是尊重人的创造,而不是把个人的对象淹没在像社会或科学的抽象服务中。人文学者不是如此对力量(power)感兴趣,他们关心事物是因为它们作为人的精神的表达之价值。他们关注的对象是创造者、个体的人或被视为道德类型的人。"我们可以把人文学者描述为这样的人:他的研究对象是人的创造性的想象,在这种努力中产生客体和物质的效果——诗和音乐、雕塑和绘画、建筑物、桥梁和宫殿——一句话艺术,具有高度审美的和道德的意图或内容。……人文主义者致力于理解和说明人——作为对于为创造而创造感兴趣的人,不考虑在类型上不同的日后的满足"②。

三、科学与人文的比较

科学与人文的不同特征使二者之间形成明显的对照。C. P. 斯诺这样谈论科学文化与人文文化或科学传统与人文传统的对峙:"一种是积累的、组合的、集合的、共意的、注定必然穿越时间而进步。另一种是非积累的、非组合的,不能抛弃但也不能体现自己的过去。第二种文化必须通过否定表现出来,因为它不是一种集合,而是个人内在固有的。也就是说它具有一些科学文化并不具有也永远不可能具有的性质;另一方面,既然存在一种相互排斥的原则,它由于自己的本性而丧失了历史的进步,而历史的进步却是科学对人类思想最珍贵的礼品。"③B. 巴伯从四个相反的社会和文化特征——直接

---

① J. S. 赫胥黎:《科学与行动及信仰》,杨丹声译,台北:商务印书馆,1978 年第 1 版,第 109-110 页。

② H. Brown, Why This Book Was Written? H. Brown, ed. , *Science and Creative Spirit, Essays on Humanistic Aspects of Science*, Toronto: University of Toronto Press, 1958, pp. ix-xxvii.

③ C. P. 斯诺:《两种文化》,纪树立译,北京:三联书店,1994 年第 1 版,第 123 页。

的价值关注对非道德,具体性对抽象性,悲观主义对乐观主义,社会运动对缺乏社会性——着眼,详尽地论述了人文与科学的对比,值得在此一书。

其一,直接的价值关注对非道德。正在做出的区分有它的前驱,例如卡西尔的"事物知觉"和"价值知觉"区分,杜威的"科学思维"和"定性思维"区分,塔尔科特·帕森斯(Talcott Parsons)的"工具取向"、"价值取向"和"表达取向"区分。按照功能主义的观点,价值作为形式化的原理在做出下述选择中在社会中是必不可少的:当寻求目标的人为创造和保持他们现存的社会结构和文化时,这些选择不可避免地面对价值。在任何社会中,必定有一些专业直接关注价值,这就是我们定义的"人文"关怀的东西。任何对价值直接关怀的功能必然性的威胁,似乎是对人文主义的威胁。例如,在17世纪,当毕晓普·斯普拉特(Bishop Sprat)的《皇家学会史》和约瑟夫·格拉尼尔(Joseph Grannill)的《过度的极端主义者》(*Plus Ultra*)作为"新哲学"传播,表面看来否认科学世界和道德世界的差异时,人文主义者梅里克·卡索邦(Meric Casaubon)仅仅是"实验科学能'教化'人"的信念的一个理智批判者。在19世纪,约翰逊(Johnson)博士在他的著名的警句中简洁地提出人文主义的观点:"我们本来就是道德家,碰巧是几何学家。"当代人文主义价值观丰富多彩。例如,伯特(E. A. Burtt)说:"中世纪的心智肯定无疑地相信,不管科学如何影响其他人的价值,它也不是独立的事业,不是自由地仅仅遵循它自己的路线。"穆德·普赖尔(Mood Prior)给出较少狂暴、较多实证的人文主义观点:人文学科致力于人的目标的理解和评价。相比较,科学的概括在自身之内没有负荷与下述事项相关的含义:可被任何人充分利用的用处,受它支配的人的选择,或为人的行为中的幸福和自我满足的固有努力。科学的创造物相对于它们的道德的和社会的应用是中性的。

如果对价值的直接关注在社会中具有它的自主功能的话,那么在某些特定的社会与境中,非道德也是如此。科学坚持认为,价值不以任何直接的方式与对经验世界物理的、生物的和社会的方面的理解和控制相关。内格尔(Ernst Nagel)说:"常识主要关注事件对人来说具有特殊价值的事情的影响,而理论科学一般不是如此狭窄的。对系统说明的探求,要求把探究引向事物之间的依赖关系,而不考虑它们承担的价值。理论科学审慎地忽略事物的直接价值,以至科学的陈述往往看来仅仅与日常生活的熟悉事件和质微妙相关。"吉利斯皮(Charles Gillispie)说:"无论在公众生活中,还是在私人生活中,科学都不能确立伦理。它告诉我们能够做什么,从未告诉我们应该做什么。它在价值领域绝对不适合,这是客观态度的必然结果。"

正像人文主义本身针对科学而坚持它直接关注价值的功能自主一样,科学本身也针对人文而确立摆脱价值沾染的认知世界地图。柯瓦雷说:"17世纪科学中的革命,因科学思想引起抛弃考虑基于价值的概念,例如完美性、和谐、意义、目的,最终引起实在的十足贬值、价值世界和事实世界的分离。"在整个三百年间,首先是物理科学,接着生物科学、社会科学,都起而反对人文主义的价值侵入"自然秩序"。用吉利斯皮的隐喻,难以把"客观性的边界"推进到价值领域。在科学和人文主义之间就价值存在功能的张力是不可避免的。因为每一个都有它的特殊功能和限度,而科学家不愿意或不能妥善地处理它们。科学家作为个体的社会成员即公民,他直接关注价值。但是,从他作为科学家的角色来看,价值则是第二位的关注。在具有道德性的科学家角色中的特殊权能并不必然且仅仅给出公民或人文主义者的权能,而在后者中价值是基本的。

其二,具体的对抽象的。人文主义在它的思想结构中倾向于具体性,而科学力求尽可能大的抽象性。对科学而言,抽象的功能被内格尔十分清楚地阐述了:"科学概念的异常抽象性特征,以及它们被指称的距在通常经验中找到的事物的特性之'远离性',是探索系统的和综合的说明之不可避免的伴随。"于是,成为系统的正是科学的本质。要成为系统的,就要求它是高度抽象的,在表面上各异的性质中看到相似的性质。抽象不管熟悉的和道德的质,而这种质对人文主义者来说却如此重要。

与科学的抽象性相对照,人文主义的自主功能力求具体性。普赖尔说:"在科学中,把个别事件完全吸收在概括中是目标;另一方面,人文学科宁可关注在恰当的一般系统内提供个别事件的特殊意义。"为了理解在具体的世界中事件的特殊意义,要求把若干概括应用于具体的评价程式。如果人文主义的道德评价功能恰当地完成了,那么没有一个抽象会有用处。因此,人文主义需要科学的抽象,但是它总是把它们具体地应用在具体的和个体的事件中做道德选择时,才对它们感兴趣。人文主义对具体性的偏爱在它对"总体性"和"整体性"的偏爱中得以表达。道德问题作为具体的整体而来,而不是作为抽象而来。人文主义者往往不理解这种抽象和具体之间的张力。可以肯定,第一个杜撰"冷酷的抽象"的,必然是人文主义者。只是在最近,人文主义者才谈到"两个不可调和的世界——内心深处的经验世界和确信在其中从范畴上否认内心深处的经验世界的抽象世界"。但是,物理世界、生物世界和社会世界的抽象的和具体的方面并非相互不可调和。存在一种调节程式,可以辨认出每一个的功能自主性,同样也能辨认出它们之间的相互依赖。即使人文主义者承认科学的抽象性和人文主义的具体性之间的张力,但是它们有时也哀叹科学的新的抽象性破坏了他们特定的、已经确立的一些具体性。多恩(John Donne)如下的"一周年纪念"诗句,无论何时总是表达人文主义对新抽象瓦解已确立的世界的沮丧:"新哲学怀疑一切,火元素完全熄灭:太阳丢失了,地球不见了,人的才智无法充分指引他寻找它在何处。人们自由地坦白,这个世界被耗尽了,在行星上,在天空中。他们追求如此之多的新东西,他们看到,它被再次瓦解为它的微粒。这就是碎片中的一切,所有黏合都统统消失;所有应得的供给,所有的关系。"

人文主义者对科学中的难懂术语无尽抱怨,也能够被视为作为思想的功能程式的具体性与抽象性之间张力的表达。人文主义者把重大的意义赋予作为他们时代接受的道德和被经验的美已经确立的具体语言。但是,科学家原则上不信任已经确立的语言,因为它使被接受的观点具体化和神圣化,他们正在力图把这些观念分析为新的抽象。就难懂的术语构成真正的新抽象而言,它对科学来说是基本的。吉利斯皮说:"在科学具有它自己的语言之前,它不能繁荣兴旺,在这种语言中,词指示事物或条件,而不是全部负载人的经验的模糊残余之质。"科学的抽象术语对常识来说越是几乎不可理解,它就越科学。为调停科学和人文主义之间的合作,必然要把它们的语言相互翻译,这是明显的。

其三,悲观主义对乐观主义。科学在世界中的任务方面倾向于乐观主义,而人文主义就它自己的特殊功能而言倾向于悲观主义。我们看到,科学在于为描述经验世界构造永远更为概括、更为系统和更为几乎毫无遗漏的概念图式。由于科学原则上能够达到这样的思想结构,它原则上是进步的和进化的。在科学的情况中,乐观主义或人能够把握自己活动制定的特殊任务,是在它产生的东西之上生成的。事实上,科学的历史被看作是科学观念方面实现连续进化的进步,并伴随科学乐观主义的扩大。培根说,科学的充实在于时间的充分。科学家感到,他们的经验证实了这一格言;他们对现在和未来感到乐观,就像他们对过去感到自信一样。

相对照,人文主义关注价值的观念,关注价值承担的困难选择,关注完成它们要受到不可避免的限制。神学家所谓的"意义问题"在人的生活中是固有的,人的有限的含义也是如此;这些以及其他道德问题对于人文主义来说总是存在。当人文主义者讲"人的条件"时,他意指存在的悲剧要素,不能克服的恶,无法达到的善。总而言之,坚持价值问题。假如在人的价值问题上存在任何进化的进步的话,那么没有几个人宣布看到它,人文主义者肯定不会如此宣布。在人文主义的实践中,占优势的观点是悲观主义。人文主义者看到人的条件,过去、现在和将来的问题的根本同一性,这种同一性包括恶、悲剧、局限和价值问题的无尽重现。

其四,科学作为社会运动。一方面科学和人文主义之间性质相反的第四个特征是社会特征。至少在最近的三四百年,科学趋向于是繁盛的、乐观的、凯旋的社会运动,似乎在它的成功中横扫它面前的一切:不仅用它的新抽象代替了其他观念,而且更多地占据了有影响的社会地位,例如在大学中和政府中。另一方面人文主义趋向于被分割、守势的、具有分散的智力和社会资源、无组织的或缺乏组织的、保守的。科学在20世纪保持它的繁盛,因为它的观念继续发展,因为它的社会运动永远在大学和政府赢得影响。一些人文主义者宽容这样的繁盛,另一些面对科学的社会运动往往防卫、斗争、发怒,因为这种运动继续削弱他们的观念,似乎威胁要统统篡夺他们的社会地位。[①]

对科学与人文的特征和对照,也有一些错误的或糊涂的看法,有必要加以澄清和强调。科学与人文的各自特征是固有的和自然的,一般不存在何优何劣、何得何失的问题,尽管双方很有必要相互借鉴、彼此学习、取长补短。因此,人们必须平等地看待它们,扬甲抑乙或厚此薄彼都不是中正之道。J. S. 赫胥黎说得好:"逻辑的思想含有价值,因而神秘的经验也含有价值。我们不必因为我们在目前还不能理智地

---

① B. Barber, *Social Studies of Science*, New Brunswick: Translation Publishers, 1990, pp. 26 – 268.

把握为什么神秘经验会有价值,就去拒绝它,正如我们不能因为逻辑的思想不能使我们获得像神秘经验所产生的那种宁静心理或满足感,就拒绝逻辑思想的价值一样。"①

四、科学与人文的相互作用

关于科学与人文或人文主义的关系,有两种类型的错误观点重新流行并高涨起来,甚至在某些场合以某种激情加以捍卫。一种是在二者之间不存在基本的差异,人文主义者和科学家是大致相同的一类漂亮的动物,因此除了无知或病态的意志,在他们之间根本不存在张力的理由。例如,勒内·杜博斯(Rene Dubos)最近写道:"就我能够判断的而言,科学满足通常与文化和人文主义概念联系的所有要求。"第二种错误观点是,二者之间的差异是如此之大和如此之根本,以致只有一个残缺或完全破坏,才能使另一个进行它的活动。在最近,人文主义者乐于坚持这样的观点,虽然在一百年前情况正好相反,当时科学在冲突中似乎是较弱的一派。②

在我们看来,不承认科学与人文在特征上具有差异甚至具有显著的差异,这是不对的,因为二者的差别毕竟是明摆着的事实,是任何一个明眼人无法否认的。另一方面,反其道而行之,人为地把它们绝对对立起来,认为二者冰炭难同炉、水火不相容,也是极端观点,起码是偏颇之举,实在不足为训。实际上,科学与人文的关系是密切的,具有相互作用。有人表明:"西方科技发展在源起上有人文主义作为支持,

---

① J. S. 赫胥黎:《科学与行动及信仰》,杨丹声译,台北:商务印书馆,1978年第1版,第127页。

② B. Barber, *Social Studies of Science*, New Brunswick: Translation Publishers, 1990, pp. 259–260.

在发展历程中有各种人文主义运动相伴随或抗衡,在发展结果上对人文主义有积极与消极的影响。"科技发展对人文运动的消极影响是:(1)现代科技继续以表象来从事对象化、客观化的研究方式,因而连人也变成对象,成为客观化的研究对象,而丧失其为目的、为主体的地位;(2)至于客体更恶化其为体制化、权力化的倾向,扩大"知识就是权力"的科技与权力结合之趋势,甚至形成权力集中,使决定权操纵在少数科技精英和政治精英手中;(3)科技所标榜的价值中立,以及其中运作的工具理性之宰制兴趣,产生了科技的虚无主义,另外在创造目的与价值的想象力上则相当贫乏。科技的积极的人文向度是:(1)科技发展不再使对自然感到无力和威胁;(2)科技的发展和合理化程度的提高,人有了更大的实现正义的可能性;(3)有助于人格的提升,对外在世界的征服,促发其内在自由和思想的提高。① 这位作者充分肯定科学与人文相互影响,无疑是言之成理的。但是,他把科学和技术(且简称为"科技")混为一谈,不仅造成概念上的混乱,而且直接波及对问题分析的精确性和个别结论的恰当性。要知道,科学和技术毕竟是两个本质不同的概念和差异很大的实体②。

我们先谈人文对科学的作用。例如,在文艺复兴时代,当时的人文主义思潮鼓吹人的独立自由,倡导科学研究,直接推动了近代科学革命,促成了近代科学的诞生——这是众所周知的历史事实。在后来的启蒙运动中,当时的人文主义者坚信,把科学的方法从大自然的领域扩大到人的领域,可以把男男女女都解放出来。后来的科学成功在很大程度上满足了这种希望,不仅提高了人类生活和物质舒适的水

---

① 沈青松:《解除世界的魔咒——科学对文化的冲击与展望》,台北:时报文化出版有限公司,1984年第1版,第217-219页。
② 李醒民:在科学和技术之间,北京:《光明日报》2003年4月29日,B4版。李醒民:科学和技术异同论,北京:《自然辩证法通讯》,2007年第29卷,第1期,第1-9页。

平,而且缓解了人类的饥饿、疾病和恐惧的痛苦。这些巨大的利益,我们都视为理所当然,但是在我们的前人看来,可能如同奇迹。同时,科学是人类思想最为壮观的成就,它不仅依靠个人天才的力量和科学方法的智力训练,而且依靠合作的努力,克服国界、语言和文化的障碍,使得人类其他一切事业相形之下大为失色。这当然是人文主义在发挥作用。① 值得指出的是,哲学和宗教的资源的广度对科学成长而言,是由下述事实指示的:这三个活动领域在文明早期阶段常常无法解脱地混合在一起。甚至在哲学变得与宗教分开之后,科学变得与哲学分开之后,它们也是相互影响的。哲学阐明的融贯、一致、真以及质等概念被应用于科学家的工作和思维。宗教的传统和戒律长期作为心理学和医学知识的仓库和资源,宗教的清洁禁忌和饮食规律体现出人们早期关于公共健康、流行病、营养也许还有心理疗法的科学知识。艺术中的雅致、美、简单性、视角、对称等等概念,也有助于科学思维。②

再谈科学对人文的作用。科学的世界图像或世界观改变了人们属于人文范畴的思想观念。比如,科学是启蒙运动的发动机。有着深厚科学素养的启蒙运动时期的作家赞同宇宙是有序的物质存在,受精确的规律控制。可以将宇宙中的物质分解成能够测量和排列成阶层体现的实体,就像社会一样,社会由人组成,人的大脑中含有神经,而神经又是由原子组成的。至少原则上说,原子可以聚合成神经,神经组成大脑,因而可以将社会理解成一个受机械原理和力控制的系统。③

---

① 布洛克:《西方人文主义传统》,董乐山译,北京:三联书店,1997年第1版,第249-250页。

② K. W. Deutsch, Scientific and Humanistic Knowledge in the Growth of Civilization. H. Brown ed., *Science and the Creative Spirit*, *Essays on Humanistic Aspects of Science*, Toronto: University of Toronto Press, 1958, pp. 1-51.

③ 威尔逊:《论契合——知识的统合》,田洺译,北京:三联书店,2002年第1版,第28-29页。

像狄德罗、达朗伯、孔迪亚克和卢梭等启蒙思想家最显著的共同之处就是:"他们都相信人类行动应该由自然而不是由《圣经》的规则控制;同时他们也相信,自然科学为人性的运作提供了远见卓识。"①值得注意的是,科学发展的重大伴随物之一是进步的概念。因为科学是卓越的活动,该活动实现了在中世纪幽深处构想的这种可能性。在赫胥黎热情拥护的达尔文生物学中,我们有最终为进步的历史变化的概念提供理论基础的生物进化。因此,进化学说为科学知识对近代文化的影响提供了引人注目的例子。另外,"科学方法(和科学知识不同)渗透到我们的意识和潜意识活动,在这一范围,科学确实对我们大家具有深刻的和持续的文化影响"。与之相比,一些科学知识在西方社会的知识阶层也未渗透,在科学家中非同行也不理解有关科学知识。不存在科学知识的连贯影响,因此我们的文化因我们称为科学知识的东西相当弱地发酵。但是,"科学方法进入我们的文化。科学通过它的方法对历史做出巨大贡献。这对文学批评、经济学、经济分析、语文学、商业甚至体育也为真。科学方法是我们文化的组成部分"②。

具体地看,正像人文概念和实践为科学思维提供了资源,科学的资料和方法也不断为人文提供新的资源。多伊奇列举了诸多例子说明,宗教和哲学都从天文学的新秩序宇宙中吸取灵感。帕斯卡对"无限空间的永恒缄默"的惊恐,康德对"头顶灿烂星空和内心的道德律"的景仰,都源自科学的宇宙观。无限大和无限小两个世界的发现的情感影响,有助于宗教体验。甚至某些最特殊的科学方法也被用来作为宗教思想的资源。于是,莱布尼兹的"所有可能世界中最佳的"宗教概

---

① 汉金斯:《科学与启蒙运动》,任定成等译,上海:复旦大学出版社,2000年第1版,第166页。

② N. McMorris, *The Nature of Science*, New Jersey: Fairleigh Dicknson University Press, 1989, pp. 126,127.

念部分基于微积分的进路,基于它所承担的极大值、极小值和最优(optimum)概念。在更广泛的意义上,宇宙发展的宇宙学家的观点和生命进化的生物学家的观点,对于有文化的心智具有永不休止的魅力,以微妙的方式影响我们时代的宗教思维。特别是在哲学思想中,科学资料和方法的影响也许更为强烈。从17世纪到18世纪,许多哲学论述都是以"科学的"方式发展的,这种方式在于能够从物理学中借用的因果性或必然性风格,证明的例子是从欧几里得几何学借用的。斯宾诺莎特别写了"几何学方式的伦理学";在我们的时代,数学逻辑和哲学思维的相互作用在罗素和怀特海的著作中是明显的。自然选择和进化的生物学概念显现在像尼采、本格森和杜威这样的哲学家中。我们时代的许多哲学贡献是由在科学领域做出著名进展的人做出的,如詹姆斯、罗素、布里奇曼、莫里斯、弗兰克和维纳。在文学领域,心理学和医学资料在这样一些小说中有显著影响,像托马斯·曼的《魔山》和辛克莱的《箭匠》。严肃的哲学小说也写出来了,从科学和科学幻想引出许多杰出的作品,例如 C. S. 刘易斯的《来自寂静的行星》及其续篇,弗朗兹·魏菲尔《有待诞生的星球》,乔治·R. 斯图尔特的《地球居住》,加谬的《瘟疫》。若干小说出自飞行的经验。科学和技术激励我们时代出现一些著名的诗,例如耶尔茨(W. B. Yerrts)的"爱尔兰飞行员预见他的死亡"。类似地,心理分析和心理学方法也变成许多现代小说的"意识流"技巧的源泉。科学的资料和方法长期以来是优秀艺术和雕塑的最大资源。哥特式教堂、巴黎圣母院使用数值比例的概念。现代绘画中的分析和抽象的技艺和现代艺术中细节的放大,都是科学技巧应用于艺术的例子。现代桥梁设计中广泛地采用抛物线和其他曲线。在音乐界,科学和技术早就起重要的作用,从中世纪的管风琴到现在的整个乐器家族都能看到这一点。机器和电气技术有助于音乐节奏的新经验:比较准确的音程测量促进了切分音的传播和 12 乐音音阶的实验。麦克风、录音、声音切断和组合的新技术为演唱和作曲提供了探索的新技巧。①

　　无独有偶,在中国的五四新文化运动中,科学对人文的作用也显而易见。与西方科学主义的学术关系截然不同,五四时期的科学思潮非但不与人文主义相对立、相分离,相反地,两者却是相辅相成、相得益彰。我们知道,科学和民主是五四新文化运动的两面大旗。《新青年》一出世,就高呼"科学与人权并重",从此,德、赛二先生并驾齐驱,用以救治中国的一切黑暗。可见,科学不是孤立地、与民主思潮分离地存在于新文化运动中,它和民主思潮有机地融为一体,构成五四精神的主体,被启蒙思想家用做清算传统封建思想文化的锋利武器。在民主和科学的五四精神鼓舞下,个性解放、自由、平等、博爱的呼声响彻云霄,被封建纲常伦理束缚、压抑几千年的人性,如脱缰之马、决堤之潮,势不可挡。中国的历史上首次书写了大写的"人"字。因此可以说,五四科学思潮是一种人文主义性质的学术思潮。五四科学思潮提倡并实施的对思维方式和价值观念的改造,无疑是新文化运动的伟大成就之一。尽管这场运动最终并未取得完全、彻底的成功,但经过五四思想启蒙和思想解放,作为文化内核的思维方式和价值观念层次有了一定的改变,人们的思想水平和精神面貌都发生了明显的变化,这是谁也否认不了的。②

---

　　① K. W. Deutsch, Scientific and Humanistic Knowledge in the Growth of Civilization. H. Brown ed. , *Science and the Creative Spirit*, *Essays on Humanistic Aspects of Science*, Toronto: University of Toronto Press, 1958, pp. 1 - 51.
　　② 徐飞:五四科学思潮辨,北京:《自然辩证法通讯》,1994 年第 16 卷,第 2 期,第 44 - 48 页。

迈向科学的人文主义和
人文的科学主义*

多年前,我曾经在一篇三千余字的短文中提出一个纲领性的展望和蓝图:"没有人文情怀关照的科学主义是盲目的和莽撞的,没有科学精神融入的人文主义是蹩足的和虚浮的。急需改变两种文化分裂的态势,急需消除两种主义的人为对立!行之有效的解决办法既不是削足适履、刓方为圆,也不是揠苗助长、一蹴而就,而是使二者在相互借鉴、彼此补苴的基础上珠联璧合、相得益彰。一言以蔽之,两种文化汇流和整合的有效途径是,走向科学的人文主义(scientific humanism)和人文的科学主义(humanistic scientism),即走向新人文主义(new humanism)和新科学主义(new scientism)。这是双重的复兴——人文的复兴和科学的复兴。"在这里,"科学的人文主义是在保持和光大人文主义优良传统的基础上,给其注入旧人文主义所匮乏的科学要素和科学精神";而"人文的科学主义是在发掘和弘扬科学主义的宝贵遗产的前提下,给其增添旧科学主义所不足的仁爱情怀和人文精神"。① 当时,由于种种原因,未能加以拓展和阐发。本文拟弥补先前的缺憾,进而探赜索隐,期望在该主题上多少有所斩获。

在触及核心问题之前,我们首先应该厘清两个概念——科学主义和人文主义。

---

* 原载北京:《中国政法大学学报》,2013 年第 4 期。

① 李醒民:走向科学的人文主义和人文的科学主义——两种文化汇流和整合的途径,北京:《光明日报》,2004 年 6 月 1 日 B4 版。

一、何谓科学主义？何谓人文主义？

科学主义(scientism)①有双重含义：其一是指"自然科学家或被认为属于自然科学家的典型的方法和态度"，其二是指"过分信赖自然科学方法应用于所有研究领域(如在哲学、社会科学和人文学科中)的功效"。前一义明显是中性的。比如，科学是对真知的追求，是对自然(乃至社会)规律的揭示；科学知识是最为客观的，最接近实在的知识；科学的统一在于它的方法而非材料，科学的实证、理性、臻美等方法可供其他学科借鉴；科学具有巨大的精神力量和物质力量(必须以技术为中介)，是推动文明进步和造福人类的源泉之一；如此等等，不一而足。科学主义在 18 世纪的机械物质论、19 世纪的孔德实证哲学和社会物理学、20 世纪初叶的逻辑经验论中被推向极端，以至夸大科学方法的功效，无条件地把它应用于所有学科(科学方法万能论)，乃至认为科学能够解决一切社会问题和人生问题(科学万能论)——这是贬义的科学主义。所谓的"科学方法万能论"，我愿称其为"贬义的弱科学主义"；所谓的"科学万能论"，我愿称其为"贬义的强科学主义"。② 这种激进的贬义科学主义失之偏颇，受到人们的批判和指斥，现今在科学共同体内已经没有多少市场，仅仅流播于不明科学底蕴而又盲目崇拜科学的个人和群体。科学主义一词在英语世界出现于 1877 年。其实，恰恰在此前后，科学家或科学共同体的科学观逐渐更新得相当开明和先进，马赫 1883 年对经典力学以及机械自然观和力学先验论

---

① 李醒民：《科学的文化意蕴》，北京：高等教育出版社，2007 年第 1 版，第 401-451 页。
② 参看李醒民：有关科学论的几个问题，北京：《中国社会科学》，2002 年第 1 期，第 20-23 页。李醒民：就科学主义和反科学主义答客问，北京：《科学文化评论》，2004 年第 1 卷，第 4 期，第 94-106 页。

的中肯批判发出了时代的最强音①。在本文,我们是在非贬义的或中性的意义上使用科学主义术语的,即科学人(man of science)或科学家以及其他人对作为一个整体的科学的看法和观点。在有些文献中,有时也用科学一词或隐或显、若隐若现地替代科学主义,或者把 scientism(科学主义)译为唯科学主义(建议不必这样翻译),我们径直引用而不做改动,务请读者注意,以免造成不必要的误解或混乱。

英语中的人文主义(humanism)一词由人文(humanity)派生而来,而 humanity 在 14 世纪进入英语,又 humanity 源于拉丁语 humanitas。布洛克通过考证认为,人文主义、人文主义的、人文学科这几个词来源于拉丁文 humanitas,该词本身又是一个更古老的希腊观念的罗马翻版。希腊人除了创造哲学、史学、戏剧这些名词以外,还创造"教育"(paedeia)一词。希腊文把全面的人文学科的教育称为 enkyklia paedeia(英语 encyclopaedia(百科全书)一词源出于此),西塞罗在拉丁文中找到一个与之对等的词 humanitas,他所依据的是希腊人的这个观点:这是发扬那些纯属于人和人性的品质的属性。这一希腊和罗马传统一直到 19 世纪末都对西方教育发挥了异乎寻常的影响。但是,人文主义一词本身不论在古代世界或文艺复兴时期都还没有出现。迟至 1808 年,在一次关于古代经典在中等教育中的地位的辩论中,它才由德国教育家尼特哈默尔(F. J. Niethammer)由德文 humanismus 最初杜撰出来,后由乔治·沃伊特(George Voigt)在 1859 年出版的一部著作中用于文艺复兴,书名是《古代经典的复活》,又名《人文主义的第一个世纪》。②

---

① 李醒民:物理学革命行将到来的先声——马赫在《力学及其发展的批判历史概论》中对经典力学的批判,北京:《自然辩证法通讯》,1982 年第 4 卷,第 6 期,第 15 - 23 页。

② 布洛克:《西方人文主义传统》,董乐山译,北京:三联书店,1997 年第 1 版,第 3,5 - 6 页。

人文主义与人道主义((humanitarianism)、人本主义(anthropologismus, humanism)、博爱主义(philanthropism, philanthropy)具有广泛的交集甚或涵盖后三者,因而有时被混同使用。Humanism 在1832年进入英语,其本意如下。(1)热心人文学科即文学文化;古典学问的复兴,个人主义精神和批判精神,以及突出文艺复兴特征性的现世关注。(2)人道主义。(3)集中于人的利益或价值的学说、态度或生活方式,尤其是通常排斥超自然主义与强调个人尊严、价值和通过理性自我实现的能力。①

众多学者力图给人文主义下一个定义,但其定义只能是见仁见智而已。布洛克发现,对人文主义、人文主义者、人文主义的以及人文学科这些名词,没有人能够成功地做出别人也满意的定义。这些名词意义多变,不同的人有不同的理解,使得词典和百科全书的编撰者伤透脑筋。作为暂行的假设,他姑且不把人文主义当作一种思想派别或者哲学学说,而是当作一种宽泛的倾向,一个思想和信仰的维度,一场持续不断的辩论。在这场辩论中,任何时候都会有非常不同的有时是互相对立的观点出现,它们不是由一个统一的结构维系在一起,而是由某些共同的假设和对于某些具有代表性的、因时而异的问题共同关心维系在一起的。他认为自己能够找到的最贴切的名词是人文主义传统。在他看来,"人文主义的中心主题是人的潜在能力和创造能力。但是这种能力,包括塑造自己的能力,是潜伏的,需要唤醒,需要让它们表现出来,加以发展,而达到这个目的的手段就是教育。人文主义者认为,教育是把人从自然状态解脱出来发现他自己人性的过程"②。

---

① *Merriam-Webster's Collegiate Dictionary* (Tenth Edition), Massachusetts: Merriam-Webster, Incorporated, 1999, p. 564.

② 布洛克:《西方人文主义传统》,董乐山译,北京:三联书店,1997年第1版,第2、3、42、45页。

朱利安·赫胥黎(J. S. Huxley)在谈到人文主义的意义、目标和价值尺度时说:"照我想起来,只要一句话就可以包含其中的一切——取得生活,更丰富地取得生活。虽然,和一切一句话的纲领一样,这句话也需要补充和释义,但它开首便能宣布人文主义者的主要信条:我们在宇宙中所知道的唯一价值源泉是那种心灵与物质的交互作用,即我们所称的人类生活;因为它不但创生我们的价值标准,并且创生经验、目的和概念……"①萨顿表示:"人文主义,也就是教育和文化,本来是或者应当是人类共有的利益。每一种在正确方向上的创造性活动过去是、现在是、将来也是对它的一种贡献。人文主义不是也不可能是任何一群人的专利品;增加生命的智力价值是所有努力的结果,它是所有无私的努力,从最谦卑的到最崇高的努力的总和。"他特别强调:"人类之爱是人文主义的重要核心,如果缺乏这个核心,别的也就什么都不值了。"②成中英指明:"我们可以把人文主义定义为对人类心灵自主性及主观性的信仰,以及对人类心灵活动复杂内容不可消除性的肯定。在这个意义下,不但传统的精神哲学及理性主义是人文主义,而且19世纪末以来的存在主义与现象学也都是人文主义。"③不管怎样,人文主义的主旋律和最强音,也许正是莎士比亚借助他的戏剧中的角色哈姆雷特之口道出的:"人类是一件多么了不得的杰作!多么高贵的理性!多么伟大的力量!多么优美的仪表!多么文雅的举动!在行动上多么像一个天使!在智慧上多么像一个天神!宇宙的精华!万物的灵长!"④

---

① J. S. 赫胥黎:《科学与行动及信仰》,杨丹声译,台北:商务印书馆,1978年第1版,第113-114页。
② 萨顿:《科学史和新人文主义》,陈恒六等译,北京:华夏出版社,1989年第1版,第50、143页。
③ 成中英:《科学真理与人类价值》,台北:三民书局印行,1979年第2版,第4页。
④ 莎士比亚:《莎士比亚全集》(9),朱生豪译,北京:人民文学出版社,1978年版第1版,第49页。

在本文,我们意谓的人文主义主要是 humanism 的第三义。在这里,我们依据前人诸多历史资料和文献,结合自己的思考,给出当今的人文主义的基本内涵:人文主义坚持以人为本,把人永远视为目的而不是手段;主张个性解放,打碎精神枷锁,冲破思想牢笼,反对神学和经院哲学的禁欲主义、来世观念、迷信和蒙昧主义,重视现世生活;张扬人的善性和理智,推崇人的感性经验和理性思维,发挥人的潜能和创造力;追求真善美,崇尚自由、独立、平等、博爱;尊重人的人格,重视人的价值,关心人的福祉,具有悲天悯人的情怀和终极关怀的情愫;热爱和平,提倡宽容,反对战争和暴力,促进社群、民族、国家之间的和谐和世界和谐,人际关系的和谐,灵与肉的和谐;人人为我,我为人人,己欲立而立人,己欲达而达人;加强自身修养,陶冶道德情操,提升文明水准,塑造完善和完美的自我。

二、历史上的人文主义与科学

人文主义萌芽于古希腊。古希腊的素朴的人文主义渗透在社会风气和文化精神之中,其中包括对知识、美德、自由、正义、公道等等的自觉追求;也体现在智者和哲人普罗塔哥拉、柏拉图、亚里士多德等的大量言论和论著中。普罗塔哥拉关于"人是万物的尺度,是存在的事物存在的尺度,也是不存在的事物不存在的尺度"的箴言,道出了以人为中心的底蕴。苏格拉底对人十分关注并加以研究,他认为人之所以为人在于追求真正的善——灵魂中的道德善;真正的不幸是作恶,真正的幸福是行善。柏拉图提出善的理念是价值之根和道德之源,是最高的善;人通过理性支配的意志和情欲,才能使善的理念转化为智慧、勇敢、自律、正义四种基本的德性行为。亚里士多德反对禁欲主义,承认自由意志,倡导理性生活和自我实现;指明幸福是善德的完满,是知德和行德的结合;唯有德对于人的价值是绝对的,而德则是理性控制情欲,而不是消灭情欲。在古罗马时代,西塞罗重视、继承和发扬了古希腊素朴的人文主义思想和价值,昌言人的幸福在于德行和爱人,倡导自由、理性、审美的现实生活。

人文主义正式起源于从14世纪延续到16世纪的文艺复兴(the Renaissance)时期,意大利的彼特拉克被称为人文主义之父,伊拉斯谟则是其杰出的代表人物。布洛克注意到,研究文艺复兴时期的史学家把人文主义者限定在熟谙拉丁文(也包括熟谙希腊文,不过不如前者普遍)的人,他们以此一技之长作为谋生之道,在贵族或富商家充当家庭教师,在教廷或其他宫廷充当负责公文信件来往或起草讲稿的秘书。通过他们及其著作,在意大利各城市受过教育的阶级中间,传播对古代地中海世界的热情和爱好。他们认为自己是这个世界的后代。由此又产生了一种新的杂交文化,不是模仿,而是一种新的思想和感情的方式,也是一种新的看法,后来显得颇有特色,到19世纪就有了人文主义的名称。人文主义者都十分重视用比较地道和比较优雅的拉丁文写作的能力,以西塞罗那样的作家为模仿对象。人文主义者从13世纪以业余作者的身份,逐渐积累了大量知识,从修道院的图书馆中发掘出原来已散失的佚文,发展了文学鉴定技术,来校勘有差误的版本,并以对罗马遗址的系统研究,创建了古典的考古学。他们大大改进了西方关于希腊语言的知识,并且通过对希腊原文的翻译,也改进了西方关于希腊思想和文学的知识,供那些只懂拉丁文的人学习,由此产生了柏拉图著作的第一个全译本,甚至在亚里士多德的著作方面,产生了比中世纪所掌握的更加准确的译本。

在文艺复兴时期,人文主义讨论中最喜欢谈到的一个话题,是积极活跃的生活与沉思默想的生活孰优孰劣的比较。即使答案各有不同,但有一个事实是令人注目的,那就是可以对沉思默想的生活公开提出质疑。从这场争论中产生出公民人文主义,把公民对城邦的服务视为最高美德,这是城邦政治和古典历史的结合。亚尔培蒂写道:"我相信,人不是生来虚度慵懒岁月的,而是要活跃地从事丰功伟业。"第二个话题是命运无常(不再是从基督教天意的角度看)和拒绝对命运屈服的人的美德和力量(不再从基督教美德的角度看)之间的冲突。像亚尔培蒂这样的人文主义者坚持认为,人只要有足够大的胆量是能够制服命运的。对人的创造能力和塑造自己生活的能力这样强调,产生了对人的个性和提高自我意识的兴趣。第三个经常议论的话题是,认为当时的社会是一个自信的、互相竞争的、一心要获得成就的、追求光荣和不朽的社会。为了回答圣奥古斯丁、圣托马斯·阿奎那和教皇英诺森三世对追求世俗名誉和光荣的贬责,亚尔培蒂(响应彼特拉克)写道:"只要不是完全懒惰成性和头脑迟钝的人,大自然都给他注入了迫切想得到赞美和光荣的愿望。"

文艺复兴把人置于视野的中心。马奈蒂在1452年的一篇文章中表明,人具有"不可估量的尊严和优越",在人的本性中存在"特殊的天赋和少有的有利条件"。可是,在奥古斯丁所描绘的图像里,人是堕落的生物,没有上帝的协助无法有所作为;而文艺复兴时期的人们的看法却是,人靠自己的力量能够达到最高的优越境界,塑造自己的生活,以自己的成就赢得名声。研究文艺复兴的学者伯克哈特有一句名言,它概括意大利文艺复兴是"发现世界和发现人"——前者探索外部世界,是客观的;后者探索人的个性,是主观的。"回归自然"是普遍使用的一句话,与"回归古人"相配。在科学与艺术尚未分家的时代,这种发现世界的兴趣同发现人很自然地走到一起。因为意大利文艺复兴时期的艺术如果只有一个特点的话,那就是抓住男人和女人人性的心理力量,这是自从古典时代以来无与伦比的。

自从文艺复兴时期开始以来,人文主义的特点就是观点多样,各不相同,这也是古代世界的特点。以权威自居的论断,不论是宗教的还是科学的,人类的经验都不会予以支持。如果说在任何一个问题的看法上,没有两个人文主义者会有一致意见的话,那么他们认为十分重要而必须讨论的题目范围的广泛,以及他们常常用对话辩论的方式,则是十分突出的。比如,新柏拉图主义强调沉思默想,而公民人文主义则强调积极活跃的生活,这两者是无法调和的。但同样没有疑问的是,两者都可以自称是人文主义者。人文主义的思想是五花八门的:从新柏拉图主义到神秘主义和文艺复兴时期的魔术、占星术及巫师的着迷,再到毕达哥拉斯的数字象征主义、神话及寓言,都对欧洲的艺术和文学产生不小的影响,这种状况一直持续到17世纪之久。圣经人文主义却对如何对待宗教真理提供了另外一种相当不同的方法,那就是有可能把人文主义的治学方法应用到《圣经》的文本和当初吸引北方人文主义学习意大利人的教会元老的著作上。毋庸讳言,在文艺复兴时期,人文主义者也不乏趋炎附势之辈,以其才能巴结权势人物,当然也有书呆子。他们就像今天纽约、伦敦或巴黎的任何学术圈子或文学圈子一样,是一群争论不休、脾气暴躁、动辄生气、性格嫉妒的人,总是不断地写信,指责和挑剔对方。①

---

① 布洛克:《西方人文主义传统》,董乐山译,北京:三联书店,1997年第1版,第19、31-33、35-36、50、52-53、13-14、37、39、21页。在这里,我们把作者的两个结论记录在案。第一个结论是,文艺复兴已被用来作为欧洲现代史初期阶段一个广阔而又多样化的历史时期的标签,因此无法赋予它一个单一的特征。以前把文艺复兴时期的特征概括为人文主义,这已经不再能为大家所接受。在这250年之间,欧洲发生了许多事情,不能把它们都称为人文主义。作为一个例子,我们可以举出宗教改革、反宗教改革和宗教战争。另外一个例子是,中世纪经院哲学传统和对亚里士多德的研究不仅维持下来,远远没有被人文主义的研究所取代,而且还在大学里得到繁荣和发展,并对从哥白尼和伽利略开始的科学思想的革命性变化做出了不少的贡献(有人甚至认为比人文主义的贡献还要大)。这并不是说,作为文艺复兴时期人文主义的核心,"新学"和重新发现已经湮没的古人世界的尝试是不重要的。第二个结论是,在中世纪与文艺复兴时期之间,并没有遽然的断裂或容易划分的界限。除了经院哲学以外,中世纪的其他思想习惯也在欧洲的许多地方流传到16世纪,反过来,在中世纪也有用文艺复兴时期那样的方式看待人类和人类世界的先例。参见该书第7-9页。

文艺复兴的精彩之处在于，充分发挥人的才情和潜能，创造出伟大的科学和艺术。如果说发现人促进了人文主义的勃兴的话，那么发现世界则直接推动了科学突飞猛进的发展，引发了近代科学革命，并最终在17世纪导致近代科学（牛顿力学或经典力学）的诞生。反过来，科学的进步和突出成就，特别是科学的实验精神和理性精神，也反作用于人文主义，促进人的意识觉醒和人的思想解放。杜布斯洞察到，文艺复兴时期的人文主义者并没有简单地停留在重新发现亚里士多德、托勒密或盖伦的本来面目这一点上。对近代科学的发展——和同时代的人文主义运动的某些方面——最有影响的，是古代后期的新柏拉图主义、希伯来神秘主义以及赫尔墨斯派的原本著作的复兴。这种复兴是如此重要，以新的观察材料推进新型的对自然的研究，就蕴含在这种传统之中。16世纪是一个充满矛盾的时代。古代权威深受敬重，而且正是这种敬重刺激了当时的名流、学者的灵感。对于哥白尼、哈维这些科学革命的巨匠来说，对古人的崇敬和崇拜并不妨碍他们自己去对古人加以改正。人文主义的这一特征，结果造成了日益增多的增补、修订资料的问世，到头来反而淹没和压倒了那些权威们，虽然这种新工作原先的本意是在于维护这些权威。①

17世纪至18世纪的启蒙运动（the Enlightenment），是文艺复兴时期人文主义的发扬光大，也是人文主义在历史上的第二个高涨时期。在详尽论述启蒙运动繁荣兴旺的18世纪的代表人物时，布洛克表明，他们是一批从爱丁堡到那不勒斯、从巴黎到柏林、从波士顿到费城的文化批评家、宗教怀疑派和政治改革家的松散、非正式、完全无组织的联合。如同三个世纪之前佛罗伦萨是人文主义者的中心一样，巴

---

① 杜布斯:《文艺复兴时期的人与自然》，陆建华等译，杭州：浙江人民出版社，1988年第1版，第9、133页。

黎是启蒙运动的中心,法语是它的正式语言,正如拉丁文在 15 世纪一样。在这些 18 世纪的哲学家中,仅举最有名的就有伏尔泰、孟德斯鸠、狄德罗、卢梭、吉朋和边沁、休谟和亚当·斯密、富兰克林和杰斐逊、莱辛和康德。这些哲学家就像他们文艺复兴时期的前辈那样,相互之间进行无尽无休的辩论,脾气暴躁,争论不休,相互攻讦。但是,就像他们自己打比方一样,他们是一家人,随时可以团结起来,支持他们共同赞同的事业,创建这样一个世界:主张人道、教育和宗教分离、世界主义和自由,不受国家或教会专断干涉的威胁并有权提出质疑和批评。

像文艺复兴时期的人文主义者一样,18 世纪的启蒙哲学家也崇拜经典的古代。同样,他们对抽象哲学体系没有耐心,不仅攻击天主教经院哲学,而且也攻击笛卡儿的理性论。他们在谈论理性的时候心中想的是对智力的批判性和破坏性的运用,而不是它建立逻辑体系的能力。他们是经验论者,是经验和常识的哲学家,不是 17 世纪笛卡儿概念所指的理性论者。他们像文艺复兴时期的公民人文主义者一样,崇尚积极活跃的生活,不赞成沉思默想的生活,对形而上学没有兴趣,关心此时此地的人生中的实际问题——道德的、心理的、社会的问题。最后,他们同人文主义者一样,都抱有人类与大自然和谐的信念,如今牛顿和洛克已为其提供了基础。这种相似之处足以确立文艺复兴与启蒙运动之间人文主义传统的连续性,但是连续性并不是同一性。文艺复兴时期的人文主义者和艺术家发现有可能用多种办法把古典思想和哲学同基督教信念、对人的信任和对上帝的信任结合起来,或者至少容纳起来。可是,启蒙运动时期的调子、氛围和假设却是完全不同的。17 世纪宗教复兴建立的权力结构除了攫取财富,还有教会和政府的同一与检查制度,迫害异己分子,剥夺思想自由,垄断教育大权。因此,启蒙哲学家指责教会是必须摧毁的敌人,是必须消灭的丑事。

他们认为进攻教会堡垒的时机已经成熟。对教会的无情批评如今可以得到自然主义的宇宙观、成功的科学方法和由此而产生的持批判态度的、怀疑的、经验论的思想习惯的支持。抨击教会是一个共同的主题,是其时哲学家的唯一共同的主题。

启蒙运动了不起的发现,是把批判理性应用于权威、传统和习俗时的有效性,不管这些权威、传统、习俗是宗教方面的、法律方面的、政府方面的还是社会习惯方面的。提出问题,要求进行试验,不接受过去一贯所作所为或所说所想的东西,已经成为十分普遍的方法论——我们也十分清楚,如果不分青红皂白将它们推行会造成什么样的损害——因此我们很难认识到在18世纪把这种批判方法初试于古旧的制度和态度时所造成的新奇感和震惊。例如,在狄德罗看来,在任何问题上对已被接受的正统观念提出挑战,不过是打开人们的思想、接受新的可能性和令人鼓舞的猜测的第一步,而不是用新的观念来代替老的观念。这不仅适用于哲学学说和宗教教义,或者性道德方面的烦琐习俗,而且也适用于科学。这些哲学家应用批判理性所以如此奏效,是因为他们同时有一种同样的新发现的自信:如果人类能从恐惧和迷信(包括天启宗教的假偶像)中解放出来,他们就会在自己的身上找到改造人类生活条件的力量。培根说过:"人是自己命运的建筑师"——这是另一个文艺复兴主题的复活。思想自由和言论自由是进步的条件,人的发明和智力是钥匙,科学经验则是最有力的触媒剂。有人对这些希望持保留态度,特别是在进步的代价上。但是他们相信,进步还是可能的,即使不是肯定的,而进步的可能性不在高深莫测的天意,也不在无法捉摸的命运,而在人自己的手中。古人教导听天由命,基督教则教导等待拯救,而这些哲学家则教导争取解放——人的道德自主,有勇气依靠自己,也就是康德建议作为启蒙运动座右铭的贺拉斯的诗歌叠句:"敢于知道——开始吧!"

在上述考察的基础上,布洛克把文艺复兴和启蒙运动时期的人文主义传统和信念的最重要的和始终不变的特点,概括为以下三点。第一,神学观点把人看成是神的秩序的一部分,科学观点把人看成是自然秩序的一部分,两者都不是以人为中心的。与此相反,人文主义集中焦点在人身上,从人的经验开始。它的确认为,这是所有男女可以依据的唯一东西,这是对蒙田的"我是谁"问题的唯一答复。但是,这并不排除对神的秩序的宗教信仰,也不排除把人作为自然秩序的一部分而做科学研究。但是这说明了一点:像其他任何信仰——包括我们遵循的价值观,甚至还有我们的全部知识——一样,这都是人的思想从人的经验中得出的。第二,每个人就其自身而言都是有价值的——我们仍用文艺复兴的话,叫作人的尊严——其他一切价值的根源和人权的根源就是对此的尊重。这一尊重的基础是人的潜在能力:那就是创造和交往的能力(语言、艺术、科学、制度),观察自己、进行推测、想象和辩理的能力。这些能力一旦释放出来,就能使人有一定程度的选择,有意志自由,可以改变方向,进行判断,从而打开改善自己和人类命运的可能性。为了解放这些能力,使男男女女都能发挥他们的潜力,有两件事是必需的:一是教育,二是个人自由。第三,人文主义始终对思想十分重视。它认为,一方面思想不能孤立于它们的社会和历史背景来形成和加以理解,另一方面也不能把它们简单地归结为替个人经济利益,或阶级利益,或性的方面,或其他方面的本能冲动做辩解。人文主义重视理性,不是因为理性建立体系的能力,而是为了理性在具体人生经验中所遇到的问题——道德的、心理的、社会的、政治的问题——上的批判性和实用性的应用。为了同样的原因,人文主义偏向于历史的解释方法,而不是哲学分析的解释方法,或者至少是把二者结合起来。它不想把自己的价值和象征强加于人,相反它认为通向真理的路不止一条,对于其他文明都需要认真对待,需要做出努力根据它自身的条件了解它们,把自己投入到其他国家人民的感情中去。①

启蒙运动时期尤其是 18 世纪的时代精神是人文主义、现世主义、理性主义和自然主义。现世主义热衷于现世和尘世的生活,它有别于那种向往来世的生活态度。理性主义相信人类的理智能力,相信个人的判断,而不仰赖教条和权威。自然主义立足于事物和事件的自然秩序,即认为自然过程有其固有的秩序,而不存在奇迹或超自然的干预。② 以人文主义为主导的社会思潮大大促进了科学的发展。在数学方面,代数学、分析、函数论、方程或无穷级数理论、变分法、概率论、解析几何和画法几何等分支都硕果累累。在物理学方面,牛顿力学已经完全数学化,形成了分析力学的严密而完美的体系;刚体力学和流体力学相继建立起来,热学、电磁学、光学也取得进展。天文观察和天文仪器成就显著,特别是天文学在拉普拉斯的《天体力学》中已经理论化。化学由拉瓦锡创立。其他学科也成果卓著。科学的胜利进军显示出人的高超的创造力和理性的巨大威力,从而大大鼓舞了人文主义者的信心和勇气。如果说牛顿在 17 世纪还没有与神完全诀别的话,那么 18 世纪的哲学家(当然包括自然哲学家)则彻底与神绝交。据说,当拉普拉斯把《天体力学》敬献给拿破仑时,拿破仑问他:"这本书不是没有提到神吗?"拉普拉斯昂首挺胸回答:"陛下,我不需要那样的假设!"③

在另一种意义上,人文主义也是 20 世纪早期发生在美国的一场思

---

① 布洛克:《西方人文主义传统》,董乐山译,北京:三联书店,1997 年第 1 版,第 69 - 70、77 - 79、84 - 86、89、233 - 237 页。

② 沃尔夫:《十八世纪科学、技术和哲学史》,周昌忠等译,北京:商务印书馆,1991 年第 1 版,第 6 页。

③ 广重彻:《物理学史》,李醒民译,北京:求实出版社,1988 年第 1 版,第 146 页。

想运动。它是通过肯定一系列人的根本价值来强调人类尊严的态度。但是,在美国人文主义的不同说法之间,存在很大的差异。文学人文主义接受人性与自然之间的二元论观点,断言人的价值源出于比自然更高的一种对实在的直觉一瞥。科学人文主义则主张,现代科学能够赋予价值和新意义,断言依靠知识和力量,我们能够获得真正的启蒙和进步。主要倾向是宗教人文主义,它否认圣人和俗人之间的区别,主张人是自然的一部分,是作为连续的进化结果而出现的。宇宙不是被谁创造的,宗教由对人有意义的那些行为、意图和体验构成。综上所述,不难看出历史上人文主义的流派、立场和思想歧异多变。诚如克里斯特勒所说:"'人文主义'一词一百多年来一直与文艺复兴运动以及它的古典研究相关,但是在后来,它成为哲学和历史很多困惑的根源。在现今,几乎任何一种关涉人的价值的论述都被称作'人文主义的'。"①

三、科学与人文主义的冲突、分裂及其内在原因

总的来说,在17世纪近代科学诞生之前,科学与人文主义(包括人文学科)是混沌一体的,科学还没有从哲学的母体中分化出来,因此科学与人文主义之间无所谓冲突与分裂。在文艺复兴特别是启蒙运动时期,科学和人文主义甚至结为统一战线,向宗教神学和经院哲学的教条和迷信发起猛烈冲击,凯旋在人的解放康庄大道上。列奥那多·达·芬奇就是文艺复兴时代的象征,他集伟大的科学家和伟大的艺术家于一身;法国百科全书派是启蒙运动的代表,他们集伟

---

① 布宁、余纪元编著:《西方哲学英汉对照辞典》,北京:人民出版社,2001年第1版,第449-450页。

大的科学家和伟大的哲学家于一身。即使近代科学(当时依然被称为自然哲学)已经完全独立并茁壮成长,科学与人文主义虽有歧异和张力,也有一些文人嘲笑和讥讽科学,但二者大体上还是和平共处的。比如,在启蒙运动中,正如威尔逊所说,科学是启蒙运动的发动机。有深厚科学素养的启蒙运动时期的作家赞同宇宙是有序的物质存在,受精确的规律控制。他们倡导用"分析的火炬"照亮道德和政治科学。[1] 德国启蒙运动中的科学人是 a virtuoso、a homo literatus(造诣深湛的、现代的文学家),万能的、百科全书式的学问的载体。这种较广泛的科学含义加上培根的实际知识的眼光,在莱布尼兹的柏林科学院的计划中被精心制作。[2] 当时,科学与人文主义彼此促进、相得益彰,尽管其间掺杂卢梭反科学的不和谐音。到 19 世纪,虽然浪漫主义的反科学的人文人有传人,但是科学与人文主义,或科学主义与人文主义,或科学文化与人文文化,或科学人与人文人,或科学家与人文家,其关系大体上还是平和的,起码没有引起剧烈的冲突和明显的分裂。

在 20 世纪,特别是第二次世界大战之后,对战争梦魇的恐惧,对战争恶果的反思以及对科学本身的误解(不是把战争的责任归咎于制度的罪恶和人性的贪婪,而是怪罪于作为知识体系的科学),引发对科学的反感和负面评价,以致加剧了科学与人文主义之间的张力。尤其是,自 1960 年代以来对科学的新浪漫主义批判,因环境和生态问题引发的反科学思潮的高涨,造成科学与人文主义或两种文化的严重对立。[3]

---

[1] 威尔逊:《论契合——知识的统合》,田洺译,北京:三联书店,2002年第1版,第28-29页。

[2] R. N. Proctor, *Value-Free Science Is? Purity and Power in Modern Knowledge*, Cambridge: Harvard University Press, 1991, p. 75.

[3] 李醒民:《科学的文化意蕴》,北京:高等教育出版社,2007年第1版,第453-482页。

C. P. 斯诺在 1959 年发表了振聋发聩的《两种文化和科学革命》的演讲,此后又接连发表了几篇演说(其实他在 1956 年和 1957 年就写过两篇短文,也包含了许多实质性内容,然而没有得到什么反响),揭示出两种文化或科学人与人文人之间的冲突与分裂。斯诺作为科学家和小说家,曾有过许多日子白天和科学家一道工作,晚上又和作家同仁一起度过,当然拥有许多科学家和作家密友。正由于他生活在这两个团体之中,而且更重要的,还经常往返于这两个团体之间,所以有可能早早思考两种文化问题。他发现,这两群人的智能可以互相媲美,种族相同,社会出身差别不大,收入也相近,但是几乎完全没有交往,无论是在智力、道德或心理状态方面都很少有共同性,以至于从柏灵顿馆或南肯辛顿到切尔西①,就像是横渡了一个海洋,其实比渡过一个海洋还要远。问题严重到整个西方社会的智力生活,也包括很大一部分我们的现实生活,已经分裂为两个极端的群体。一极是文学知识分子,另一极是科学家,特别是最有代表性的物理学家。两个群体非但没有相互同情,还颇有一些敌意。他洞察到,两种文化早在 60 年前就已经危险地分裂了。事实上,科学家与非科学家之间的分裂在现代年轻人中间比 30 年前更难沟通。当时,两种文化虽然长期未进行对话,但是至少双方还设法跨越鸿沟,强作笑颜。现在已顾不上这些礼貌,公然板起面孔来。现在年轻的科学家认为自己是新兴文化的一部分,另一种文化则在衰退。无情的事实是:年轻科学家知道他们可以轻而易举地找到舒适的工作,而他们同时代的英语或历史专业的对手却只能有幸挣到他们收入的 60%。②

　　在当代,这种冲突与分裂好像没有减缓的迹象,相反地似有愈演

---

① 柏灵顿馆是英国皇家学会等机构所在地,切尔西是艺术家聚居的伦敦文化区。
② 斯诺:《两种文化》,纪树立译,北京:三联书店,1994 年第 1 版,第 2、3、58、17 页。

愈烈之势,这种情势在 1996 年发生的索卡尔(Alan Sokal)事件和科学大战(science wars)中淋漓尽致地显露出来。格罗斯和莱维特揭橥:"一种时髦的家庭手工业已经在知识界出现,特别是在人文学界。其主要活动是提出大量对科学的无知与敌意性批判。"科学卫士则奋起反击,以捍卫科学的真理、客观性、逻辑和科学方法,反对从社会学角度对科学进行歪曲。① 情况正如威尔逊描绘的:"对于那些长期以来害怕科学是浮士德而不是普罗米修斯的人来说,启蒙运动的纲领对于精神自由,甚至对于生命本身,构成威胁。如何回避这种危险?造反!重新回到自然人的状态,重新主张个人想象的首要性和对不朽的自信。发现可以通过艺术通向更高的领域,促进了浪漫主义革命。"②

关于出现这种冲突与分裂的原因,当然有其固有因素,即科学和人文之间在特性上具有差异(研究对象、认识主体、认知取向、研究方法、自主性、进步性、成熟度、历史感)和相左之处(关注对象、思维方式、反映形式、主客关系、所得结果、使用方法、语言表达、评价标准、历史态度、社会功能、发展程度)。对此,我已有专文③探讨,此处不拟赘述。另外,现代科学高度发达、影响深广,其强势地位对人文一方有意或无意地构成挤压。非固有因素包括两个方面:外在原因或内在原因。外在原因即社会文化方面的原因多种多样,我们暂且不表。我们仅仅探讨其内在原因,即双方的理智原因和心理原因。

理智原因无非是彼此隔膜、不了解和不理解:科学人低估或无视人文主义或人文学科对生活的价值或对人生的意义,简单地认为它是

---

① 蔡仲:《后现代相对主义与反科学思潮》,南京:南京大学出版社,2004 年第 1 版,第 43、33 页。
② 威尔逊:《论契合——知识的统合》,田洺译,北京:三联书店,2002 年第 1 版,第 48 页。
③ 参看李醒民:知识的三大部类:自然科学、社会科学和人文学科,合肥:《学术界》,2012 年第 8 期,第 5-33 页。

无用的或无足轻重的,而不明白其"无用"之用乃是大用;人文人往往只是看见科学表面的物质功能(要以技术为转化中介才能够实现),而且常常把关注的焦点放在某些技术的负面结果(如杀人武器、环境污染、生态恶化等)上,误以为这一切都是科学惹的祸,而察觉不到科学的人文内涵,尤其是没有领悟科学强大的精神功能和科学精神的人文意义。斯诺在分析二者之间存在互不理解的鸿沟、有时(特别是在年轻人中间)还互相憎恨和厌恶时径直指出,大多数是缺乏了解。他们都荒谬地歪曲了对方的形象。他们对待问题的态度全然不同,甚至在感情方面也难以找到很多共同的基础。非科学家认为科学家粗鲁、自吹自擂。非科学家有一种根深蒂固的印象,认为科学家抱有一种浅薄的乐观主义,没有意识到人的处境。科学家则认为,文学知识分子都缺乏远见,特别不关心自己的同胞,深层意义上的反知识,热衷于把艺术和思想局限在存在的瞬间等等。稍有挖苦才能的人都可以大量讲出这种恶言毒语。双方说的话也不是完全没有根据,但完全是破坏性的。大多数是以危险的曲解为根据的。[①] 朱利安·赫胥黎表明:"科学与人文主义发生冲突的危险很多,而且很显明。其中主要的、中心的是,科学的思想和人生的思想因为不能相互了解和相互同情,遂各自组织起来成为两个分离的甚或冲突的两个潮流,因而使文明成为二重心理的,大部分内含自身的对立,而不是一心的,在各色的小差异之下潜流一份共同的、主流的目的和概念。每一种心理,如果不被适当的自我批判调匀,会倾向于退缩到自己特定的偏窄观念内。科学的心理的害处是知识主义和缺乏对于他种经验的价值的鉴别和推重,过度看重行动而轻视存在和感觉。人文主义的心理容易陷入的害处是轻视慢而无误的归纳和实验方法,对于自然的事实和法则默然无知,不一

---

① 斯诺:《两种文化》,纪树立译,北京:三联书店,1994年第1版,第3—5页。

步一步地工作而相信从幻想的捷径可以达到成功。"①

心理原因无非是,科学单方面的超强而引起科学人自觉或不自觉的傲慢或自以为是;人文人在科学一门独大的客观挤压下,因心理不平衡而萌生的酸葡萄心理或嫉妒心态。莱文对这种状况有所察觉:"环视文学,文学教员发现,科学教员课时少而薪水多,而且还有获得超过人文学者资助的途径;科学教员发现,文学研究充满了自相矛盾、含混不清以及道德主义,而这种状况在他们自己的领域里必定会使当事人丢尽脸面。"②对于消除心理方面的原因,我在十年前的呼吁依然有效:"在当前,科学人尤其要警惕对人文文化的沙文主义和霸权主义,恪守科学自律的节操,秉持科学平权的姿态。与此同时,人文人对科学文化相应地要戒除井蛙主义的愚昧无知和夜郎主义的妄自尊大,克服某些极端立场、狭隘观点、偏执态度和妒忌心理,放弃对科学的迪士尼式的乃至妖魔化的涂鸦,自觉节制一下封建贵族式的或流氓无产者化的新浪漫主义批判。"③至于理智原因,问题比较复杂,我们拟在下一小节另行探讨解决之道。

诚然,科学人对人文学科和人文主义的无知或误解确实存在,但是情况似乎不很严重,而且他们一旦觉醒,也比较容易向对方学习和补课。况且,以爱因斯坦为代表的现代科学家已经清楚地认识到:"改善世界的根本并不在于科学知识,而在于人类的传统和理想。因此我认为,在发展合乎道德的生活方面,孔子、佛陀、耶稣和甘地这样的人对人类做出的巨大贡献是科学无法做到的。……我无须强调我对任

---

① J.S.赫胥黎:《科学与行动及信仰》,杨丹声译,台北:商务印书馆,1978年第1版,第103页。

② 莱文:科学研究的目标与服务对象,罗斯主编:《科学大战》,夏侯炳等译,南昌:江西教育出版社,2002年第1版,第143-164页。

③ 李醒民:弘扬科学精神,撒播人文情怀——《科学文化随笔丛书》总序,北京:《民主与科学》,2002年第3期,第37-38页。

何追求真理和知识的努力都抱着敬意和赞赏之情,但我并不认为,道德和审美价值的缺失可以用纯粹智力的努力加以补偿。"①他真诚告诫人们:"切不可把理智奉为我们的上帝;它固然有强有力的身躯,但却没有人性。它不能领导,而只能服务……理智对于方法和工具具有敏锐的眼光,但对于目的和价值却是盲目的。"②何况,科学人一般也不会以自己对人文的无知或一知半解而自夸和炫耀。正如物理学家盖尔曼(M. Gell-Mann)所说:"不幸的是,在艺术和人文学科中的人,甚至在社会科学中的人,却以对科学和技术或数学的一无所知而骄傲。相反的现象是十分罕见的。你可能偶尔发现对莎士比亚无知的科学家,但是你将永远找不到一个为不知道莎士比亚而自豪的科学家。"可是,人文人并非如此,正如古尔德(S. J. Gould)所言:"在文学知识分子中存在某种密谋,认为他们自己是知识分子的风景和评论的源泉。"他们不知道,"此时事实上存在非小说类作家群体,他们大都来自科学家,拥有整个一大堆迷人的、人人想阅读的观念"。戴维斯(P. Davies)也揭露,没有几个英国知识分子做任何尝试去理解科学,并清楚地感到在像斯蒂芬·霍金《时间简史》这样的书中描述的问题的深度。一些强烈的和不利的反应似乎出自在面对这种无知时的无助感。③

人文人的情况有所不同,主要还不在于他们向对方学习和补课比较困难,而是一时难以消除根深蒂固的误解和偏见。萨顿早在 1930 年就洞察到:"我们这个时代最可怕的冲突就是两种看法不同的人之间的冲突,一方面是文学家、史学家、哲学家这些所谓的人文学者,另

---

① Q. 内森、H. 诺登编:《巨人箴言录:爱因斯坦论和平》(下),李醒民、刘新民译,长沙:湖南出版社,1992 年第 1 版,第 254 - 255 页。
② 《爱因斯坦文集》第三卷,许良英等编译,北京:商务印书馆,1979 年第 1 版,第 190 页。
③ J. Brockman, *The Third Culture*, New York: Simon & Schuster, 1995, pp. 22, 21, 25.

一方面是科学家。由于双方的不宽容和科学正在迅猛发展这一事实,这种分歧只能加深。那些宣称科学只有技术上的功能的旧人文主义者,那些对科学家说'少管闲事,安分守己搞你自己的学问,至于精神方面的事那是我们的事'的旧人文学者,只会使和解的可能性更加渺茫,分歧更大。为了人类的幸福和神志清醒,让我们希望他们的设想落空。值得注意的是目前这种情况还只是一个开始,还没有达到高潮。"①塔利斯一针见血地揭示:"艺术和科学之间的最深刻的壕沟是由人文主义的知识分子挖掘的,他们教导学生利用、错误介绍或非批判地错误应用浪漫派作家对科学和技术的轻蔑。无论如何,误用的浪漫主义是在英国出现的灾难性教育体制的决定性因素,这种体制自 1840 年以来在这方面几乎没有变化。在这种教育体制下,那些在大学级别研究人文科学的人,罕有超过初级水平的科学知识。我怀疑浪漫派作家是否欢迎通过他们影响的教育家和立法者具有有害的影响。难以设想雪莱,或科尔律治,或德·昆西,或华兹华斯对人类的巨大努力依然无知感到舒适,这些努力彻底地转变了人的生活和人能够就那些生活思考的方式。"②霍金斯明确指出:"我们对科学缺乏理解的证据主要在人文学科中找到;在文学和艺术中,在历史和哲学中。科学史一开始是被忽略的课题。从而更为重要的是,一般的历史学家根本没有处理科学,或把它与历史的其余部分分开。"③为此,有必要集中而深入地讨论一下人文人对科学的误解和偏见,以便对症下药,消弭谬错。

---

① 萨顿:《科学史和新人文主义》,陈恒六等译,北京:华夏出版社,1989 年第 1 版,第 49-50 页。

② R. Tallis, *Newton's Sleep*, *The Two Cultures and the Two Kingdoms*, New York: St. Martin's Press, 1955, p. 16.

③ D. Hawkins, The Creativity of Science. H. Brown ed., *Science and Creative Spirit*, *Essays on Humanistic Aspects of Science*, Toronto: University of Toronto Press, 1958, pp. 127-165.

四、人文人对科学的误解和偏见

人文人对科学存在诸多误解和偏见。例如,劳伦斯说:"知识杀死了太阳,使它变成一个带有斑点的气体球。……理性和科学的世界,是抽象化的心智栖居的干巴巴的和枯燥无味的世界。"一些人甚至争辩说,科学根本不是文化的一部分。他们追述尼采的主张,具有还原论和物质论的科学剥夺了人的特殊地位。对某些人来说,情况似乎是,只有排除科学的文化观念,才能恢复人的尊严。① "反科学主义者主张,客观思维的实践不仅使科学家非人性化,而且也产生了一般使人民非人性化的技治主义(technocracy)。"② 虽然对科学的误解和偏见形形色色、五花八门,但是主要可以归结为以下四点。

第一,误以为科学即是技术,因此只知道科学的实际应用产生的物质价值,而不懂或轻视科学的形而上层面的精神价值和精神功能。其实,作为知识体系的科学的精神价值包括信念价值、解释价值、预见价值、认知价值、增值价值、审美价值;作为研究活动的科学的精神价值包括实证方法、理性方法、臻美方法的价值;作为社会建制的科学的精神价值是所谓的科学精神气质,包括普遍性、公有性、无功利性、有

---

① 参见 L. Wolpert, *The Unnatural Nature of Science*, London, Boston: Faber and Faber, 1992, pp. ix, x - xi.

② J. Bronowski, The Disestablishment of Science. W. Fuller ed., *The Social Impact of Modern Biology*, London: Routledge & Kegan Paul, 1971, p. 233 - 246. 作者接着说:"今日有许多发生这种情况的证据,但是没有人像反科学主义者似乎宣称的那样提出,科学必然地非人性化。确实,我们的社会没有评价纯粹智力过程的限度,错误地倾向于相信,唯有思维才能解决我们的问题。……一些技治主义者在没有理解问题包含什么的情况下提出,借助计算机能够解决这些问题,于是使机器的价值统治人的价值。如果仅仅从社会计划或心理学、神经生理学、分子生物学等等的观点来看待个人,也能够出现非人性化。"

组织的怀疑主义。① 科学的精神功能体现在人们的思维和行为中,它具有批判功能、社会功能、政治功能、文化功能、认知功能、方法功能、审美功能、教育功能。② 尤其是,科学精神(科学精神以追求真理作为它的发生学的和逻辑的起点,并以实证精神和理性精神构成它的两大支柱,在两大支柱之上,支撑着怀疑批判精神、平权多元精神、创新冒险精神、纠错臻美精神、谦逊宽容精神)③有助于提升人的情操和品位,促进人的自我完善,为人的生活注入活力,为人的生命增添意义。

第二,片面看待科学,以为科学不涉及价值或无价值负荷。要知道,科学并不像众多人理解的,仅仅是一种知识体系,它也是研究活动和社会建制④。作为知识体系的科学在知识本身(定律、公式等)中大体上可以认为是价值中性的,但是在一些科学基础(基本概念或基本假设)、科学陈述、科学说明中,也有价值的蛛丝马迹。作为研究活动的科学在探索的动机、活动的目的、方法的认定、事实的选择、体系的建构、理论的评价上,均渗透价值判断。作为社会建制的科学更是充满价值,主要表现在维护科学的自主性、保证学术研究的自由、对研究后果的意识、基础研究和应用研究的均衡、科学资源的分配与调整、科学发现的传播、控制科学的"误传"、科学成果的承认和科学荣誉的分配、对科学界的分层因势利导等方面。⑤ 因此,"科学并不是价值中性的,而是包含着价值判断和价值因素。但是,这种价值关联并没有动摇科学的客观性的基石,它仅

---

① 李醒民:论科学的精神价值,福州:《福建论坛》(文史哲版),1991年第2期,第1—7页。北京:《科技导报》转载,1996年第4期,第16—20,23页。
② 李醒民:论科学的精神功能,厦门:《厦门大学学报》(哲学社会科学版),2005年第5期,第15—24页。
③ 李醒民:《科学的文化意蕴》,北京:高等教育出版社,2007年第1版,第229—275页。
④ 李醒民:《科学论:科学的三维世界》(上卷、下卷),北京:中国人民大学出版社,2010年6月第1版。该书就是以科学的这样三个内涵分为三编撰写的。
⑤ 李醒民:关于科学与价值的几个问题,北京:《中国社会科学》,1990年第5期,第43—60页。

仅是科学的一个从属的组成要素而已。而且,科学的这种价值相关性并不是科学的缺点,毋宁说它是科学的深远意义之所在,因为它作为一条有机的纽带,把科学与整个人类文化联系起来了"①。

第三,武断地断言科学是客观主义的和非人性的。我们承认,科学是客观的,确实比社会科学和人文学科客观得多。客观性是科学的本性、长处和特色,是由科学方法予以保证的。② 但是,科学的客观性并不是客观主义,科学也包含主观性,其主观属性来自科学的人类维度、人性维度、社会维度、方法维度、认识维度。这是因为,不可能把认识主体和被认识的客体严格分开;感知并不是完全是由客体强加的,而是包含主体选择和建构的主动过程;我们不知道或原则上无法知道事物本身(物自体),科学具有某种主观虚构的成分;作为客观性根基的主体间比较并非完全可能。③ 至于科学是非人性的,更是莫大的误解。实际上,我们完全可以对科学做出人文主义的理解,科学史、科学哲学和科学社会学的研究成果已经给出无可辩驳的证明。从科学含有价值要素,从科学的不可避免的主观性,从科学是真善美三位一体的统一体④,从科学家的科学良心⑤,我们不难窥见科学的人性成分和科学具有的人文主义精神——下面还要多次涉及这一点。萨顿讲得好:"每一个科学思想,无

---

① 李醒民:科学价值中性的神话,兰州:《兰州大学学报》(社会科学版),1991年第19卷,第1期,第78-82页。
② 李醒民:客观性是科学的特点,广西宜州:《河池学院学报》,2008年第28卷,第3期,第1-12,44页。李醒民:《科学客观性的特点》,南京:《江苏社会科学》,2008年第5期,第1-8页。
③ 李醒民:论科学不可避免的主观性,上海:《社会科学》,2009年第1期,第111-120页。
④ 李醒民:科学:真善美三位一体的统一体,淮安:《淮阴师范学院学报》,2010年第32卷,第4期,第449-463、499页。
⑤ 李醒民:科学本性和科学良心,北京:《百科知识》,1987年第2期,第72-74页。李醒民:科学家的科学良心,北京:《光明日报》,2004年3月31日,B4版。李醒民:论科学家的科学良心:爱因斯坦的启示,北京:《科学文化评论》,2005年第2卷,第2期,第92-99页。

论它多么神秘,从它的诞生到成熟都彻底地是人性的。由于它最终表现是无生命的抽象形式,因而否定它固有的人性,那就如同因为我们仅仅通过冷漠的印刷字体了解诗歌的人性,就因此否认诗歌具有人性一样愚蠢。科学像任何其他人类活动一样充满生机,正由于产生它的特殊活动是最高级的活动之一,它充满最高级和最纯洁的生命力。"①

第四,不认为科学有益于人生观。科学虽然不能决定人生观或解决人生观问题,但是科学无疑有益于人生,有利于形成正确的和健康的人生观。其理由在于:科学满足了我们精神的急切需求,有助于人摆脱物质的牵累,使人的精神生命充实和勃发;科学能帮助我们形成健康的生活方式,有利于我们人道地生活;科学有助于我们更好地认识自己;科学使我们的生活更有兴趣和意义,从而促进人生境界的提升;科学有助于涤荡人性的污垢,纯洁人的灵魂,培养人的良好素质,树立健全的人生观,促进人的全面发展。在人的一生中,个人修养、人的精神生活、人赢得他人的尊重、人的全面发展、人的自我价值的实现乃至整个人生观,都与科学难分难解。因此,我们有充分的根据说,科学与人生息息相关——科学的人生功能正是在这里得以彰显。②

在这里很有必要强调,科学不仅不与人文主义相悖,而且本身就蕴含着人文精神。请看哲人科学家爱因斯坦怎么讲的:"确实,不是科学研究的成果,而是理解的冲动、脑力的激荡、创造或接受,提升了人并且丰富了他的本性。"③薛定谔1950年发表了四篇公众讲演,主题就是"科学是人文主义的一个要素"。他对科学作用的看法为:"它是人

---

① 萨顿:《科学史和新人文主义》,陈恒六等译,北京:华夏出版社,1989年第1版,第122-123页。
② 李醒民:论科学与人生的关系,石家庄:《社会科学论坛》,2007年第10期,第1-14页。
③ 卡拉普赖斯编:《爱因斯坦语录》,仲维光等译,杭州:杭州出版社,2001年第1版,第154页。

们正在努力探索如何掌握人类命运的一个重要组成部分。"①威尔金斯揭示:"真实的科学客观性要求诚实、摆脱偏见的自由、观点的一致性和广度——都是传统价值的属性。这就是为什么科学常常倾向于与人对自由的态度和支持结合在一起。"②甚至连非科学家的拿破仑也昌言:数理科学是抽象的崇高,就像诗歌的崇高和辩才的崇高是感性的崇高。每一门数理科学和自然科学都部分地是对人文精神的美妙应用,文学是人文精神本身。③

现时代的一些哲学家或人文学者也对科学的人文蕴涵心知肚明。马戈利斯表明:"坚持技术和物理科学的人的地位,似乎是多此一举的提醒。不存在不是人的事业的技术或科学——如此强调完全是多余的。"④多伊奇指出:"科学能够作为人文文明的资源","科学的资料和方法也不断为人文文化提供新的资源"。⑤ 布罗诺乌斯基察觉:"科学家难得谈到的价值使他们的工作相形见绌,并进入他们的时代,缓慢地改造人们的心智。"他明确表示:"像从文艺复兴时生长的其他创造性活动一样,科学使我们的价值人文化。随着科学精神在他们中间传播,人要求自由、公正和尊严。今日的困境不是人的价值不能控制机械论的科学。它差不多是另外的方式:科学精神比政府的机构

---

① 薛定谔:《自然与古希腊》,颜峰译,上海:上海科学技术出版社,2002年第1版,第93页。

② M. H. F. Wilkins, Possible Ways to Rebuild Science. W. Fuller ed., *The Social Impact of Modern Biology*, London: Routledge & Kegan Paul, 1971, pp. 247 - 254. 不过,他也注意到:"这种倾向今日不再明显了,不仅因为我们的政治不恰当,而且因为我们目前的科学太狭隘,不适合于在较广泛的涵义上面对它的问题。"

③ 梅尔茨:《十九世纪欧洲思想史》(第一卷),周昌忠译,北京:商务印书馆,1999年第1版,第130-131页。

④ J. Margolis, *Science without Unity, Reconciling the Human and Natural Sciences*, New York: Basil Blackwell, 1987, p. 237.

⑤ K. W. Deutsch, Scientific and Humanistic Knowledge in the Growth of Civilization. H. Brown ed., *Science and the Creative Spirit, Essays on Humanistic Aspects of Science*, Toronto: University of Toronto Press, 1958, pp. 1 - 51.

更人道。"① 珀尔曼在——列举了人的因素在科学理论诞生过程中所起的作用之后得出结论:"科学不是呆板的命题。它不光是技术。它也不仅仅是被一小群有学问的人创造的或为其服务的方程组。它是人和他的环境之间的动力学相互作用,这种相互作用体现了他理解、参与和处理自然事件的尝试。科学起因于我们生存的努力、我们天然的好奇心和我们对于表面上任性的、敌意的世界中的秩序的探索。像艺术和政治一样,科学也是反映人的事业。它的力量和限度是它的人的起源的力量和限度,与其他人的努力有关的知识和视角对于我们文化的未来是生命攸关的。……没有人的想象,科学或技术不会存在。"即便是技术,珀尔曼也认为它具有人道化的影响:"技术能够帮助我们增加劳动生产率,解放苦力;防止和治疗疾病;控制出生;延长寿命,使我们自由地获得体面、启蒙、智慧的生活。技术在服务人时能够意味着增长的人道主义。"②

五、科学的人文主义(新人文主义)

巴伯正确地指明,科学和人文主义借助四个性质相反的文化和社会的特征(直接的价值关注对非道德、具体性对抽象性、悲观主义对乐观主义、社会运动对缺乏社会性)定义它们的,每一个都有它自己的在社会中完成的自主功能。然而,不可避免的是,当它们完成自己的基本任务时,它们部分地相互限制。这造成张力,这种张力是由科学和人文主义同时独立而又相关的真正本性构造的。张力的数量和强度

---

① J. Bronowski, *Science and Human Values*, New York: Julian Messner Inc., 1956, pp. 89, 90.

② J. S. Perlman, *Science Without Limits, Toward a Theory of Interaction Between Nature and Knowledge*, New York: Prometheus Books, 1995, pp. 15, 16.

是变化的。当整个新科学或一组新科学正在经受革命,即当关于经验世界某个方面整个新抽象的集合正在被创造时,它正好在17世纪。对于入门的社会科学来说,在20世纪情况似乎也是这样。不管张力是否像在这些历史场合中那样大,某种张力必然总是存在的。"由于情况如此,由于在科学和人文主义之间总是存在结构性的应力,二者必须学会与不能被消除的东西生存。既不能无视张力,又不能对消除它的机会抱乌托邦主义,亦不能对另一方无限度怨恨,这将有助于构造二者之间协调适宜的程式。向我们时代的智力的和道德的任务挑战,就像在过去的时候那样,是促使这些在某种程度上潜伏的张力源泉变明显,是不断寻求妥协、理解,一句话,寻求科学和人文主义之间协调的程式。"①

那么,科学或人文主义之间协调的程式是什么呢?以我之见,这就是迈向科学的人文主义(新人文主义)和人文的科学主义(新科学主义)。现在,我们先来探讨一下科学的人文主义——这是美国科学史家萨顿和英国生物学家、作家、人道主义者朱利安·赫胥黎都使用过的术语。

我们之所以要用科学的人文主义取代旧人文主义,正是为了消除或弥补后者的某些不足和缺陷。尽管文艺复兴和启蒙运动中的人文主义或曰"旧人文主义"在人类历史上曾经推动了思想解放和人的解放,但是它也有某些不尽如人意之处。诚如黄小寒所说:唯人文主义的科学观进一步加剧了所谓的科学世界和人文社会世界的分离和对立。第一,它对自然科学做了最拙劣的理解,将其看作是与人无关的、对人无意义的外在世界的逻辑,是纯粹客观的事业,是由"理性机器"

---

① B. Barber, *Social Studies of Science*, New Brunswick: Translation Publishers, 1990, pp. 268 - 269.

生产出来的产品,与人的主观性、体验性、非理性、创造性没有多大关系。第二,它将现代自然科学的本质归结为现代技术的本质,将其同人的生存、发展、自由和解放对立起来。第三,唯人文主义者,特别是极端的唯人文主义者甚至要求自然科学"别插手人文科学"。第四,它没有回答社会人文科学的客观性问题:其实这些科学也有自己的客观性和真理性,只是程度不同于自然科学而已。但是,从总体上讲,它偏重相对主义和非理性主义,从而造成部分理论学说的片面性。第五,它同样否认自然科学的人文意义和人文价值。① 在此处,我们要特别指出,在旧人文主义中,科学的因素尤其是科学方法(实证方法和理性方法)和科学精神相当缺乏或孱弱;对人的颂扬助长了激进的人类中心主义,没有或较少考虑其他生物物种生存、延续的自然权利和自然和谐;对个人自由的不恰当强调导致极端的个人主义,没有很好地在个人主义和集体主义之间保持必要的张力;存在过度悲观主义的倾向,欠缺适度的乐观主义;如此等等。正是为了避免旧人文主义的以上弱点,科学的人文主义应运而生。那么,科学的人文主义的内涵是什么呢?

萨顿力图界定科学的人文主义的内涵,并试图定义它。他说:"新人文主义不会排斥科学;它将包括科学,也可以说它将围绕科学建立起来。科学是我们的精神中枢。它是我们智力的力量与健康的源泉。无论它多么重要,它却是绝对不充分的。我们不能只靠真理生活。这就是为什么我们说新人文主义是围绕科学而建立的原因。科学是它的核心,但仅仅是核心而已。新人文主义并不排除科学,相反将最大限度地开发科学。它将减少把科学知识抛弃给科学自己的专业所带来的危险。它将赞美科学所含有的人性意义,并使它重新和人生联系

---

① 黄小寒:《"自然之书"读解——科学诠释学》,上海:上海译文出版社,2002年第1版,第27页。

在一起。它使科学家、哲学家、艺术家和圣徒结合成单一的教派。它将进一步证实人类的统一性,不仅在它的成就上,而且也在它的志向上。由于旧人文主义者的冷淡疏远,也由于某些科学家的狭隘,然而首先是由于掠夺成性的不知足的贪婪,产生了所谓'机械时代'的罪恶。这种'机械时代'必然消逝,最终要代之以'科学时代':我们必须准备一种新的文化,第一个审慎地建立在科学——人性化的科学——之上的文化,即新人文主义。"萨顿认为,科学史是人类历史中最美好的一个方面,它能够在我们面前展现我们过去许多宝贵的东西,即人类努力的连续性和我们科学和智慧的传统,使我们得到一种新的价值观,这就是人文主义——人文主义的一种新形式,它包含了科学而不是把科学排斥在外,可以把它叫作科学的人文主义,或者更好些叫它为纯粹的人文主义和文化。① 按照萨顿的观点,科学史知识的更加深刻化以及更大的普及将会有助于新人文主义的兴起。科学的历史,如果从一种真正的哲学角度去理解,将会开拓我们的眼界,增加我们的同情心;将会提高我们的智力水平和道德水准;将会加深我们对于人类和自然的理解。② 萨顿洞彻科学的人文主义的巨大功能:它能够为我们最需要的不妥协的理想主义——一种新的精神生活,谦恭、温和、自由的生活,没有忧郁和狂暴的生活——提供基本原则,或者至少是它们的一部分。③ "新人文主义将产生下述后果:它将消除许多地方和民族的偏见,也将消除许多这个时代共同的偏见。每一个时代当然具有自己的偏见。"萨顿呼吁:"为建造这个未来,为使它更加美丽,有必

---

① 萨顿:《科学史和新人文主义》,陈恒六等译,北京:华夏出版社,1989 年第 1 版,第 124—125、142 页。
② 萨顿:《科学的生命》,刘珺珺译,北京:商务印书馆,1987 年第 1 版,第 49 页。
③ 萨顿:《科学史和新人文主义》,陈恒六等译,北京:华夏出版社,1989 年第 1 版,第 144—145 页。

要去准备一次新的综合,就像在过去那些知识综合的光荣年代里,像斐底阿斯和列奥纳多·达·芬奇所做的一样。我们提议科学家、哲学家和历史学家以新的更紧密的合作来实现它。如果这些能够实现,就将产生非常美好的东西,因而与艺术家的合作也必然实现;一个综合的年代往往是艺术的年代。再就是我所说的'新人文主义'的综合。这是在酝酿中的某种东西,并非梦想。我们看到它的成长,但没有一个人能够说它将长得多大。"[1]不难看出,萨顿的科学的人文主义是围绕人性化的科学核心建构的,是充分发掘科学的人文蕴涵和人性意义,并把这一切与人文主义的优良传统进行新的综合,从而使旧人文主义合成或羽化为新人文主义。

科学的人文主义如此,那么科学的人文主义者应该是什么样的人呢?萨顿给出的答案是把科学精神和人文精神、把传统和创造结合在一起的人:"只有我们成功地把历史精神和科学精神结合起来的时候,我们才将是一个真正的人文主义者。"[2]在萨顿看来,由于科学的发展是人类经验中唯一的一种积累性的和进步性的发展,因此传统在科学领域中就得到一种和在任何其他领域中完全不同的意义。科学和传统之间不仅不存在任何冲突,而且人们还可以说传统正是科学的生命。科学的传统是所有传统中最有理性的,或者说是最少非理性的传统。真理的逐步揭示是人类最崇高的传统,也是最清澈无垢的传统。只有在这里,人类才没有什么可羞愧的事。人性化的科学家,即我所说的新人文主义者,是一切人中最能意识到他的传统以及人类传统的人。[3] 萨顿概括了新人文主义者的主要特征:"新人文主义者希

---

[1] 萨顿:《科学的生命》,刘珺珺译,北京:商务印书馆,1987年第1版,第51、52页。
[2] 萨顿:《科学史和新人文主义》,陈恒六等译,北京:华夏出版社,1989年第1版,第12页。
[3] 萨顿:《科学的历史研究》,刘兵等译,北京:科学出版社,1990年第1版,第23页。

望与每一个创造性的活动相联系,帮助人类满怀热情地继续前进,而且满怀感激和崇敬地回顾以往。事实上,继续前进和回顾以往同样重要,它们是互为补充的。这两方面的结合或许正是新人文主义的主要特征,即把年轻的活力和对过去充满崇敬的好奇心结合在一起。它意味着在两个对立方面进行持续不断的斗争:一方面是反对破坏传统的技术专家和粗劣的唯物论者,另一方面是反对盲目、无益的唯心论者和怯懦的旧式学院人文主义者。我们必须毫不畏惧地前进,但是我们还要保持所有神圣的传统,它是我们最宝贵的财产和十分崇高的权力。我们还必须探索围绕我们的神秘领域,不断向高处攀登,并且还要把所有过去最好的东西传授给子孙后代。新人文主义是一种双重的复兴:对于文学家是科学的复兴,对于科学家则是文学的复兴。"①

朱利安·赫胥黎也集中论述过科学的人文主义。他表明,科学的人文主义所采取的指导原则是:"一切事物都可以用科学的观点去研究,而在这样的时候,我们必须祛除一切乱人心绪的感情作用。"他举例说,关于我们的再生殖作用的那种强有力的神圣感觉,虽然在我们社会中是无组织的,但其本质实与野蛮民族宗教中有组织的迷信观念并无分别。如果我们能祛除这种感觉,我们立刻便会看出,节制生育这件事并不比带大礼帽"不自然"。为了种族的更大的幸福和快乐,节制人口的量和质这一手段,也不比供人民以优良教育或清洁的自来水更亵渎神明。他在概括这种主义的内涵时,指出科学在其中所起的巨大作用:"科学的人文主义是对于超自然主义的抗议,它说:人类精神,有时在个人中,有时以集体面目表现出来,是我们所知的一切价值和最高的实在的源泉。它是对于偏见和固定性的抗议,它说:人类精神

---

① 萨顿:《科学史和新人文主义》,陈恒六等译,北京:华夏出版社,1989年第1版,第122页。

有多方面,不能用任一单独的规律去限定;也不能限制它,不许它在它的进化过程中做新发现。科学的人文主义认定同样的科学的工作程序可以应用到人类生活和曾经那样有效地应用到无生物质与有生动植物一样——这工作程序是科学的观察、研究和分析,随着施于实践,增加我们的支配能力。科学的人文主义认定人生价值是我们的目的的轨范,但同时它也认定这些价值只有作为科学所供给的世界图形之一部分,才能使自己的观点和着重都正当,否则不能。它认识人的欲望和希冀是生活的策动力,但同时认定如果要实现人类的任何目光深邃的或广包一切的目的,只有借助于平凡的、无感情作用的方法,有系统的计划和实地的试验,这些都只有科学才够供给。"他在看重科学作用的同时,也提醒警惕二元状态的危险倾向:"在科学的人文主义这一术语中,我比较其他一切人类活动更着重到科学,理由很简单,即因为在目前科学很有和过去的默示教一样,把自己当做一份永在的规律或构架建立起来的危险;而只有把它放在人文主义方案内它的正当地位上,我们才能避免这种危险的二元状态。不过,假使科学必须当心不要企图成为一个独裁者,其他的人类活动也要当心他们的嫉妒心,因为这种嫉妒心会使它们置科学于不闻不问,驱逐科学于它们所事之外。人在自然界中的地位所有的唯一重大意义,照我们所能看见,是他在执行一件极大的进化实验,无论是否他自愿。由于这件实验,生活也许会达到成功和经验的新水平。没有科学所授给的无私的指导和有效的统制,文明将不是腐化就是崩溃,而人性遂不能向实现它的可能的进化前途求进展。"①

怎样建构科学的人文主义呢? 朱利安·赫胥黎提出,把人放在科学的宇宙观或世界图像的大背景上加以审视和观照:"一种带有科学

---

① J. S. 赫胥黎:《科学与行动及信仰》,杨丹声译,台北:商务印书馆,1978年第1版,第102-103、132-133、134页。

性的人文主义看出,人是赋有无穷尽的支配权力的,只要他愿意行使它。更重要的是,在科学知识的观点之下,科学的人文主义能看出,人在它的真正背景——一幅无意义的物质和能量的背景,而人本身就是由这种物质和能量组成的;一幅长期的、盲目的进化的背景,而人本身就是这一进化的产物,因此人类看起来是一件非常奇怪的现象——原来是宇宙的物质的极微一部分,由于长期的变迁和竞争的过程,已变成意识到自己,意识到自己与其他一切宇宙物质的关系,能够欲望、感觉、判断和计划的东西。他是宇宙在合理的自觉性上所做的一个试验。他所有的任何价值,除了为他自己的自私价值以外,都存在于这事实里。"于是,"人文主义有了所供给的宇宙图形为助,必能造成一个坚强的、足以为支柱的构架,在进化的知识的光明之下,它能够看出人类的改进有无限的可能。它并且能看出那种可能性是人出现于世界以前的生物进化的长期过程之继续。即使人文主义不能有教义为固定的信念,它至少可以有一定的方向和目标为信念。人类本性的博爱的动力不一定只限于做点单独的善行,它们可以把自己羁勒起来的那些更大的任务,即慢慢地推动人类上那进化的山径,这一任务正因其浩大而使人景仰"。他表示,正是基于关于事物和人的本性的科学知识,才能建构和达到新人文主义。具体做法是:"第一必须设法认识人性的多样性,公平地看待它们,而不去特别重视其中任一方面。这一任务要求博爱主义和宽容性的合并,比平常更不容易。第二,它必须不忽略我们的不完备性,以及知识和观点的不断变迁,这是我们臆想应有的。这一任务要求我们有一种牺牲——牺牲我们既定的信念,而这对于某种心理的人们正是差不多不能忍受的。最后,它必须设法供给某种真实的、强健的支柱构架,从而使我们能避免过于夸大的个人主义、社会的腐化以及那种会变成听其自然主义的宽容性。这些现象在别的人文主义时期,如早期罗马帝国或文艺复兴时代,都显著地呈现过。"赫胥黎还把科学的人文主义视为一种心理态度——在科学与人性之间调和、统一,建立二者新联盟的心理态度:"科学与人性间的冲突只有在心里的一种态度和情绪下可以调和,这种态度可以适当地称之为科学的人文主义。"为此,需要一种科学的人文主义来把这两股对立的潮流——科学的思想和人生的思想之潮流,以及由此引发的科学的心理和人文主义的心理之矛盾——统一起来,来解决那矛盾。在这种科学的人文主义里边,科学与人性,自然法则和精神活动不相对立而相统一。他进而强调:"扫除科学和人性之间冲突的唯一可能方法,是把科学和人类精神的其他成果合并在一种新的联盟、新的态度之下。这种态度我们称它为科学的人文主义。"①

一些科学家和哲学家也对科学的人文主义情有独钟,纷纷发表自己的看法。卡尔纳普把它概述为三个理所当然的、几乎不需要任何讨论的观点,并称之为"科学的人道主义":"第一个观点是人类没有超越自然的保护者或敌人,因此,为了改进人类生活可做的一切事情都是人类自身的任务。第二个观点是我们都相信,人类能够这样地改变生活条件,即摆脱今天所遭受的许多痛苦,使个人的、团体的乃至整个人类的内部和外部生活状况都能得到根本的改善。第三个观点是,一切经过深思熟虑的行动都以有关世界的知识为前提,而科学方法是获得知识的最好方法,因此我们必须把科学看做是改善人们生活的最有价值的工具之一。"②《今日社会科学》编委会的文章认为:"新科学精神和新人文主义在气质和目标上是一致的,它们都隐含着聚焦于人的自由和全面发展。它们使人日益意识到,作为各种形式的利己主义和狂热

---

① J.S.赫胥黎:《科学与行动及信仰》,杨丹声译,台北:商务印书馆,1978年第1版,第114、122-123、113、104、110-111页。
② 霍耳顿:《科学与反科学》,范岱年等译,南昌:江西教育出版社,1999年第1版,第28-29页。卡尔纳普接着说:"在维也纳,我们还没有给这观点命名;如果我们要在美国人使用的术语中找一个简短的名称来概括上述三种信念,那么最适当的名称似乎就是'科学的人道主义'。"

的反题是人类的不可分割的一部分和人的最高理想。在这一关联中,必须把不断增长的意义和与科学有关的人文主义概念联系起来,这强调反狂热和反独裁主义。新科学精神和新人文主义把过去与未来联结在一起,维护科学的创造性的自由和科学家对真理和人负责的责任。"① 库尔茨简要勾勒出新后现代的新人文主义及其与未来关联的五个关键特征:科学时代继续行进,科学是对自然的最好描述而不是神话,重新捕获科学的视野,追求整合的知识;伦理价值是中心问题,人文主义的价值是有意义的,把理性与情感结合起来,建构适用于人类的普遍的伦理规范;人文主义提供了有意义的社会伦理,这种伦理基于共同的科学和价值的普遍性视野;人文主义的生活态度是,创造性实现健全生活、幸福和个人人格的丰沛;对人类的潜力和人类的前景的真正可能性抱一种现实主义和乐观主义的态度。② 关于如何建构科

---

① "Social Science Today" Editorial Board, *Science As a Subject of Study*, Moscow: Nauka Publishers, 1987, p. 256.

② P. Kurtz, Toward New Enlightenment. P. Kurtz and T. J. Madigan, *Challenges to the Enlightenment*, *In Defense of Reason and Science*, New York: Prometheus Books, 1994, 13-24. 作者比较详细的论述如下。第一,科学时代继续行进,且在三个方向上。人文主义是它的主要的哲学的或协同动作正常的(eupraxophic)表达。在关于什么是实在的连续争论中,人文主义者坚持,科学也许最好地描述了我们在自然界遇到的东西,阐明或说明它如何和为什么发生。因此,人文主义使宇宙观定形:物理科学、生物科学和社会科学的前沿上的概念、假设和理论在演化的宇宙中被认真采纳,而不是采纳在神学和诗歌中的东西。形而上学的沉思或诉诸启示、信仰、直觉或情感,不能是实验探究和理论确认的替代物。我们今天确实缺乏的东西是 sophia(智慧)或智慧,即整合的知识本体。不幸的是,科学被分为狭隘的专业,稀有的开辟道路的科学家被政府或跨国公司雇佣的研究者替代,他们为追求强权或红利而工作。我们需要重新捕获科学的视野,为我们自己和公众充分发展关于它的较广阔的含义。科学虽然是尝试性的、易犯错误的,但是它能在连续的变化和修正中稳定进展。科学对解决许多问题都具有方法的意义。科学方法是客观的,不断在实在领域受到结果的检验。虽然社会文化与境对科学有明显影响,但是它的探究方法比较而言还是受到有效性的检验,因此科学并非像一些后现代主义所说的那样是神话。第二,中心问题涉及我们的伦理价值。在这里,人文主义的价值是有意义的。它们在世界上已经得到广泛接受,并处在社会变革的尖锐锋刃上。我们需要弄清楚我们的协同动作正常(eupraxia)(即我们的伦理实践和生活态度)承担什么。我们的第一个焦点放在思想和良心的自由以及自由的探究。姑且承认这受

学的人文主义,莫诺认为在知识伦理学的价值标准的基础上,能够发展新人文主义。这样的体系把人化和创造性的发展作为原始目标,并设法克服任何形式的异化,不管它是理智的,政治的,还是经济的。在这一必将到来的道德的、理智的,也是政治的革命中,科学家起着必不可少的作用,他不能在不违反他的自由选择道德的准则的情况下回避

到社会与境的限制和制约,可是我们需要重新肯定好询问的和探索的心智之生气活力。人文主义者定义了隐私权、自我决定、道德自由、个人权利,以便他或她自己爱与性、家庭和朋友、生活和职业、品德和欲望、医疗照管、生和死的抉择等做出自己的选择。在人文主义中内含客观的伦理标准,可以称其为"共同的道德礼仪"和"卓越的价值"。伦理学不需要退化为主观的品位和任性。然而,必须把理性与情感结合起来,认知能够修正和重构激情。虽然我们承认价值的广泛歧义性,但是存在一般地适用于人类的普遍的伦理规范。第三,人文主义提供了有意义的社会伦理。这再次在世界上造成巨大的进展。它是民主以及政治和经济的开放社会的哲学、宽容和尊重差异的哲学。这固有地与人相关。它超越了文化相对性,并提供了普遍的、规范的行为原则。在这里,伟大的挑战是地球的或全球的伦理的出现,它采纳作为一个整体的人类的观点。这承担需要发展环境的伦理学。在这方面,我们将需要在未来处理未控制的多国公司的强力,富国和穷国之间的悬殊差别,人口控制的紧迫性,种族和民族主义部落之间的战争。人文主义提供了基于共同的科学和价值的普遍性视野,承认文化差异,超越伦理的、种族的和宗教的派别。第四,我们需要弄清楚,人文主义对生活的意义的中心。如果神的救赎和灵魂不朽的正统戏剧没有作为证据的优点,那么什么是可供选择的东西呢? 人文主义的生活态度提供了可行的选择;创造性实现的健全生活、幸福和个人人格的丰沛。人的存在需要不丧失赖以生活的理想,有意义的力求可能达到的计划和目标。然而,在未来对人文主义而言的重大问题是,提升鉴赏的品位和品质的水平,丰富文化表达和提高所有人受教育的机会。第五,最重要的是,对人类的潜力和人类的前景的真正可能性抱一种现实主义和乐观主义的态度。在这个后现代的时代,我们应该彻底纠正任何达到不受限制的进步的主张。对历史而言没有终结,只有新的开端;每一天对我们创造自己的世界都是挑战。如果我们不能建立一个乌托邦的社会,至少我们能够改善人的条件。但是,如果我们不得不这样做,那不是退却到悲观主义的绝望,也不是由于害怕和忧虑。它要求与同情混合在一起的人文主义的认知和勇气之美德,以及为善行而奋斗的决心。如果我们必须这样做,那么我们将需要具有人文主义理想的返魅(re-enchantment),即重新启蒙。我们需要新启蒙。对于说它是不可能的人而言,须知正是而且事实上是人文主义的文化潮流正在造就开路先锋,而不管它的批评家。历史不是固定的。不存在并非不可避免的社会发展规律。将发生的东西取决于我们。21 世纪以及此后是否将是人文主义的世纪,部分地依赖于偶然的和意外的幸运和机遇,但是它也依赖于我们的努力和我们所做的事情。给出这些考虑,人文主义还有光明的前景。

这个伟大的责任。① 霍金斯则指明:"科学的人文主义方面必定不是在科学方法(若有这样的事),科学结果(像它们在教科书中出现的),科学对工业或政治或诗或绘画的外部影响中找到,而是在作为人的能力和限度的表达的科学生活中找到。在这样说时,人们对科学仅仅要求相同的保护免遭歪曲和离题。"②

爱因斯坦的科学的人文主义是有典型意义的,很有代表性,我们不妨在这里展示一下。(1)倡导和践行与科学理性主义和科学精神气质(普遍性和公有性)一致的国际主义和世界主义。(2)人与人之间的善良意愿和地球上的和平是一切事业中最伟大是事业,保卫和平是一个像科学公设一样的伦理公设,是每一个有良心的人不可推卸的道德责任。(3)作为西方思想和文化两大瑰宝的科学和民主在精神实质上是相通的,而且科学具有鲜明的自由品格,外部的自由和内心的自由是科学进步的先决条件,也是个人精神发展和完善的前提,以自由为核心价值的民主主义是值得追求的。(4)主张以人为本、以人道主义为本的社会主义,这种人道主义是科学的人道主义(前述的卡尔纳普

---

① J. Monod, On the Logical Relationship Between Knowledge and Values. W. Fuller ed., *The Social Impact of Modern Biology*, London: Routledge & Kegan Paul, 1971, pp. 11 – 21. 莫诺的知识伦理学的含义如下:"在知识领域和价值领域之间存在固有的历史的和逻辑的起源关系。科学实际上不能创造、推导和提出价值。但是,对客观知识的追求本身是伦理的态度,这种态度奠定了价值体系初始选择的基础,这可以称为'知识的伦理学'。在这个体系内,至高无上的目标,价值的标准,是客观知识本身,是为知识而知识。在决定成为科学家时,我们明确地或不明确地采纳这个体系,这种选择显然不是逻辑地来自知识的判断的结果,而是来自价值标准的审慎的、公理的选择。在历史上,基于自然本身是客观的而不是"投射的"纯粹公设的知识伦理学(这在亚里士多德的体系中)恰恰追溯到近代科学的奠基人伽利略、笛卡儿和培根。借助科学近代世界的结构,再次借助科学传统信念体系的基础的结构,二者最终依赖于这种初始选择。威胁现代社会的道德矛盾在于,承认收获科学的果实,而不接受科学基于其上的知识伦理学。可是,这种伦理学是完全能够为与科学相容的价值体系打下基础的,能够在'科学的时代'为人类服务的伦理。"

② D. Hawkins, The Creativity of Science. H. Brown ed., *Science and Creative Spirit*, *Essays on Humanistic Aspects of Science*, Toronto: University of Toronto Press, 1958, pp. 127 – 165.

意义上的)和伦理人道主义(人们在日常生活中的行为应建立在逻辑、真理、成熟的伦理意识、同情和普遍的社会需要的基础上)的综合、扬弃和创造。(5)把科学精神注入教育思想,教育的目标是培养独立行动和独立思考的个人。(6)宇宙宗教感情是科学与宗教感情的珠联璧合,是科学探索的强大动力和独特的思维方式,也是一种独特的科学思维方式和科学方法——它能摆脱逻辑和语言的束缚,透过现象直接与实在神交,从而导致灵感和顿悟。(7)伦理与科学是独立的,科学和理智思维在伦理判断中不起作用,但是科学在诸多方面对伦理有所帮助。(8)正确的自然观无疑有助于积极的人生观的形成,对大自然的思考和对科学的追求能使自我得到解放,提升人的精神境界。(9)真善美是三位一体的,对真的追求包含着为善和臻美。①

多年前,笔者曾经这样写道:"科学的人文主义是在保持和光大人文主义优良传统的基础上,给其注入旧人文主义所匮乏的科学要素和科学精神。它的新颖之处在于:树立科学的宇宙观或世界图像,明白人在自然界中的地位,以此作为安身立命的根基之一;尊重自然规律和科学法则,对激进的唯意志论和极端的浪漫主义适当加以节制;科学是文明的重要标志,它不仅为人文主义的发展提供了广阔的空间,而且自身也能够提供新的价值和意义,依靠科学自身的精神力量和科学衍生的物质力量,有助于社会进步和人的自我完善;科学的实证、理性、臻美精神以及基于其上的启蒙自由、怀疑批判、继承创新、平权公正、自主公有、兼容宽容、谦逊进取精神,也是人文精神的重要组成部分;科学思想、科学知识和科学思维方式是我们思考和处理社会和人事问题的背景和帮手,科学人的求实作风和严谨风格值得人文人学习

---

① 李醒民:《爱因斯坦:伟大的人文的科学主义者和科学的人文主义者》,南京:《江苏社会科学》,2005年第2期,第9-17页。

和效仿;社会科学和人文学科也要尽可能学习和借鉴科学方法,以拓宽视野,更新工具;……要而言之,科学的本性包含着人性,科学的价值即是人的价值,科学的人文主义就是人文主义的科学化。"① 今天看来,笔者对科学的人文主义内涵的论述和定义依然站得住脚。在此笔者只想补充一句话:科学的人文主义者应该尽可能地通晓科学,掌握科学方法,培育科学精神,力争成为科学化的人文人,以开辟资源,深化思想,改造和创建具有科学气质的人文学科,促进人文文化和科学文化的汇流和整合。

六、人文的科学主义(新科学主义)

尽管科学具有强大的物质功能和精神功能,而且蕴涵人文精神,但是科学主义尤其是经典科学时代的科学主义,或曰旧科学主义、机械论的科学主义、力学哲学的科学主义、知识哲学(而非智慧哲学)的科学主义,特别是贬义的科学主义(科学方法万能论和科学万能论)本身具有相当大的局限性②,甚至导致科学和科学人的异化③。关于旧科学主义的弱点和缺憾,诸多作者的论述可谓积案盈箱,我们在此罗列一二,以飨读者。

罗素在《自由人的礼拜》中揭示:"科学呈现给我们信仰的世界更加没有意图,更加缺乏意义,在这样的世界中,即便在任何地方,我们的观念今后必须找到一个家园。人是原因的产物,而原因并没有预见他们曾经达到的终点;他的起源,他的希望和担心,他的爱和他的信

---

① 李醒民:走向科学的人文主义和人文的科学主义——两种文化汇流和整合的途径,北京:《光明日报》,2004年6月1日B4版。
② 李醒民:就科学主义和反科学主义答客问,北京:《科学文化评论》,2004年第1卷,第4期,第94-106页。
③ 李醒民:《科学的文化意蕴》,北京:高等教育出版社,2007年第1版,第329-399页。

仰,无非是原子偶然排列的结果;没有生气,没有英雄主义,没有强烈的思想和情感能够保护个人超越死亡;时代的所有劳作,人的天才的所有忠诚、所有灵感、所有正午的亮光都注定在太阳系的广漠死亡中灭绝,人的成就的整个圣殿必然不可避免地被埋葬在宇宙毁灭的废墟之下。"[1]柯伊列揭底:近代物理学打破了隔绝天与地的屏障,并且联合和统一了宇宙。这是对的。但是这样做的方法,是把我们质的和感知的世界,我们在里面生活着、爱着和死着的世界,代之以一个量的世界,虽然有每一事物的位置但却没有人的位置的世界。于是科学的世界——实在世界——变得陌生了,并且与生命的世界完全分离,而这生命的世界是科学所无法解释的,甚至把它叫作"主观的"世界也不能解释。[2] 波兰尼揭橥:"以主客观相互分离为基础的流行的科学观,却追求——并且必须不惜代价地追求——从科学中把这些热情的、个人的、人性的理论鉴定清除,或者至少要把它们的作用最大限度地减少到可以忽略的附属地位,因为现代人为知识所建立的理想是:自然科学的观念应该是种种陈述的集合,它是'客观的',它的实物完全由观察决定,尽管它的表述可以由习惯形成。这一观念源于根植于我们的文化深处的渴望,但若必须承认对大自然的合理性之直觉也是科学理论的一个合乎道理的、确实必要的部分,那么这一观念就会破灭。"[3]伯姆揭露:"意义在此指的是价值的基础。没有这个基础还有什么能够鼓舞人们向着具有更高价值的共同目标而共同奋斗? 只停留在解决

---

[1] M. Goran, *Science and Anti-Science*, Michigan: Ann Arbor Science Publishers Inc., 1974, pp. 26-27. V. Bush, *Science Is Not Enough*, New York: William Morrow & Company, Inc., 1967, p. 187.

[2] 普里戈金等:《从混沌到有序——人与自然的新对话》,曾庆宏、沈小峰译,上海:上海译文出版社,1987年第1版,第71页。

[3] 波兰尼:《个人知识——迈向后批判哲学》,许泽民译,贵阳:贵州人民出版社,2000年第1版,第23-24页。

科学技术难题的层次上,即便把它们推向一个新的领域,都是一个肤浅和狭隘的目标,很难吸引大多数人。……从长远看,这正把人类推向毁灭的边缘。"①沈青松揭穿:"更严重的是,科技变成社会本身的唯一真实表象,代替昔日的宗教信仰或神话,而成为现代社会的意识形态。科学的理趣也成为指导政治、经济、社会政策的主要依据,而科技更成为合理性的唯一判准。……在这种意识形态的过度膨胀下,科技不但摧毁了昔日传统的观念系统或行动系统,并且取而代之,成为新时代的信仰。"②黄小寒则揭破,唯科学主义在自然科学与人文社会科学之间开掘了一条巨大的鸿沟:它忽视自然科学本身的人文意义和人文价值,并竭力拒斥"形而上学";它将自然科学看作一种超越人类历史和文化母体的"理性的卓越形式";它仅仅关注人们的物质生活,忽视人们的精神生活,将科学仅仅看作是一种工具;它把科学哄抬成绝对权威,凌驾于其他科学之上,并用自然科学的框架理解和审视人文科学。③

总而言之,旧科学主义的主要诟病在于,从科学中放逐意义和价值,剔除人性和激情,脱离人的精神生活,追求神目观(God's eye-view)的客观主义,恣意夸大科学方法和科学的作用和功能,把科学作为判断一切的唯一标准或作为"好的"形容词随便套用,如此等等。因此,有必要扬弃旧科学主义,而代之以人文的科学主义即新科学主义。为此,从以下几个方面做起,也许不失为明智之举。

第一,厘清科学的界限和功能,祛除科学的霸权主义和对人文学

---

① 格里芬编:《后现代科学——科学魅力的再现》,北京:中央编译出版社,1995年第1版,第75页。

② 沈青松:《解除世界的魔咒——科学对文化的冲击与展望》,台北:时报文化出版有限公司,1984年第1版,第14页。

③ 黄小寒:《"自然之书"读解——科学诠释学》,上海:上海译文出版社,2002年第1版,第27页。

科和人文人的傲慢心态。马斯洛说得有道理:一般科学模式承启关于事物、物体、动物以及局部过程的非人格科学,故而我们认识和理解整体与单个的人和文化时,它是有限的、不充足的。这种非人格的模式不能解决个人、单个和整体的问题。在广义上,可以认为科学强大有力而包容甚广,足以解决因其暗藏有重大弱点而不得不放弃的认知问题,其弱点如下,它无法一般地解决个人的问题,以及价值、个性、意识、美、超验和伦理问题。① 清楚地认识科学的局限性和其功能的有限性,科学也就没有资本称霸了,科学人也就没有理由傲物了。

第二,热爱和追求人类的共同理想——真理。真善美是人类的共同理想,而求真正是科学的旨意和强项。求真比行善和爱美更需要勇气和毅力。必须坚持和发扬科学的这个绝对命令或绝对公理,以防止科学或科学家的异化。萨顿言之凿凿:"科学深刻的人性只是部分地证明了科学和我们自己是有道理的。科学研究的主要目的不是通常意义上的那种有益于人类,而是使对真理的沉思更容易、更完美。这意味着精神上的一个深刻的转变,这种转变只有通过长期并且严格的训练才能达到。人必须丢掉一切痴心妄想,抛弃那种经不起经常不断地核实和改正的一切想法。人必须教育自己变得更依靠经验和更客观。人必须学会把真理看做是生活的目的,看做是一种理想,这个理想也许永远留在我们达不到的地方,但是我们能够并且应该越来越靠近它。""保卫科学精神和科学方法——整个人类的共同理想之一,是热爱真理,对真理的无私追求,可以不论愿望、不计后果。科学史在很大程度上是思想解放的历史,是理性主义与迷信(不是宗教)斗争的历

---

① 马斯洛:《科学家与科学家的心理》,邵威等译,北京大学出版社,1989年第1版,"前言"第1—2页。

史,是人类追求真理并逐渐接近真理的历史,是人类与错误和无理性做斗争的历史。"①遗憾的是,相当多的科学家已经不再是科学家了,而成了技术专家和工程师,或者成了行政官员,实际操作者以及精明能干、善于赚钱的人。技术专家如此深深地沉浸在他的问题之中,以致世界上的其他事情在他眼里已不复存在,而且他的人情味也可能枯萎消亡。于是,在他心中可能滋长出一种新的激进主义:平静、冷漠,然而是可怕的。② 可是,"如果把科学丢给头脑狭窄的专门家,过不了多久它就会退化成新的经院哲学,失去其生命力和固有的美,变得像死亡一样的虚假和妄谬"③。

第三,增进对科学的人文理解,以展示科学的文化意蕴。瓦托夫斯基言必有中:"达到对科学的人文理解,就是在自身中实现和认识到由科学本身所例证的那种概念理解的模式;去影响一个人自己的理解与科学所显示出的那种理解之间的和睦关系,这就使得有可能认识科学思想的充分的人文主义。这决不是一件突然的知觉的事情,而是研究和发现的事情;发现时常是对研究的酬报。这种发现只是点点滴滴得来的,因为科学是一个复合的而不是简单的'整体'。科学的统一性的意义产生自对其方法和基本思想的概念分析,而其本身就是复合的。从哲学的最美好最深刻的意义上说,对科学的人文理解,就是对科学的哲学理解。"④

第四,设法使科学人性化和人文主义化。萨顿言简意赅:"我们必须使科学人文主义化,最好是说明科学与人类其他活动的多种多样关

---

① 萨顿:《科学的生命》,刘珺珺译,北京:商务印书馆,1987年第1版,第148页。
② 萨顿:《科学的历史研究》,刘兵等译,北京:科学出版社,1990年第1版,第17-18页。
③ 萨顿:《科学的生命》,刘珺珺译,北京:商务印书馆,1987年第1版,第49页。
④ 瓦托夫斯基:《科学思想的概念基础——科学哲学导论》,范岱年等译,北京:求实出版社,1982年第1版,第588页。

系——科学与我们人类本性的关系。这不是贬低科学;相反地,科学仍然是人类进化的中心及其最高目标。使科学人文主义化不是使它不重要,而是使它更有意义、更为动人、更为亲切。""人文科学家的主要职责之一就是去说明各个时代,特别是当代科学的伦理意义和社会意义,在普通教育中把科学结合在内,一句话,把科学'人文主义化'"[1]。马斯洛言之成理:"科学和知识重新人性化所做的努力(尤其是在心理学领域的努力)是整个社会和理性发展的一部分。毫无疑问,它与当前时代精神相吻合。"在他看来,科学家不是另外一个物种。他们与其他人一样,有好奇心,有欲望,需要理解,希望观察而不愿意盲目,喜欢较可靠的知识甚于不那么可靠的知识。专业科学家的特殊能力是这些人类一般特点的深化。每个普通人,甚至每个儿童,都是一个幼稚的、不成熟的、非专业的科学家,原则上可以被教育得更老成、更熟练、更先进。人文主义科学观和科学家观必然要求,使经验性的态度广为接受和应用。超人类的和超验的科学观和科学家观,则更强地显露出这样一种要求。获得(各种水平上的)知识的过程以及对知识的观察及欣赏,证明是审美的快感、类宗教的愉悦和敬畏与神秘体验的最丰富的源泉之一。这种情感体验是生活中的最大乐趣。正统而世俗的科学出于种种原因力图清除这些超验性体验。这种清除对维护科学的纯洁性来说毫无必要,相反,它剥夺并排除了科学中的人本需求。这几乎等于说从科学中不必或不可能获取愉悦。这种乐趣的体验是必要的,不仅因为它把人们带进科学,并使他们置身于其中,而且还因为这些审美乐趣也可以是认知的迹象,就如同发射出的信号弹表明我们已经发明了某件重要的东西一样。在体验的最高峰,最可

---

[1] 萨顿:《科学的生命》,刘珺珺译,北京:商务印书馆,1987年第1版,第51、147页。

能出现对存在的认识,在那种时刻,我们最能够看透事物的本质。①

第五,使知识秩序服从慈善秩序。帕朗—维亚尔言近旨远:"我们要求精神生活和对真理的纯知识性探索平衡起来","也就是要求我们重新获得知识秩序对慈善秩序的服从"。② 为此,莫兰提出有良心的科学(science avec conscience)的概念。良心一词在这里有两重含义。第一重含义由拉伯雷(Rabelais)在他的格言中提出:"没有良心的科学只是灵魂的毁灭。"这里所说的良心无疑是指道德良心。拉伯雷的格言是属于前科学时期的,因为现代科学在摆脱了任何价值判断的条件下才可能发展起来。现代科学只服从唯一的伦理学——认识的伦理学。但是,现在这个格言又变成适合于科学的,这是在如下意义上说的:从当代技术—科学中产生的多种多样和庞大无比的操纵和破坏的力量已经向科学家、公民和全人类提出在伦理上和政治上控制科学活动的问题。良心一词的第二种含义是智慧上的。它涉及自我反思的能力,这种能力构成意识的关键性质。科学思想现在还不能反思它自身,不能思想它特有的两重性和它特有的活动。科学应该和哲学的反思重新建立联系,同样地,由于缺乏供研磨用的经验知识的谷粒,其磨盘在空转的哲学也应该和科学重新建立联系。科学也应该与政治和伦理的意识重新建立联系。今天在良心一词的两个含义上都可以说,没有良心的科学只是人类的毁灭。良心一词的两个含义应该相互结合并与科学结合起来,而科学应该包含它们。③

旧科学主义从17世纪近代科学的诞生一直延续到19和20世纪

---

① 马斯洛:《科学家与科学家的心理》,邵威等译,北京:北京大学出版社,1989年第1版,第3、155页。

② 帕朗-维亚尔:《自然科学的哲学》,张来举译,长沙:中南工业大学出版社,1987年第1版,第230页。

③ 莫兰:《复杂思想:自觉科学》,陈一壮译,北京:北京大学出版社,2001年第1版,第viii页。

之交,并在逻辑实证论的极端形式中达到它的顶峰和终结。恰恰在此时,批判学派[①]的哲人科学家[②]横空出世,该学派以马赫、彭加勒、迪昂、奥斯特瓦尔德、皮尔逊[③]为代表。他们就科学的动机、目的、限度、方法、价值、审美、语言、精神气质、社会功能、文化意蕴和生活意义等议题发表了众多真知灼见,扬弃了旧科学主义,为新科学主义奠定了根基,具有现代的精神气质和后现代的睿智。以爱因斯坦为首的20世纪的哲人科学家继承了批判学派的思想遗产,又加以发扬光大,从而形成人文的科学主义的基本格局。在这里,我们仅仅概述一下马赫和爱因斯坦的人文的科学主义思想,管中窥豹,可见一斑。

马赫本人是一位人道主义者与和平主义者,他把全人类的利益看得高于一切,倡导社会公正、平等,呼吁社会成员互助、博爱,并在坚持个人自由的原则下反对利己主义。他的人文的科学主义的核心思想是:其一,科学是文明社会的重要标志,它具有神奇的威力,能推动社会文明的进步,能给每一个社会成员带来幸福,而自身却不要求什么回报。其二,科学是社会分工和社会协作的产物,只有一部分人减缓了物质牵累时才能兴盛。其三,科学无论就其起源、目的而言,还是就其行为、进化而言,都是一种生物的、有机的现象;思想适应事实和思

---

① 李醒民:论批判学派,长春:《社会科学战线》,1991年第1期,第99-107页。李醒民:关于"批判学派"的由来和研究,北京:《自然辩证法通讯》,2003年第5卷,第1期,第100-106页。李醒民:批判学派科学哲学的后现代意向,北京:《北京行政学院学报》,2005年第2期,第79-84页。

② 李醒民:论作为科学家的哲学家,长沙:《求索》,1990年第5期,第51-57页。上海:《世界科学》以此文为基础,发表记者访谈录"哲人科学家研究问答——李醒民教授访谈录",1993年第10期,第42-44页。李醒民:哲人科学家:站在时代哲学思想的峰巅,北京:《自然辩证法通讯》,1999年第21卷,第6期,第2-3页。

③ 对这些人物有兴趣的读者可以查阅李醒民在台北三民书局出版的《彭加勒》(1994)、《马赫》(1995)、《迪昂》(1996)、《皮尔逊》(1998)、《爱因斯坦》(1998)以及李醒民:《理性的光华——哲人科学家奥斯特瓦尔德》,福州:福建教育出版社,1994年第1版;台北:业强出版社,1996年第1版。

想彼此适应是生物反应现象。其四,科学的实用性在某种程度上仅仅是科学智力斗争的伴随物,科学的影响渗透在我们的所有事物和整个生活中。其五,没有最低限度的基础教育和科学教育,一个人在他生活的世界上就像一个十足的陌生人,但是对于世界及其文明的理解并不是学习数学和物理学的唯一结果,更为本质的东西是来自这些学习的正规熏陶、理性和判断力的增强、想象力的训练。其六,科学运用不周或不当,也会产生消极影响,比如环境污染和资源枯竭。但是,前景是乐观的,"人类将获得时代的智慧",以日趋完善的"社会文化技术"和更加发达的科学来减少和防止有关弊端。其七,科学家在进行科学研究和实验时,时刻不要忘记他们成果的可怕应用,不要忘记他们肩负的神圣而重大的社会责任。其八,科学与宗教神学的关系是一个需要认真考察的错综复杂的问题,不是简单地想当然就能够说明的;宗教主张是私人的事情,不能把它强加于人,不能把它作为法庭裁判裁决各种事务。其九,人类的一切知识和理论都是可错的、暂定的、不完备的,科学也不例外。其十,直觉、想象、幻想、审美等都是科学中的实在因素,在科学发现中起着十分重要的作用。①

作为 20 世纪科学代言人的爱因斯坦,是追求真善美的使徒,是科学精神和人文精神合璧的化身。他具有强烈而深邃的人文主义思想和精神,他的开放的世界主义、战斗的和平主义、自由的民主主义、人道的社会主义以及别具只眼的教育观、独树一帜的宗教观和高山景行的人生观就是明证。他的人文的科学主义承接了前人的宝贵遗产,凝聚了时代的最高智慧,又蕴含了超越时代的真知灼见和远见卓识,显得洋洋大观、高情远致。我这里择其要者,概括一下爱因斯坦人文的科学主义之要点。(1)科学是人的科学、历史的科学,它是一种历史悠

---

① 李醒民:《马赫》,台北:三民书局,1995 年第 1 版,第 140 - 192、196 - 224 页。

久的努力;科学企图通过构思过程,后验地重建存在。(2)科学是人类争取自由的武器,科学的发展以外在的自由和内心的自由为先决条件。(3)科学探索的动机和动力展现了人性的多样性,科学家要有研究和创造的激情,"为科学而科学"和"宇宙宗教感情"是高尚的。(4)科学本身就负荷它的目的,科学是为科学而存在的,就像艺术是为艺术而存在的一样;科学研究仅当不考虑实际应用时,才会兴旺发达。(5)科学力图勾画一幅简洁的、易于领悟的世界图像,这只是认识世界的一种方式,其他学科或部门不可或缺。(6)科学作为一种现存的和完成的东西是最客观的,但是它作为一种被追求的目的,却同人类其他事业一样,是主观的、受心理状态制约的。(7)科学的现状是不可能具有终极意义的,科学的理论是暂时的、可错的、不完备的,而不是注定永远不变的。(8)科学的概念框架是思维的自由创造和理智的自由发明,想象力是科学中的实在因素;科学具有臻美取向,科学家应有审美禀赋,直觉和审美在科学发明中的作用举足轻重。(9)科学对人类事务和历史进程有重大影响,它通过两种方式发挥其社会功能:一是直接作用于心灵,二是以技术为中介,间接地生产出完全改变人类生活的器具;科学的精神价值比其物质功能更为珍贵。(10)存在科学异化的危险:其一是作为科学"副产品"的技术这个"双刃刀"的负面影响,其二是科学专门化和技术化所造成的两种文化的分裂和精神的扭曲,从而导致人们生活的机械化、原子化和非人性化;急需制止科学的异化,弥合两种文化的分裂。(11)不能把科学异化和技术滥用的罪责归咎于科学和科学家,只能归咎于道德沦丧,归咎于没有建立起有效的组织;因此,采用因噎废食的办法禁止科学和技术显然是荒唐的;要使问题得到妥善解决,就要创立一种新的社会制度和社会传统。(12)科学和道德是相对独立的,责备科学损害道德是不公正的;只有当道德力量退化时,科学和技术才会使它变得低劣。(13)科学方法和科学不是万能的,把物理科学的公理应用到人类生活上去,不仅是完全错误的,而且应当受到谴责;科学方法在人的手中究竟会产生什么,完全取决于人类所向往的目标的性质。(14)科学本身不是解放者,不是幸福的最深刻的源泉;它创造手段,而不创造目的;改善世界的根本并不在于科学知识,而在于人类的传统和理想。(15)科学知识并非改善社会和修身养性之本,用纯粹智力的努力难以弥补道德和审美价值的缺乏,在提升道德生活和个人修养方面,科学家无法与孔子、佛陀、耶稣和甘地这样的伟大人物比肩。(16)没有良心的科学是灵魂的毁灭,没有社会责任感的科学家是道德的沦丧和人类的悲哀;科学家在致力于科学研究的同时,必须以高度的道德心,自觉而勇敢地担当起神圣的、沉重的社会责任,使科学技术赐福于人类,而不致成为祸害。(17)旗帜鲜明地反对取消科学和掏空科学的核心价值(实证性、客观性、合理性等)的反科学思潮,针锋相对地批驳科学败德说和科学损美说。①

笔者曾经这样写道:"人文的科学主义是在发掘和弘扬科学主义的宝贵遗产的前提下,给其增添旧科学主义所不足的仁爱情怀和人文精神。它的鲜明特色是:人为的科学理应是,而且必须是为人的,为的是人的最高的和长远的福祉,它因此必须听命道德的律令,这是一切科学工作的出发点和立足点;科学家用数学公式描绘的世界只是多元世界之一或一元世界的一个侧面,诗人用文字、画家用色彩、音乐家用音符、哲学家用思辨概念描绘的世界同样是真实的和有意义的;科学只提供手段,而不创造目的,对价值判断先天乏力,它应该尊重并辅佐人文主义的导向作用;科学的误用或恶用会产生极大的负面影响,因此科学人应该念念不忘科学良心,时时想到自己的社会责任,以制止

---

① 李醒民:《爱因斯坦》,台北:三民书局,1998年4月第1版,第367-395页。

科学的异化和技术的滥用;纯粹的智力难以弥补道德和审美价值的缺失,科学人切勿以救世主自居,要虚心向富有人文精神的贤人和哲人学习,从人文学科中汲取各种营养;适度冲淡科学的'冷峻'面孔(例如把客观性冲淡为主体间性,把实验证实冲淡为确认,用直觉补充逻辑之不足,把内在的完美引入理论评价标准),扶助科学中本来就有的为善、审美功能,让情感成为科学活动和科学发明的积极因素;历史中的科学理论总是可错的、暂定的、不完备的,科学人像常人一样往往会犯错误;……要而言之,人性应该寓居于科学之中,人的智慧亦是科学的智慧,人文的科学主义就是科学主义的人性化。"[①]在这里我只想补充一句:科学人或科学家应该加强学习和自我修养,培育足够的人文素养,注意从人文学科中汲取智慧和灵感,促使科学更加人性化和人文主义化。

迈向科学的人文主义和人文的科学主义,这是自然科学、社会科学和人文学科发展和繁荣的需要,也是科学文化和人文文化整合和统一的要求,它关乎人类文化的前途和命运。当然,这是一个美好的理想和长远的目标,但是绝不是不可能实现的乌托邦。在批判学派代表人物的身上,尤其是爱因斯坦那里,这个蓝图已经得以践行并部分实现。爱因斯坦不愧是建构与弘扬科学的人文主义和人文的科学主义,并把二者有机结合且集于一身的光辉范例:"他的科学求真以至善为目的,以完美为标准;他在为善的同时,也激励了探索的热情,焕发出审美的情趣;他从臻美中洞见到实在的结构,彻悟出道德的目标。他终生为追求三位一体的真善美而奋斗,为的是自然、社会、人、人的思

---

① 李醒民:走向科学的人文主义和人文的科学主义——两种文化汇流和整合的途径,北京:《光明日报》,2004年6月1日B4版。

维更加有序或和谐。"①正如卡西勒所说:"科学在思想中给予我们以秩序;道德在行动中给予我们以秩序;艺术则在对可见、可触、可听的外观之把握中给予我们以秩序。"②

---

① 李醒民:爱因斯坦:伟大的人文的科学主义者和科学的人文主义者,南京:《江苏社会科学》,2005年第2期,第9—17页。
② 卡西勒:《人论》,甘阳译,上海:上海译文出版社,1985年第1版,第213页。

科学本来就蕴含人性*

确实,科学本来就蕴含人性,科学是科学家展现人性的舞台。这是诸多科学家、哲学家和思想家的看法,也是我本人向来坚守的观点。休谟早就提出一个言近旨远的命题:"人性本身是科学的首都或心脏。"他说:"一切科学对于人性总是或多或少地有些关系,任何学科不论似乎与人性离得多远,它们总是会通过这样或那样的途径回到人性。即使数学、自然哲学和自然宗教,也都在某种程度上依靠人的科学;因为这些科学是在人类的认识范围之内,并且是根据他的能力和官能而被判断的。"① 萨顿言之凿凿:"每一个科学思想,无论它多么神秘,从它的诞生到成熟都彻底地是人性的。由于它最终表现是无生命的抽象形式,因而否定它固有的人性,那就如同因为我们仅仅通过冷漠的印刷字体了解诗歌的人性,就因此否认诗歌具有人性一样愚蠢。科学像任何其他人类活动一样充满生机,正由于产生它的特殊活动是最高级的活动之一,它充满最高级和最纯洁的生命力。"② 物理学家密

---

* 原载长春:《社会科学战线》,2013 年第 9 期,出版时文题有改动。

① 休谟:《人性论》,关文运译,北京:商务印书馆,1980 年第 1 版,第 6 - 7 页。休谟接着说:"一旦掌握了人性以后,我们在其他各方面就有希望轻而易举地取得胜利。从这个岗位,我们可以扩展到征服那些和人生有较为密切关系的一切科学,然后就可以悠闲地去更为充分地发现那些纯粹是好奇心的对象。任何重要问题的解决关键,无不包括在关于人的科学中间。在我们没有熟悉这门科学之前,任何问题都不能得到确实的解决。因此,在试图说明人性的原理的时候,我们实际上就是在提出一个建立在几乎是全新的基础上的完整的科学体系,而这个基础也正是一切科学唯一稳固的基础。"参见该书第 7 - 8 页。

② 萨顿:《科学史和新人文主义》,陈恒六等译,北京:华夏出版社,1989 年第 1 版,第 122 - 123 页。

立根甚至断言:"正是科学家才是真正的人文主义者。"①

晚近的一些学者也如是观。马斯洛言之成理:"人对爱或尊重的需要和对真理的需要完全是一样的,是'神圣的'。'纯'科学的价值比'人本主义'科学的价值并不更多,也不更少。人性同时支配着两者,甚至没有必要把它们分开。科学可以给人带来乐趣,同时又能给人带来益处。希腊人对于理性的尊崇并没有错误,而只是过分排他。亚里士多德没有看到,爱和理性完全一样,都是人性的。"② I. G. 巴伯言必有中:"科学是一种比人们通常所认为的更富于人性的活动。在各种各样的认知领域里,都存在不同程度和不同类型的个人涉入。"③

瓦托夫斯基言必有据:"我们需要重新提出问题,以使科学工作本身能够被看做本质上是人类的工作,并且在高度完美的意义上,可以被看做是人道的事业。为了这个目的,我们必须考虑在普通种类的人类活动中什么是科学活动的基础,并且我们必须确立存在于科学和日常生活之间的实际连续性。我们还必须考虑科学的特点是什么,但不是从科学超越于人类活动的意义上,而是从科学本身是一种与众不同的、独一无二的,在各种决定性的方式上与其他人类活动不同的人类活动这种意义上去考虑。如果以这种方式探讨问题,那么将可以看到,科学代表着人性的一项最高成就,而不是某种置身于人性之外的

---

① R. A. Millikan, *Science and the New Civilization*, Freeport and New York: Books for Libraries Press, 1930, p.13. 他的原话是这样的:"在亚利桑那州借助强大的电力,使沙漠变良田,使人们不再像奴隶一样地曲背如弓地工作。但是,人文主义者对此不感兴趣,而且抱怨输电线毁损了沙漠。这是不可思议的盲目!由此可见,人文主义者不是人文主义者,也不是哲学家,因为他实际上对人道不感兴趣。在这幅图画中,正是科学家才是真正的人文主义者。"

② 马斯洛:《动机与人格》,许金声译,北京:华夏出版社,1987年第1版,第3页。

③ I. G. 巴伯:《科学与宗教》,阮炜等译,成都:四川人民出版社,1993年第1版,陈麟书《代中译本序》,第340页。

事物。"①西博格言简意赅:"科学毕竟是人的努力,它不会独立于人而存在。我们必须不要忘记,在整个历史上,科学迄今与其说使人'减少人性',还不如说使人'有人性'。"②库恩则一言以蔽之:"我们都把科学本质上看做一种人文事业。"③

从 1980 年代伊始研究哲人科学家马赫、彭加勒、爱因斯坦时起,笔者就关注科学中的人性和人文意蕴的问题。④ 在科学说明或科学解释由古代的拟人说变为近代的机械说,再转入现代的嵌入说中,看到科学中的人性的复归。⑤ 在讨论科学与价值关系——这实际上也是对科学中的人性和人文意蕴的揭示——论文中,科学知识体系中的价值体现在科学基础、科学陈述、科学诠释中;科学研究活动中的价值体现在科学家的探索的动机、活动的目的、方法的认定、事实的选择、体系的建构、理论的评价诸方面;科学社会建制中的价值是科学共同体围绕科学的规范结构展开的,包括维护科学的自主性,保证学术研究的自由,对研究后果的意识,基础研究和应用研究的均衡,科学资源的分配与调整,科学发现的传播,控制科学的误传,科学成果的承认和科学荣誉的分配,对科学分层的因势利导,等等。⑥ 从科学的不可避免的主

---

① 瓦托夫斯基:《科学思想的概念基础——科学哲学导论》,范岱年等译,北京:求实出版社,1982 年第 1 版,第 30 页。

② G. T. Seaborg, *A Scientific Speaks Out*, *A Personal Perspective on Science*, *Society and Change*, Singapore: World Scientific Publishing Co. Pte. Ltd., 1996, p. 165.

③ 库恩:科学知识作为历史产品,纪树立译,北京:《自然辩证法通讯》,1988 年第 10 卷,第 5 期,第 16 - 25 页。

④ 李醒民:科学精神和科学文化研究二十年,北京:《自然辩证法通讯》,2002 年第 24 卷,第 1 期,第 83 - 89 页。

⑤ 李醒民:科学解释的历史变迁(上、下),北京:《百科知识》,1987 年第 11 期,第 15 - 18 页;1987 年第 12 期,第 8 - 9 页。

⑥ 李醒民:关于科学与价值的几个问题,北京:《中国社会科学》,1990 年第 5 期,第 43 - 60 页。

观性①,从科学是真善美三位一体的统一体②,从科学家的科学良心③,我们不难窥见科学的人性成分和科学具有的人文主义精神。总而言之,对科学的人文意蕴的发掘和展示,在一篇访谈录中得以概括和反映④,尤其完整地体现在笔者的两种大部头的专著中,即《科学的文化意蕴》(2007)和《科学论:科学的三维世界》(2010)。

现在,笔者想用较多的篇幅,集中而详尽地探讨一下这个多年感兴趣的课题。让我们以科学的三个内涵为框架展开论述。

一、作为知识体系的科学中的人性

科学知识体系或科学理论是科学家通过研究自然而最终获得的系统结果,即对于自然的科学认识。它本身像科学研究的——对象自然一样,大体上可以说是无人性的或无价值偏好的。仿照老子《道德经》第五章的箴言"天地不仁,以万物为刍狗",我们也许可以笼统断定"科学知识不仁,以人为刍狗"——科学知识基本上是无人性的,对人无所谓喜怒哀乐。试想,牛顿的运动定律和万有引力定律、爱因斯坦的相对论、达尔文的进化论等等科学理论,只是对自然规律的近似正确的揭示,它们无好恶、无爱恨、无善恶,何处寻觅其人性呢?

---

① 李醒民:论科学不可避免的主观性,上海:《社会科学》,2009年第1期,第111-120页。

② 李醒民:科学:真善美三位一体的统一体,淮安:《淮阴师范学院学报》,2010年第32卷,第4期,第449-463、499页。

③ 李醒民:科学本性和科学良心,北京:《百科知识》,1987年第2期,第72-74页。李醒民:《科学家的科学良心》,北京:《光明日报》,2004年3月31日,B4版。李醒民:论科学家的科学良心:爱因斯坦的启示,北京:《科学文化评论》,2005年第2卷,第2期,第92-99页。

④ 李醒民、徐兰:《探索科学的人文底蕴——访李醒民研究员》,北京:《哲学动态》,1999年第4期,第5-8页。

但是，要说科学知识体系没有一点人性或绝对不包含人性的因素，也未免言过其实，有武断之嫌。因为科学理论是人为的或为人的，它不可能完全抹杀人的痕迹或人性，尤其是在它的形成过程而非它的最终结果中。不过，这些人性因素比较隐晦，比较隐秘，难以察觉出来。可是，只要我们升堂入室，透过现象，窥其堂奥，情况就截然不同了。针对"科学的结果总是抽象的，并且倾向于越来越抽象，从而似乎失去它们的人性"的看法，萨顿一针见血地指出："这种表面的现象是骗不了任何人的，除非他是一个只关心结果或逻辑程序的冷酷无情的科学家。一种科学理论能够像帕台农神庙一样美。如果你存心就其现存的样子去看它们，而并不问它是如何成了这个样子，那么它们同样是抽象的。但是，一旦你研究了它们的起源和发展，这种理论就像帕台农神庙一样变得具有人性了，而且极为富有人性。实际上，两者都由人建立，本来就是人类几乎独有的成就。由于它们的人性，它们以天然物体不可能有的方式触动我们的心。"①他以表达物理实在的数学方程为例说明："即使我们精巧的方程组使我们自豪地感到我们已经接触到事情的关键，我们也会很快地意识到只是在有限的范围内它才是真实的。即使在那时我们也还没有从人的本性的束缚中完全解放出来，我们只是远远地看到天国。无论我们的数学多么纯粹和严格，它还是人的大脑的一种经验，一种物质化了的思想。无论它多么抽象，它仍然代表[人与自然]基本的二元论；它扎根在自然之中而表达人的心智。"②爱因斯坦极为简洁地表达了这样的看法："科学作为一

---

① 萨顿：《科学的生命》，刘珺珺译，北京：商务印书馆，1987年第1版，第2页。帕台农神庙(Parthenon)是雅典卫城供奉希腊雅典娜女神的主神庙，建于公元前5世纪中叶，公认是多利斯式发展的顶峰。

② 萨顿：《科学史和新人文主义》，陈恒六等译，北京：华夏出版社，1989年第1版，第30页。

种现存的东西,是人们所知道的最客观的、同人无关的东西。但是,科学作为一种尚在制定中的,作为一种被追求的目的,却同人类其他事业一样,是主观的,受心理状态制约的。"①

我们知道,科学理论是由科学事实、科学定律、科学原理——基本概念或基本假设,它们是理论的逻辑前提或公理基础——组成的,其背后还有科学理论的深层背景,即科学预设和科学传统。循着科学事实、科学定律、科学原理、科学预设、科学传统向上行进,其中的人性成分是逐渐递增的;反过来,人性因素则是逐渐递减的。

科学传统反映了在科学发展的一定阶段,科学家对客观世界和科学自身的总看法,它主要包括宇宙观、自然观、方法论等根本性的东西。它作为研究纲领,决定科学理论的格局和本质属性。科学预设实质上是科学信念或科学的深层根基,在很大程度上是先验的和集体无意识的。例如,科学研究的对象自然是客观的、有序的、可知的,是人的理性可以领悟和把握的,甚至可以用数学公式描述其规律。这些信念无法用科学方法证明,超越了科学的范畴。不过,它们一般不会使人们上当受骗。科学预设和科学传统在某种意义上是人的信念和意见向自然界的投射(projection),具有明显的主观性,当然内含诸多价值因素。② 不难看出,科学传统和科学预设的主观性是相当强烈的,渗透较多的人性因素。

科学原理也包含主观性和人性因素,因为它们既不是从经验事实归纳出来的,也不是被实验事实证明的,而是在经验事实的引导下直觉的领悟,或者是由科学家和科学共同体做出的约定。借用爱因斯坦

---

① 爱因斯坦:《爱因斯坦文集》第一卷,许良英等编译,北京:商务印书馆,1976年第1版,第298页。

② 李醒民:论科学中的价值,石家庄:《社会科学论坛》(A),2005年第9期,第41-55页。李醒民:科学的形而上学基础:科学预设,合肥:《学术界》,2008年第2期,第15-34页。

的话来说,它们是"思维的自由创造"和"理智的自由发明"。它们既不为真,也不为假,而是彭加勒所谓的"中性假设"。按照迪昂理论整体论和爱因斯坦意义整体论①的观点,实验事实只能确认或否定它们的推论(定律或命题),而无法决定它们本身的取舍——这种取舍必须依靠直觉或卓识(good sense)才能做出裁决。就连科学理论最低端的科学定律和科学事实,也隐含人的主观性和人性的蛛丝马迹。因为科学定律若是出自经验归纳,那么必然有人的想象力参与其中——"定律的发现是创造性的想象的独特功能"②;若是出自逻辑演绎,那么其中的主观成分便是由科学原理传递而来,而且它的实验确认过程还有人为的符号翻译③和直觉判断问题。科学事实是由赤裸裸的事实用科学语言翻译而成的,而且事实是无限的,这里还有选择的问题,而选择则依人的偏好而定。

萨顿的精彩言论似乎是对我们上述议论的恰如其分的概括:"实验者向自然发问,自然做出回答;如果可能,这个答案是用数学的密码写出的,然后由纯数学去发展它;而最后的方程则由我们所研究的实在来破译。最后的这些结果凝集着大量的人类经验和思想。无论它们看上去多么抽象,它们实际上充满了人性。自然,只有能理解所使用的那些符号的人,才能充分领会这一点,然而,'人文主义者'却因为它们对那些符号一无所知而否认这种人性,他们就像那些由于自己不懂中文就说用中文写的诗没有真实的感情的人一

---

① 李醒民:《迪昂》,台北:三民书局东大图书公司,1996年第1版,第323-377页。李醒民:《爱因斯坦》,台北:三民书局东大图书公司,1998年第1版,第183-195页。北京:商务印书馆,2005年第1版,第160-171页。

② K.皮尔逊:《科学的规范》(汉译世界学术名著丛书),李醒民译,北京:商务印书馆,2012年第1版,第31页。

③ 李醒民:论科学中的语言翻译,成都:《大自然探索》,1996年第15卷,第2期,第100-106页。该文后收入香港科技大学人文学部主编:《逻辑思想与语言哲学》,台北:学生书局印行,1997年12月第1版,第145-162页。

样愚蠢。"①

对于神秘的大自然,人不仅想知其然,而且也想知其所以然,于是科学说明或科学解释应运而生。科学说明实际上是人们力图穿透现象,猜测事物的不可感觉的根底,当然属于(与科学理论有关的)形而上学范畴,其中自然而然充溢着人性。笔者曾经以科学解释的历史变迁——从拟人说到机械说再到嵌入说——为例表明,嵌入说在现代科学的崛起,促进了科学与人性的结合。它的基本特征是:认识主体嵌入到认识的客观对象之中,人本身也参与到科学说明的具体内容中,它可以看作是在一个更高的程度上向拟人说的复归。但是,与拟人说的科学说明相比,它至少有两点显著的差异。其一是,前者是建立在思辨、猜测、臆想、信仰的基础上,后者则建立在科学实验和科学假设的基础上。其二是,前者是人格化的神或神格化的人参与到科学说明的内容之中,后者则是实实在在的人参与其中,人的主动性代替了神秘的神性。至于机械说的科学解释,它是一种客观主义的科学说明,而嵌入说并不是与之反动的主观主义的科学说明,它在两种科学说明之间保持了必要的张力,因而是一种卓有成效的、有广阔前景的科学说明途径。要知道,人是自然的一个组成部分。然而,拟人说解释歪曲了人与自然的关系,用神性排斥人性,造成科学与人性的分离。机械说解释同样也破坏了人与自然的同盟。嵌入说解释沟通人与自然对话,从而使科学具有人性,人性具有科学性。此时,人与自然才真正地融为一体:人是自然的人,自然是人的自然;人将自己对象化于科学之中,把自己的精神赋予世界,并在创造新世界中体现自己的本质。这是自然界的真正复活,是人的真正觉醒,是人的实现了的自然主义和自然界的实现

---

① 萨顿:《科学史和新人文主义》,陈恒六等译,北京:华夏出版社,1989年第1版,第30页。

了的人本主义(马克思语)。①

从科学知识的可错和暂定、从不完美到完美、总是有限度和有局限的本性看,也是人性的反映和体现。萨顿深中肯綮:"科学的主要方法是实验方法,然而发现这种方法却花费了数千年的时间。这种方法本质上在于如此安排使我们的问题的答案由自然本身给出,因而从表面看来,消除了我们自己的影响。我们的确成功地消除了许多我们的错觉和偏见,但是由于必须由人的头脑把这些结果联系起来并给予解释,这些结论必然带有人的特性。即使答案是完善的和最终的,它们也仍然会是如此,况且答案从来就不是完善的和最终的。如果我们的科学是完善的,那么它就代表了人类精神的实质。由于它并不完善,所以它只能使我们看到来自人的血肉之躯的微弱光芒同混杂在一起的来自这实质的微弱光芒。"②波普尔一言九鼎:"我的著作是想强调科学的人性方面。科学是可以有错误的,因为我们是人,而人是会犯错误的。"③

由此可见,在科学知识体系或科学理论中,根本不存在体视镜世界观(stereoscopic view of world)的和神目观(God's eye-view)的客观性,其中或多或少地包含人的主观性或价值因素,也就是说具有或隐或显的人性的雪泥鸿爪。萨顿说得好:"不管我们的知识怎样抽象化,不管我们怎样致力于消灭主观因素,但是归根到底科学仍然具有强烈的人性。我们想到的和去做的每一件事,都是与人有关的。科学无非是在人类之镜中的自然映像。我们可以无限地改善这面镜子,我们虽

---

① 李醒民:科学说明:拟人说、机械说、嵌入说,北京:《自然辩证法研究》,1987年第3卷,第5期,第71页。李醒民:科学解释的历史变迁(上、下),北京:《百科知识》,1987年第11期,第15—18页;1987年第12期,第8—9页。
② 萨顿:《科学史和新人文主义》,陈恒六等译,北京:华夏出版社,1989年第1版,第29页。
③ 波普尔:《科学知识进化论》,纪树立编译,北京:三联书店,1987年第1版,"作者前言"第1页。

然可以消灭镜子或者我们自己相继发生错误的原因,但是无论怎样,却永远抹不掉科学的人类属性。"① 卡普拉透过对量子力学的考察,也得出类似的观点:"我们的价值体系现在正在发生的变化将影响许多门科学。这一事实可能会使那些相信客观性的、与价值无关的科学的人感到惊讶。然而,这正是新物理学的一个重要含义。海森伯对量子理论的贡献显然意味着,科学客观性这一古典概念不能再保持,从而现代物理学也正在向与价值无关的科学这种神话提出疑问。科学家在自然界观察到的图像,是与他们头脑中的图像,他们的概念、思想和价值观密切联系着的。因此,他们获得的科学成果和他们研究的技术应用,将受到他们思维方式的框架的限制。虽然他们研究工作的许多细节并不明显地取决于他们的价值体系,但是进行这些研究工作所处的较大的框架,却决非与价值观无关。所以,科学家不仅在理性上,而且在道义上应对他们的研究工作负责。"②

可以说,科学理论中的主观性和价值因素即人性成分是无法避免的,这是人为的科学和为人的科学的固有属性。笔者在多年前即指出,构成科学知识的事实和理论都有主观性成分的介入。科学事实并没有原子事实,每一个事实都是一个场;也就是说,它要受到现有理论的制约和观察者个人主观因素的"干扰"。换言之,科学家并不是用一个无限大的、高光洁度的平面镜看世界的,他们也不是冷血的、无热情

---

① 萨顿:《科学的生命》,刘珺珺译,北京:商务印书馆,1987年第1版,第151页。他还这样写道:"纯化我们的理论和工具,提高它们的抽象性、普遍性和稳定性,和把我们能力的局限即干扰和反常(特别是由于个人的因素产生的干扰和反常)减少到最低限度是一回事。从人性的意义和价值去评价科学理论和工具则是另一回事。在第一种情况下,我们从技术与实用的观点考虑问题;在后一种情况下,我们从纯粹人的观点考虑问题。这并不矛盾,因为这种概括和抽象是人进行并且是为了人的。这两种观点并不是对立和排斥的,反之是相辅相成的。"参见该书第152页。
② 卡普拉:《物理学之"道"——现代物理学与东方神秘主义》,朱润生译,北京:北京出版社,1999年第1版,"再版序言"第2-3页。

的、无个性的、被动的。因此,客观主义的所谓"科学的客观性"基本上是虚无主义的。尽管科学包含着价值判断和价值因素,但是这不仅没有动摇科学客观性的基石,而且它作为一条有机的纽带,把科学与整个人类文化联系起来了。① 我后来进而揭橥,科学中无疑存在的主观性属性来自科学的人类维度、人性维度、社会维度、方法维度、认识维度。我的结论是:"科学或科学理论不可能是纯粹客观的。科学具有不可避免的主观性,……要认清和利用主观性在科学中的积极作用,充分发挥科学家的主观能动性,激发他们的想象力和创造性,推动科学向广度和深度进军。而且,还可以把科学的主观性转化为某种契机和黏合剂,促进科学文化和人文文化的融合和汇流。"② 由此可知,科学知识体系中的主观性或人性是科学的客观属性或现实存在,它作为连接自然科学、社会科学或人文学科的纽带,它作为沟通科学文化和人文文化的桥梁,也具有不可漠视的积极意义。

二、作为研究活动的科学中的人性

在科学研究活动中,可以说是充盈着人性。针对有人认为,科学使人变得心硬起来,它使我们热衷于物质的东西,它扼杀诗意,而诗是一切高尚情操的唯一源泉;科学接触的心灵会枯萎起来,而且变得反抗一切高尚的冲动、一切激情、一切热情。彭加勒旗帜鲜明地批评道,在为科学和人类利益的共同奋斗中,我们培养了合作精神、纪律、英雄主义行为和献身精神,从而人性变得更可爱了。而且,热爱真理是伟

---

① 李醒民:科学价值中性的神话,兰州:《兰州大学学报》(社会科学版),1991年第19卷,第1期,第78—82页。
② 李醒民:论科学不可避免的主观性,上海:《社会科学》,2009年第1期,第111—120页。

大的事情,追求真理并不会牺牲其他无限宝贵的东西,例如仁慈、虔诚、对邻人的爱。① 萨顿明确表示:"无论科学活动的成果会是多么抽象,它本质上是人的活动,是人的满怀激情的活动。"他提出这样一个问题:如果它是这样人性化而且如此重要,那么历史学家怎么会只给它如此少的注意呢? 旧式的"人文主义者"怎么会对它视而不见并认为同他们的目标无关呢? 在他看来,解释是极为简单的:因为科学活动在很大程度上是不大张扬的,甚至是秘密进行的。不但他的活动是秘密的,就连他的活动产生的结果也是秘密的。② 拉德纳揭示,科学家经常不能完全摆脱他的人的属性,他是一个有偏爱的主体,这种偏爱不可避免影响到他的科学活动。因此,价值判断实质上包含在科学的程序中,科学家确实以科学家的资格作价值判断。③ 以下拟从六个方面加以具体探讨。

(1)从探索的动机看,科学研究活动是人性的淋漓尽致的展现。爱因斯坦在普朗克 60 岁生日庆祝会上讲演时说,住在科学庙堂里的人真是各式各样,而引导他们去那里的动机也五花八门:有人因为科学能给他们以超乎常人的智力快感,科学是他们的特殊娱乐,他们从中寻求生动活泼的经验和雄心壮志的满足;有人之所以把他们的脑力产品奉献在祭坛上,为的是纯粹功利的目的;有人是为了逃避生活中令人厌恶的粗俗和使人绝望的沉默,要摆脱人们自己反复无常的欲望的桎梏,而遁入客观知觉和思维的世界;有的则是想以最适当的方式来画出一幅简化的和易于领悟的世界图像,试图用他的世界体系代替

---

① 彭加勒:《最后的沉思》,李醒民译,北京:商务印书馆,1999 年第 3 次印刷,第 122 - 124 页。

② 萨顿:《科学史和新人文主义》,陈恒六等译,北京:华夏出版社,1989 年第 1 版,第 38 页。

③ R. Rudner, The Scientist Qua Scientist Makes Value Judgment. E. D. Klemke et. ed. , *Introductory Reading in the Philosophy of Science*, New York: Prometheus Books, 1980.

经验的世界并征服它。爱因斯坦认为,科学庙堂如果只有前两类人,那就绝不会有科学。因为这两类人只要有机会,人类活动的任何领域他们都会去干。第三种动机是消极的。最后一种动机才是积极的——渴望看到先定的和谐。这种动机是真正的科学家无穷的毅力和耐心的源泉。他们的精神状态与宗教徒和恋人的精神状态类似,不是来自非凡的意志力和修养,也不是来自深思熟虑的意向和计划,而是直接来自激情。① J.S.赫胥黎的言论也许是对这种状况的最好总结:"如果把科学当做人的活动而非那种活动的成果,则它的存在自然也是由于动机而与人生价值相联系。人性是奇怪的,它要求知道事物,追求真理,它重视知识不但为了有知识的愉快,同时为了知识带来的能力。"②

(2)从活动的目的看,为何研究和研究什么都是出于人性的决定。史蒂文森等认为,仅仅从事科学研究就必须作价值判断,都包含某些种类的目标或欲望。因此,这种活动的过程不可能是价值中性的或摆脱人性的。因为它包括如何花费时间、精力和资源的选择。特殊的理由是独有的高成本、建制控制和科学研究的社会应用。在大科学时代,随着对科学家的任命、提升和奖励的系统日益由外部的政治和经济力量决定,科学已经不完全是由为追求自然真理而追求自然真理来驱动。而且,对科学知识的手段、目的、成本和风险以及效益的讨论,也提到议事日程。③ 卡瓦列里强调,在大科学和高技术时代,面对科学和技术关系日益密切以及对科学成果的应用监管不力的现实,对科学的追求本身不能不牵涉到科学家的科学良心和社会责任感。科学作

---

① 爱因斯坦:《爱因斯坦文集》第一卷(汉译世界学术名著丛书),许良英等编译,北京:商务印书馆,2010年第1版,第170-174页。
② J.S.赫胥黎:《科学与行动及信仰》,杨丹声译,台北:商务印书馆,1978年第1版,第108-109页。
③ L. Stevenson and H. Byerly, *The Many Faces of Science*, *An Introduction to Scientists*, *Values and Society*, Boulder, San Francisco, Oxford: Westview Press, 1995, p. 226-230.

为形成经济基础的工业商品的原初源泉,已经变成国家的事务,科学的追求变成在政治上和伦理上具有负荷的活动,而不管我们是否希望如此。特别是在缺乏保证科学知识为公众利益服务的机制时,对知识的追求本身不能认为是中性的。① J.S.赫胥黎把科学活动与人性密切相关讲得再明白不过了:"科学作为一份知识和原则,本质地是一种手段。它是一个指示方向的罗盘,它供给我们达到辽远和繁复优美的目的的唯一方法。但是正如我们大家已知的,它可以用来指导达到任何目的,建设的和破坏的,为私人利益的或谋公共幸福的。决定目的的是人性,而科学则供给达到那目的的手段。"②

不管现代社会情况如何变化,不管科学与技术的联系日益紧密,总的来说,科学家在研究活动中还是自觉或不自觉地把追求真理放在第一位,或把这个目标看得很重要——这本身就是最道德、最高尚的人性。培根一锤定音:"无论其在人们堕落的判断力及好尚中是如何,真理(它只会受本身的评判的)却教给我们说研究真理(就是向它求爱求婚)、认识真理(就是与之同处)和相信真理(就是享受它)乃是人性中最高的美德。""一个人的心若能以仁爱为动机,以天意为归宿,并且以真理为地轴而动转,那这人的生活可真是地上的天堂了。"③彭加勒倡言"为科学而科学"的价值观:"追求真理应该是我们活动的目标,这

---

① L. F. Cavalieri, *The Double-Edged Helix*, *Science in the Real World*, New York: Columbia University Press, 1981, pp. 21, 135.

② J.S.赫胥黎:《科学与行动及信仰》,杨丹声译,台北:商务印书馆,1978年第1版,第108-109页。他接着说:"如上所述,科学能供给人性以指使方向的罗盘和实行的图样,因为它能帮助人认识他自己,更明白地显示出他与他的环境的关系。……但它的动作只是表现的。它能显示给我们各种目的,但不能迫使我们向它们前进。动作的发动力不在这里,而在它处。我们到了实现动作的时候,我们是在另一园地,与科学的完全不同的园地。因为动作总是与动机相纠绕的,而动机一部分总是感觉。人性的活动之存在是含在并且通过那种人生价值之衡量中的,而这种人生价值之衡量,科学由于它的方法正好从它自己扫除尽了。"

③ 培根:《培根论说文集》,水天同译,北京:商务印书馆,1983年第2版,第5、6页。

才是值得活动的唯一目的。……如果我们希望越来越多地使人们摆脱物质的烦恼,那正是因为他们能够在研究和思考真理中享受到自由。"① "这种无私利的为真理本身的美而追求真理是合情合理的,并且能使人变得更完善。"② 萨顿申明:"仅次于自然界本身,几乎没有比人逐步认识自然界这件事更为奇妙。仅次于真理本身,几乎没有比人为了达到真理不顾一切地做出的持续努力这件事更为感人,这只是因为人本身的存在就要求他去这样做。这无疑是人的一部分,也许是最好的一部分;是人性中最高尚的方面。"③

当代的一些科学家和科学哲学家也持有类似的观点。雅克·莫诺把他的观点阐述如下:我们必须承认,唯一的目标,至高无上的品德,不是一个人的愉快,甚至不是他的世俗权力和舒适,也不是苏格拉底的"认识你自己",而是客观知识本身。这是一条严格的、有约束力的规矩。"科学界只有在增进真正的知识方面才存在。唯有以钻研和维护客观知识为目标,科学道德才是一个严格的指南"④。莫尔把为知识而知识视为科学态度的最高本质。⑤ 格姆把追求真理看作科学的第一个基本价值。他指出:科学的目标就在于分辨陈述的真伪,此外在科学中不存在任何其他能与之相媲美的第二种划分标准,不论是宗教箴言还是政治信仰。罗斯扎克甚至认为:"自由地探究真知毕竟是最

---

① H.彭加勒:《科学的价值》(汉译世界学术名著丛书),李醒民译,北京:商务印书馆,2010年版,第1页。

② H.彭加勒:《科学与方法》(汉译世界学术名著丛书),李醒民译,北京:商务印书馆,2010年版,第14页。

③ 萨顿:《科学史和新人文主义》,陈恒六等译,北京:华夏出版社,1989年第1版,第32页。

④ 莫尔:科学伦理学,黄文译,北京:《科学与哲学》,1980年第4辑,第84-102页。H. Mohr, *Structure & Significance of Science*, New York: Springe-Verlay, 1977, Lecture 12.

⑤ H. Mohr, *Lectures on Structure & Significance of Science*, New York: Springer-Verlag, 1977, pp. 21-22.

高的价值,是精神的紧迫需要,其程度就像身体对食物的紧迫需要一样。"①科学的这一基本目的或目标既是科学的生命之所在,也是科学家人性之光华的闪耀。

(3)从方法的认定看,也存在与人性相关的偏好和选择的问题。从大的范畴讲,科学方法有归纳派和演绎派两大流派——二者分属于经验论和理性论派别。此外,还有实证论的、证伪主义的、约定论的、整体论的、操作论的、工具论的、现象论的、还原论的方法论等等派别。至于具体方法的创造、选择和使用,差异就更多了。科学家采用何种方法,主要受文化传统、科学时尚和个人癖性的影响。方法不同,最终得到的科学理论在形式上往往不同,甚至在实质内容上也有某些歧异。方法的认定还或隐或显、或多或少、或迟或早地影响到研究方向的选定、事实的收集、理论的建构及结果的评价等具体科学活动。事实上,不同国家或民族由于心智类型或心智框架多少有一些差别,常常偏爱不同的方法进路。比如,在科学史上,欧洲大陆的物理学家偏爱抽象、概括和逻辑,总是力图用方程表示他们的理论,使之服从简单的、对称的定律,而且要使精神对数学美的爱恋得到满足。可是,英国物理学家则喜欢全力以赴地构造模型,用粗糙的、无其他仪器帮助的感官向我们提供的实体来构造模型。在构造这种力学模型时,他们既不受任何宇宙论原理的困扰,也不受任何逻辑必然性的限制。他们只有一个目标:创造一个形象的、直观的抽象定律的图像。没有这个图像或模型的帮助,他们就无法把握和理解这个抽象的定律。此外,法国科学家擅长直觉洞察,德国科学家迷恋逻辑演绎,而英国科学家却

---

① T. Roszak, The Monster and the Titan: Science, Knowledge, and Gnosis, E. D. Klemk ed., *Introductory Readings in the Philosophy of Science*, Ames: Iowa State University, 1980.

热衷于模型构造。①

值得指出的是,在一些涉及动物尤其是人的学科中,试验和实验方法、方式的选取和实施,都牵涉到错综复杂的伦理问题,包含科学家的价值判断和道德因素——这显然与人性有着千丝万缕的联系。利普斯科姆注意到,方法的选择和问题的选择二者,即在科学研究的名义下什么是可允许的,是负荷价值的,却受到社会伦理和道德状态的影响。活体解剖的例子阐明了这一点。达尔文认为,用无私地追求知识为之辩护是不充分的,用满足纯粹的好奇心来辩护则是完全不可接受的,用消除人的疾病具有压倒性的重要性来辩护是可以的,但是要知道,与人类不同的物种有权在宇宙中拥有它们的位置。② 索雷尔断然肯定,科学能够使我们把同情的反应扩大到更广的生物范围。即使冷漠的科学的心智框架也未必会取消其他非科学的或前科学的冲动和吸引力。它能够在人群中与其他许多东西共存,这使人们变得充满柔情、怀旧等等。③ 萨顿特别提及,对我们仪器的考察以一种更为平凡的方式揭示出科学的人性。这些仪器显示出科学不只是由我们的头脑创造出来的,而是在比我们通常想到的更大的程度上由我们的双手创造出来的。或者更确切地说,我们的思维许多是由我们劳动中那些纯技术的手工部分启发的。④

(4)从事实的选择看,科学家的脾性和偏爱也发挥作用。按照彭

---

① 参见下述两个文献的有关章节。P. 迪昂:《物理学理论的目的与结构》(汉译世界学术名著丛书),李醒民译,北京:商务印书馆,2011 年第 1 版。P. Duhem, *German Science*, Translated by J. Lyon, La Salle Illinois: Open Court Publishing Company, 1991.

② J. Lipscombe and Williams, *Are Science and Technology Neutral?* London-Boston: Butter-Worths, 1979, p. 11.

③ T. Sorell, *Scientism, Philosophy and the Infatuation with Science*, London and New York: Routledge, 1991, pp. 86 – 87.

④ 萨顿:《科学史和新人文主义》,陈恒六等译,北京:华夏出版社,1989 年第 1 版,第 31 页。

加勒的观点,科学家在开始研究时,面对的事实的数目是不计其数的,也是瞬息万变的,而他们却不能了解所有的事实。在这种状况下,若受纯粹由任性或功利指导,就不会有为科学而科学,甚至无科学可言。但是,科学家相信,事实有等级可寻,在它们之中可做出明智的选择。最有趣的事实就是可以多次运用的事实,具有一再复现机会的事实。很可能复现的事实首先是简单的事实,而简单的事实在两种极端情况下寻求:其一是无穷大,其二是无穷小。天文学家把星球视为质点,物理学家在基元对象恒定条件,生物学家认为细胞比整个动物更有趣。彭加勒进而阐明,以规则的事实开始是合适的。但是,当规则牢固建立之后,当它变得毫无疑问之后,与它完全一致的事实不久以后就没有意义了,由于它们不能再告诉我们新东西。于是,正是例外变得重要起来。我们不去寻求相似;我们尤其要全力找出差别,在差别中我们首先应该选择最受强调的东西,这不仅因为它们最为引人注目,而且因为它们最富有启发性。自然是和谐的、美的;正是对这种特殊美,即对宇宙和谐的意义的追求,才使科学家选择那些最适合于为这种和谐起一份作用的事实,正如艺术家在他的模特儿的特征中选择那些能使图画完美并赋予它以个性和生机的事实。正因为简单是美的,正因为宏伟是美的,科学家宁可寻求简单的事实、崇高的事实。而且无须担心,这种本能的和未公开承认的偏见将使科学家偏离对真理的追求。①

(5)从体系的建构看,科学家的明智选择和个人意愿起决定性作用。爱因斯坦把物理学理论分成两种不同的类型。其中大多数是构造性的(constructive),它们企图从比较简单的形式体系(formal scheme)出发,并以此为材料,对比较复杂的现象构造出一幅图像。气

---

① H.彭加勒:《科学与方法》(汉译世界学术名著丛书),李醒民译,北京:商务印书馆,2010年第1版,第7—13页。

体分子运动论就是这样力图把机械的、热的和扩散的过程都归结为分子运动,即用分子运动假设来构造这些过程。第二类理论是"原理理论"(principle-theory)。它们使用的是分析方法(在爱因斯坦那里具体化为探索性的演绎法),而不是综合方法。形成它们的基础和出发点的元素,不是用假设构造出来的,而是在经验中发现到的(当时,爱因斯坦的思想还不够彻底,后来他认为,作为理论的基础和出发点的元素不是从经验中推导出来的,而是思维的自由创造、理智的自由发明、自由选择的约定),它们是自然过程的普遍特征,即原理。这些原理给出了各个过程或者它们的理论表述所必须满足的数学形式的判据。热力学就是这样力图用分析方法,从永动机不可能这一经验事实出发,推导出一些为各个事件都必须满足的必然条件。构造性理论的优点是完备,有适应性和明确;原理理论的优点是逻辑上完整和基础巩固。相对论就属于原理理论。"这个理论主要吸引人的地方在于逻辑上的完整性。从它推出的许多结论中,只要有一个被证明是错误的,就必须抛弃它,要对它进行修改而不摧毁其整个结构,那似乎是不可能的。"[①]爱因斯坦为适应20世纪精密科学理论化的大趋势,把建构原理理论视为物理学家的最高使命。但是,以洛伦兹等人为代表的老一辈物理学家却反其道而行之,力图基于以太假设,极力构筑构造性的电子论。电子论在竞争中败北,最后进入历史的博物馆。

(6)从理论的评价看,这是科学家的个性和偏好自由驰骋的天地。亨佩尔言之成理:人的科学活动肯定可以说是以评价为先决条件,对科学理论的取舍、修正、协调更是如此。我们的决定总是在不充分的信息的基础上做出的,这就要求我们采取恰当的评价标准,主要是提

---

① 爱因斯坦:《爱因斯坦文集》第一卷(汉译世界学术名著丛书),许良英等编译,北京:商务印书馆,2010年第1版,第183-184、187页。

供事实说明和价值说明。① 无论是对科学假设或科学理论先验评价还是后验评价,外部确认或经验确认(事实说明)无疑是重要的或根本的,但是内部完美(价值说明)也不可或缺。价值评价包括社会价值评价(其评价标准是由社会的历史背景和文化环境决定的)、个人价值评价(其评价标准是由个人的个性、气质、偏爱等个体因素决定的)和理智价值评价。理智价值评价的标准基本上是合理性的,是科学共同体大体公认的,而且是作为一个物种的人类所能理解和接受的。几种有代表性的科学理论的理智价值评价标准是:彭加勒的简单和方便标准;爱因斯坦的"内部的完美"标准;邦格(M. Bunge)关于科学理论评价的"网络结构"标准;库恩的五条充分评价准则,即精确性、一致性、广泛性、简单性和有效性;雷斯彻的八个理智价值评价标准——简单性(simplicity)、规则性(regularity)、一致性(uniformity)、包容性(comprehensiveness)、内聚性(cohesiveness)、经济性(economy)、统一性(unity)、和谐性(harmony)。②

三、作为社会建制的科学中的人性

马斯洛提出这样一个命题:"科学作为一种建制在一定程度上是人性的一些方面扩大的投影。"③确实,在科学作为社会建制或科学共同体这个维度,人性集中体现在默顿所谓的科学的精神气质上,即普

---

① C. G. Hempel, Science and Human Values. E. D. Klemk ed. , *Introductory Readings in the Philosophy of Science*, New York: Prometheus books, 1980, pp. 254 - 268.

② 李醒民:科学理论的价值评价,北京:《自然辩证法研究》,1992 年第 8 卷,第 6 期,第 1 - 8 页。

③ 马斯洛:《动机与人格》,许金声译,北京:华夏出版社,1987 年第 1 版,第 6 页。原文如下:"对科学家的研究显然是对科学研究的一个基本的、甚至是必要的方面。既然科学作为一种建制在一定程度上是人性的一些方面扩大的投影,这些方面的知识的任何增长都会自动地扩大许多倍。"

遍性、公有性、非牟利性和有组织的怀疑主义的规范结构。这是因为，"科学的精神气质是有感情情调的一套约束科学家的价值和规范的综合。这些规范用命令、禁止、偏爱、赞同的形式来表示，它们借助建制性的价值而获得其合法地位。这些通过格言和例证来传达、通过称许而增强的规则，在不同程度上被科学家内在化了，于是形成他的科学良心，或者用现在人们喜欢的术语来说，形成他的超我。虽然科学精神气质未被明文规定，但是从科学家在习惯中，在无数论述科学精神的著作中，在由于触犯精神气质而激起的道德义愤所表现出来的道义上的意见一致方面，可以推断出科学精神气质"①。马尔凯进而认为，科学文化被认为是一套标准的社会规范形式和不受环境约束的知识形式。这些社会规范典型地被认为是明确限定特定类型的社会行为的规则，它们不限于通常所谓的科学的精神气质，而是科学家与特定社会环境相适应的行为规范形式。这些价值观被科学家描述为独立性、情感自律、无偏见、客观性、批判态度等等。②

在笔者前述的关于科学社会建制中的价值的九个具体项目和实践操作中，处处都有人性参与和涉足。在科学精神的规范结构中，人性要素显得更为突出和浓郁："科学精神以追求真理作为它的发生学的和逻辑的起点，并以实证精神和理性精神构成它的两大支柱。在两大支柱之上，支撑着怀疑批判精神、平权多元精神、创新冒险精神、纠错臻美精神、谦逊宽容精神。这五种次生精神直接导源于追求真理的精神。它们紧密地依托于实证精神和理性精神，从中汲取足够的力量，同时也反过来彰显和强化了实证精神和理性精神。它们反映了科

---

① 默顿:科学规范结构,文心(李醒民)译,北京:《科学与哲学》,1982年第4辑,第119—131页。
② 马尔凯:《科学与知识社会学》,林聚任译,北京:东方出版社,2001年第1版,第145—147页。

学的革故鼎新、公正平实、开放自律、精益求精的精神气质。科学精神的这一切要素,既是科学的精神价值的集中体现,实际上也成为人的价值,因为它们提升了人的生活境界,升华了人的精神生命,把人直接导向自由。在这种意义上可以说,科学精神是科学的生命,也是人的生命。"① 我在参照布罗诺乌斯基的研究论述科学中的价值时,得出的下述结论现在看来依然成立:"总而言之,科学共同体相对来说是比较简单的,因为它具有直接的共同目标——探索真理。它必须促使单个科学家是独立的,促使科学家群体是宽容的。从这些基本前提——它们形成了最初的价值——逐步得出一系列价值:异议、思想和言论自由、公正、荣誉、人的尊严和自重。这就是科学所塑造的人的价值,而且有这种价值观念的人又大大推动了科学的发展和社会的进步,从而使人的价值得以实现。科学和人正是在这种张力和互动中丰富起来、完善起来的。"②

四、从科学的功能上看,科学是人性的或有助于人性的升华

科学以技术为中介,可以转化为生产力,从而有助于大大增进社会的物质文明,增益人类的福祉,因而是人性的。科学的功能更重要的体现在精神功能上:破除迷信和教条的批判功能,帮助解决社会问题的社会功能,促进社会民主、自由的政治功能,塑造世界观和智力氛围的文化功能,认识自然界和人本身的认知功能,提供解决问题的方法和思维方式的方法功能,给人以美感和美的愉悦的审美功能,训

---

① 李醒民:《科学的文化意蕴》,北京:高等教育出版社,2007年第1版,第229-275页。
② 李醒民:关于科学与价值的几个问题,北京:《中国社会科学》,1990年第5期,第43-60页。

练人的心智和提升人的思想境界的教育功能。这种精神功能能够提高社会的精神文明,促进人的自由发展和人的自我完善和完美,从而尤为人性。①

关于科学的精神价值或功能对人性的积极作用,培根早就有言在先:"史鉴使人明智,诗歌使人巧慧,数学使人精细,博物使人深沉,伦理之学使人庄重,逻辑与修辞使人善辩。'学问变化气质'。不特如此,精神上的缺陷没有一种是不能由相当的学问来补救的:就如同肉体上的各种病患都有适当的运动来治疗似的。……如果一个人心志不专,他顶好研究数学;因为在数学的证理之中,如果他的精神稍有不专,他就非从头再做不可。"②"除了知识同学问而外,尘世上再没有别的权力,可以在人的心灵同灵魂内,在他们的认识内、想象内、信仰内建立起王位来。"③爱因斯坦赞颂:"科学的不朽荣誉,在于它通过对人类心灵的作用,克服了人们在自己面前和在自然界面前的不安全感。"④萨顿的赞美之情更是溢于言表:"科学之树体现着作为一个整体的人类的天赋和光荣。"⑤

中国学人对此也有比较清醒的认识。老舍这样写道:"科学在精神方面是求绝对的真理,在应用方面是给人类一些幸福。错用了科学的是不懂科学,因科学错用了而攻击科学,是不懂科学。人生的享受

---

① 李醒民:论科学的精神功能,厦门:《厦门大学学报》(哲学社会科学版),2005年第5期,第15—24页。
② 培根:《培根论说文集》,水天同译,北京:商务印书馆,1983年第2版,第180页。
③ 培根:《崇学论》,关琪垌译,北京:商务印书馆,1938年第1版,第58页。
④ 爱因斯坦:《爱因斯坦文集》第三卷,许良英等编译,北京:商务印书馆,1979年第1版,第137页。
⑤ 萨顿:《科学史和新人文主义》,陈恒六等译,北京:华夏出版社,1989年第1版,第136页。萨顿如此写道:"科学的整个结构看上去就像一棵生长着的树一样;对环境的依赖是十分明显的,但是生长的主要原因——生长的压力、生长的冲动——是在这棵树的内部,而不是在它的外部。因此,科学好像是不受特定的人们支配的,虽然它可能会在说不定的什么时候受到他们每一个人的影响。科学之树体现着作为一个整体的人类的天赋和光荣。"

只有两个:求真理与娱乐。只有科学能够供给这两件。"①周昌忠详细列举了科学与人性的关系:科学文化对人性具有重要意义,同时这种正面伦理效应在很大程度上同人文文化交相互补。首先,科学文化的理性主义培育和促进人的向上心、平常心和自由创造力。人文文化超越社会人生而彰显至善。科学文化把自然界也纳入形而上学的反思,以对宇宙幽眇高远的玄思张扬对人生的理性思考,使之升华为更美妙的憧憬。这种向上心还铲除了人文文化可能给迷信留下的地盘,因而更加清纯崇高。平常心是人体悟至善的必要心态,科学文化也产生这种"宁静以致远"的文化效应。科学超越无限的现象世界去领悟无限的本质世界,由此培养无限自由的概念创造力。其次,个人精神生活唯有达到"一己之内心"和"外界的个人际"两方面的平衡,才能处于健康的伦理状态,即以平常心执着于理想。人文文化从个人一己的独特体验去促进内心精神生活。科学文化的客观主义强化和固化了个人对于外界的意识,从而使人心达到主客观的平衡。第三,人的生命的至善是精神快乐。人文文化以美给人以精神快乐。科学文化的理智主义让人尽享"为知识而知识"的精神快乐。第四,人的生命的至善还包括身体的快乐。然而,人文文化只强调精神快乐。科学文化的功利主义使人的向上心纳入对功利价值的追求。反过来,这种追求也促进了向上心。最后,科学文化的批判主义精神同样对人性有积极的伦理作用。它从批判精神和进步意识两方面补充人文文化的不足。②

由此看来,断言科学是非人性的,是莫大的误解或无知的妄言。实际上,我们能够揭示和发掘出科学丰赡的人性要素,完全可以对科

---

① 刘为民:《"赛先生"与五四新文学》,济南:山东大学出版社,1994年第1版,第190页。笔者认为老舍关于"科学在精神方面是求绝对真理"的说法不妥。

② 周昌忠:《普罗米修斯还是浮士德》,武汉:湖北教育出版社,1999年第1版,第53-56页。

学做出人文主义的理解,科学史、科学哲学和科学社会学的研究成果对此已经给出无可辩驳的证明。哪种理解可以称为对科学的人文理解呢?瓦托夫斯基言之有理:这不单是把科学理解为一种人类活动,虽然它是这种理解的一个方面,而且也是科学社会学、心理学和科学史的正当的研究课题。对科学的理解不单是学艺中的一种,也不意味着以某种肤浅的总观点对普遍性的理解。"对科学的人文理解就是在自身中实现和认识到科学本身所例证的那种概念理解的模式;去影响一个人自己的理解与科学显示出的那种理解之间的和睦关系,这就使得有可能认识科学思想的充分的人文主义。……从哲学的最美好最深刻的意义上说,对科学的人文理解,就是对科学的哲学理解"[1]。

---

[1] 瓦托夫斯基:《科学思想的概念基础——科学哲学导论》,范岱年等译,北京:求实出版社,1982年第1版,第587-588页。

科学的社会功能和价值*

——卡尔·皮尔逊如是说

卡尔·皮尔逊(Karl Pearson,1857－1936)是英国著名的统计学家、生物统计学家、应用数学家,又是名副其实的历史学家、科学哲学家、伦理学家、民俗学家、人类学家、宗教学家、优生学家、弹性和工程问题专家、头骨测量学家,也是精力充沛的社会活动家、律师、自由思想者、教育改革家、社会主义者、妇女解放的鼓吹者、婚姻和性问题的研究者,亦是受欢迎的教师、编辑、文学作品和人物传记的作者。一句话,他是19和20世纪之交的活跃的哲人科学家和百科全书式的学者。这样的哲人在今日的教育和社会体制下似乎已经绝迹了!皮尔逊思想明睿,洞若观火,他在一百年前对科学的社会功能和价值的看法似乎至今还高于一些有知识、有学问的中国人,更遑论只把科学视为发财致富的工具或"财神爷"的浅薄、浮躁之辈了。

在皮尔逊看来,我们自己所处时代的最显著的特点之一是,自然科学及其对人类生活的舒适和行为两方面的深远影响都惊人地急剧增长着,与德国宗教改革、法国大革命、英国工业革命相比,科学的诞生和发展也许在人类文明史中具有更为重要的意义。他强调,科学的功能是指引对人的服务,是训练人的心智,占据并使他的闲暇有趣味。正是基于对科学的社会功能和价值的充分估计,他赞同克利福德的名言:"科学思想不是人类进步的伴随物和条件,而是人类进步本身。"

---

* 原载北京:《科技导报》,2000年第1期。

按照皮尔逊的观点,对于任何社会建制或人类活动形式而言,能够给出的唯一理由——这里意指为什么要促进它存在,至于它的存在则是一个历史问题——在于,它的存在有助于提高人类的社会福利,增进社会的幸福,或加强社会的效率和稳定性。以此为前提,他详尽地探讨了科学的社会功能和价值——这也是科学有权要求社会承认和支持的理由。在他看来,科学要求我们的承认和支持取决于:它为公民提供有效的训练;它对许多重要的社会问题施加影响;它为实际生活增添了舒适;它给审美判断以持久的愉悦。下面我们将分而述之。

一、科学有权要求承认的第一个理由
——为公民提供有效的训练

在1891年的格雷欣讲演中,皮尔逊就提出,近代科学在对事实进行严格的、无偏见的分析中作为一种思想训练,尤其适合于促进健全的个人品德。作为一种训练的科学的价值取决于它的方法,而不是取决于它的材料。在次年出版的《科学的规范》中,他着重论述了科学方法在为科学存在的辩护中的优势,即科学在证据评价、事实分类和消除个人偏见,在可以称之为心智的严格性的一切事情上给我们以有益的训练。他论证说,从道德的观点来看,或者从单个个人与同一社会群体其他成员的关系来看;我们必须通过其行为的后果来判断每一种人类活动;通过大量灌输科学的心智、习惯而鼓励科学和传播科学知识,这将导致产生效率更高的公民,从而将增进社会的稳定性。在这里,受到科学方法训练的心智,很少有可能被仅仅诉诸激情而被盲目的情绪激动引向受法律制裁的行为;这些行为也许最终会导致社会的灾难。

皮尔逊进而表示,完全撇开科学可以传达的任何有用的知识不谈,科学是用它的方法自我辩护的。遗憾的是,在科学的实际应用的巨大价值面前,我们太容易忘记它的纯粹教育方面了。我们屡屡看到为科学提出的抗辩:科学是有用的知识,而语法和哲学被设想只有很少的用处或商业价值。确实,科学常常教给我们对实际生活具有基本重要性的事实,但是为科学辩护的理由更在于科学把我们导向独立于个人思维的分类和体系,导向不容许幻想娱乐的关联和定律,因此我们必须把科学的训练及其社会价值列在语法和哲学之上。正是在这种意义上,他认为只列举研究结果,只传达有用知识的通俗形式是坏科学(bad science),或根本不是科学。坏科学给出的现象描述诉诸读者的想象而非诉诸理性,它的结论不是从对事实的分类得出的,或不是作者直接作为假定陈述的。对于受过逻辑训练的心智来说,好科学将总是明白易懂的,倘若这种心智能够阅读和翻译用以撰写科学的语言的话。科学方法在所有分支中是相同的,这种方法是一切受过逻辑训练的心智的方法。在这方面,伟大的科学经典比那些对科学方法鲜有洞察的人所写的普及读物更值得一读,因为这些经典著作传达了科学方法的训练。皮尔逊反复强调,与获取知识相比,受科学方法训练的心智是第一位的事情。科学的价值首先在于它能够完成的训练,其次才在于它的实际结果。因此,一个民族要保持它的地位,就必须要有科学学校和科学人员。

二、科学有权要求承认的第二个理由
——对许多重要的社会问题施加影响

皮尔逊发现,科学的结果与许多社会问题的处理密切相关。与从柏拉图时代到黑格尔时代的哲学家提出的任何国家理论相比,科学能够随时对社会问题提出具有更为直接意义的事实。他依据魏斯曼的遗传理论阐明,该理论从根本上影响了我们关于个人的道德行为,关于国家和社会对它们的退化成员的责任的判断。皮尔逊认为,如果社会要塑造它自己的未来——如果我们能用比较温和的减少不合格退化成员的方法代替自然规律的严酷过程,该过程把我们提升到目前高标准的文明——那么我们必须特别留神,不要让盲目的社会本能和个人偏见左右我们的判断。这就要求每一个公民必须意识到自己身上的责任是多么重大,即公民必须直接或间接地考虑与国家的教育拨款、济贫法的修正和管理、公共的和个人的慈善事业的行为等有关的诸多社会问题,并做出合乎道德的或有益于社会的判断。他认为,只有科学,才能使这样的考虑和判断立足于可靠而持久的基础上。

皮尔逊进而指出,科学对作为一个整体的民族也具有不可低估的功能和价值。除了它的训练和教育作用外,它从自然史的角度告诉我们:民族生活意味着什么,民族如何像其他任何群居的生命类型一样服从进化的巨大力量和适者生存的原则;种族对种族、民族对民族的斗争,在早期是野蛮人部族的盲目的、无意识的斗争,而在目前越来越变成民族本身适应不断变化的环境的、有意识的、谨慎取向的尝试;任何民族必须预见斗争如何进行并在哪里进行,必须为保持自己的地位有准备地适应正在改变的条件,并洞察即将到来的环境的需要;一个不是由强烈的社会本能,而仅是由人与人、阶级与阶级之间的同情结合在一起的共同体,就不可能面对外部的争夺和竞争;民族与民族的斗争可能有其悲哀的一面,但是作为斗争的结果,我们看到了人类向着更高的智力和体能的方向进步。

三、科学有权要求承认的第三个理由
——为实际生活增添了舒适

科学最终对实际生活的影响是巨大的,尤其是科学导致的技术应用日益增进了共同体的物质舒适。皮尔逊认为这是科学有权得到支持的第三个理由。他举例说,牛顿关于落石和月球运动之间关系的观察,伽伐尼关于蛙腿与铁和铜接触的痉挛运动的观察,达尔文关于啄木鸟、树蛙和种子对它们的环境的适应的观察,基尔霍夫关于在太阳光谱中出现的某些谱线的观察,其他研究者关于细菌生命史的观察,这些类型的观察不仅使我们的宇宙概念发生了革命性的变化,而且它们已经变革了或正在变革我们的实际生活、我们的交通工具、我们的社会行为、我们的疾病治疗。在发现它们的时候,看来好像只是纯粹理论兴趣的结果,但最终却变成深刻地改变人类生活条件的一系列发现的基础。皮尔逊断言,任何纯粹科学的结果有朝一日必定会成为广泛达到的技术应用的起点。例如,伽伐尼的蛙腿与大西洋海底电缆似乎是风马牛不相及的,但前者却是导致后者一系列研究的出发点。提到赫兹发现的电磁波,他认为这是确认了麦克斯韦关于光是电磁行为一个特殊周相的理论。尽管它对纯粹科学来说是十分有趣的,但我们还没有看到它导致的直接实际应用。他当时就认为,若有人冒险地断定,赫兹的这一发现在一两代人中将不会引起比伽伐尼的蛙腿在当时导致电报更大的生活革命,那么这种人肯定是一个胆大的教条主义者。面对今日无线电技术及其应用的突飞猛进,我们不能不惊叹皮尔逊关于纯科学迟早会导致技术应用的论断是何等正确。

四、科学有权要求承认的第四个理由
——给审美判断以持久的愉悦

皮尔逊认为,纯粹科学因为它给想象能力以锻炼和给审美判断以满足,向我们提出更为强烈的承认要求。他首先从揭示想象力和审美判断的本性开始,进而探讨了它们与纯粹科学的关系。他问道:当我们看到创造性的想象的伟大作品时,比如一幅引人入胜的绘画或感人至深的戏剧,它打动我们的魅力的本质是什么呢?我们的审美判断为什么宣称它是真正的艺术品呢?这难道不是因为我们发现,它把广泛的人的情绪和情感浓缩在简短的陈述、单个的程式或几个符号之内吗?这难道不是因为诗人或艺术家在他的艺术作品中,向我们表达了我们在长期的经验过程中有意识或无意识分类的各种情绪之间的真实关系吗?在我们看来,艺术家的作品之美难道不在于他的符号确切地恢复了我们过去的感情经验的无数事实吗?审美判断宣布赞成还是反对创造性想象的诠释,取决于该诠释体现还是违背我们自己观察到的生活现象(感情经验的长期性和多样性在审美判断的决定中起着多么重要的作用)。只有当艺术家的程式与他打算恢复的感情现象一点也不矛盾时,审美判断才能得到满足。

正是从对审美判断的这一阐明出发,皮尔逊认为,审美判断不仅与科学判断严格平行,而且科学审美甚至要高于艺术审美。按照他的观点,科学定律是创造性想象的产物,它们是心理的诠释,是我们在我们自己或我们同类身上恢复广泛的现象、观察结果的程式。因此,现象的科学诠释、宇宙的科学阐明,是能够持久地满足我们审美判断的唯一的东西,因为它是永远不会与我们的观察和经验相矛盾的唯一的东西。相比之下,诗人可以用庄严崇高的语言向我们叙述宇宙的起源和意义,但是归根结底,它将不满足我们的审美判断、我们的和谐完美的观念,它也不符合科学家在同一领域可能冒险告诉我们的少数事实。科学家告诉我们的将与我们过去和现在的所有经验相一致,而诗人告诉我们的或早或迟保证与我们的观察相矛盾,因为它是教条,我们在那里还没有认识整个真理。我们的审美判断要求表象和被表象的东西之间的和谐,在这种意义上科学往往比近代艺术更为艺术。

皮尔逊在这里实际上揭示出,美与真应该是统一的,与真统一的美是"更为真实的美",它比单纯的不真之美更美——他是一位臻美主义者而不是唯美主义者。也许正是针对英国诗人华兹华斯和济慈等人对科学偏执的理解,皮尔逊这样写道:"我们常听人说,科学的成长消灭了生活的美和诗意。无疑地,科学使许多对生活的旧诠释变得毫无意义,因为它证明,旧诠释与它们声称描述的事实不符。不管怎样,不能由此得出,审美判断和科学判断是对立的;事实是,随着我们科学知识的增长,审美判断的基础正在变化,而且必须变化。与前科学时代的创造性想象所产生的任何宇宙起源学说中的美相比,在科学就遥远恒星的化学或原生动物门的生命史告诉我们的东西中,存在着更为真实的美。所谓'更为真实的美',我们必须理解为,审美判断在后者中比在前者中将找到更多的满足、更多的快乐。正是审美判断的这种连续的愉悦,才是纯粹科学追求的主要乐趣之一。"

在皮尔逊看来,在人的胸怀中,存在着用某一简明的公式、某一简短的陈述恢复人的经验事实的永不满足的欲望。它导致野蛮人通过把风、河、树奉为神明来"阐明"一切自然现象。另一方面,它导致文明人在艺术作品中表达他的感情体验,在公式或所谓的科学定律中表达他的物理经验和心理经验。艺术作品和科学定律二者都是创造性想象的产物,都是为审美判断的愉悦提供材料。科学致力于提供宇宙的心理概要,它具有满足我们渴望简明地描述世界的历史的能力,这是科学要求社会支持的最后一个重大理由。尽管科学所追求的恢复所有事物的简明公式迄今还未找到,也许永远也不完全能够达到,但科学追求它的方法是唯一可能的方法。科学达到的真理是能够持久地满足审美判断的真理的唯一形式。他希望人们现在最好满足于部分正确的答案,而不要用整个错误的答案欺骗我们自己。前者至少是通向真理的一个步骤,并且向我们表明可能采取的其他步骤的方向。后者则不会与我们过去的或未来的经验完全一致,因此最终将无法满足审美判断。在实证知识的增长期间,永不止息的审美判断逐步地抛弃一个又一个的教条和哲学体系。由此可见,皮尔逊不仅把科学的审美作为科学的价值的一个重要方向,而且也作为科学发明的方法和科学评价的标准来认真对待。

五、从主要立足于科学的精神价值之上的辩护,走向揭示"专家政治"的弊端

皮尔逊的高明之处在于,他为科学的辩护是精致的而非粗陋的,是深层的而非表面的,也就是说,他主要不是立足于科学的物质价值或鼓吹粗俗的物质利益,而是立足于科学的精神价值,即科学的教育价值、认识价值和审美价值为科学辩护的。他还指明,从社会的观点来看,科学在其最真实的和最广泛意义上的普及,不仅是对科学十分充分的辩护,而且也是十分必要的辩护。他感到不幸的是,科学人由于受到在无知的丛林黑暗深处追寻真理的激励而失去自制力,仅仅沉湎于修道院生活的恬静而脱离社会;而且太易于把大众视为必然无知,把普及视为必然浅薄,从而忽视或漠视科学普及工作。他强调,科学普及的首要立足点应放在科学方法的传播上。任何名副其实的科学著作不管多么通俗,其主要目的应该是介绍事实的分类,从而不可抗拒地导致读者的心智承认逻辑关联,即承认在心智迷住想象之前而诉诸理性定律。

皮尔逊虽然充分肯定了科学的社会功能和价值,但他并未忽略科学的技术层面的副作用。他在1880年作为"新维特"所发出的下述心声(尽管此后似乎未继续这样强调)是振聋发聩的、远远超越时代的。他说:"宗教一度在世界上横行霸道。科学扼杀了宗教;但科学没有建立起思想的共和国,它在它的领域实行更糟糕的'暴政'即科学专家的

寡头政治，他们期望人类盲从权威，普遍接受他们选定并宣布为真理的无论什么东西！"

看到这段一百多年前声讨"专家政治"的檄文，我们不能不佩服皮尔逊的先见之明。今天看来，专家政治虽有诸多缺陷，且不是一种理想的政治模式（"贤人通才政治"也许是较理想的），但它毕竟还是胜于官僚政治。此外，也不能把今日自然技术所导致的负面社会后果归咎于自然科学，甚至不应归咎于自然技术，而是由于社会技术（social technology）或社会工程（social engineering）不发达——从而难以有效地约束或遏制误用或恶用自然技术的个人和集团（尤其是决策者）——所致。

科学的精神功能*

科学作为人类文化的支柱之一,具有超越功利主义的功能,即具有构成人世和人性本原的精神价值和超体意义。其实,培根早就认为,科学也主宰社会和个人的精神生活,使之达到理想的境界。他把科学看作是区别文明人和野蛮人的标志,指出科学能够破除迷信和愚昧,是信仰和道德的基础,有助于塑造和完善人性。[①]这种观念一直延续到现代。例如,任鸿隽始终坚持:"今日所谓物质文明者,皆科学之枝叶,而非科学之本根。使科学之枝叶而有应用之效验,则科学之本根,愈有其应用之效验可知。"[②]"科学发明所生的社会影响,属于理论的要比属于应用的为大且远。"[③]1931年,国联教育考察团在中国进行了考察,在两年后发表的考察报告中也这样强调:

科学对于人类之价值,不在于人类之物质力量,而在吾人由科学而养成之态度。真正的科学,既非以物质支配世界之实际结果之总和,又非知识上之一种虚饰;乃系内心之生命,以适应现实环境为目的,努力从事,而尚未完成其使命者也。[④]

---

* 原载厦门:《厦门大学学报》(哲学社会科学版),2005年第5期。
[①] 周昌忠:培根的科学技术社会理论,北京:《自然辩证法通讯》,1996年第18卷,第4期,第33-38页。
[②] 任鸿隽:科学基本概念之应用,《建设》,1920年第2卷,第1号。
[③] 任鸿隽:科学与社会,上海:《科学》,1948年第30卷,第11期。
[④] 任鸿隽:评国联教育考察团报告,《独立评论》,1933年第39号。

因此,"我们必须比物质术语更多地确立科学的价值"①。我们不能像梁启超所批评的那样,"只知道科学研究所当结果的价值,而不知道科学本身的价值"②。我们应该挖掘科学的精神功能和人文意义。要知道,"自科学发明以来,世界上人的思想、习惯、行为、动作,皆起了一个大革命,生了一个大进步"③。之所以如此,显然多半是科学的精神功能使然。萨顿的一席话很能说明问题:

> 科学不仅是改变物质世界最强大的力量,而且是改变精神世界最强大的力量,事实上它是如此强大而有力,以致成为革命性的力量。随着对世界和我们自己认识的不断深化,我们的世界观也在改变。我们达到的高度越高,我们的眼界也就越宽广。它无疑是人类经验中所出现的一种最重大的改变;文明史应该以此为焦点。④

萨顿对科学的精神功能的估价一点也不言过其实,哥白尼的日心说为我们提供了一个绝好的例证(当然这样的例证为数甚多)。撇开日心说对宗教教条的冲击不谈,单单提一下它对人的心灵的震撼和精神的解放,就不能不令人刮目相看。蒙田对此的理解是,这种不带偏见的宇宙观,足以粉碎人类理性的傲慢。他说:"这个不仅不能掌握自己,而且遭受万物摆弄的可怜而渺小的尤物自称是宇宙的主人和至尊,难道能想象出比这个更可笑的事情吗? 其实,人连宇宙的分毫也不能认识,更谈不上指挥和控制宇宙了。"布鲁诺的看法是,哥白尼学说乃是迈向人的自我解放的决定性的一步。人不再作为一个被禁闭

---

① M. H. F. Wilkins, Introduction. W. Fuller ed. , *The Social Impact of Modern Biology*, London: Routledge & Kegan Paul, 1971, p. 7.
② 梁启超:科学精神与东西文化,上海:《科学》,1921 年第 7 卷,第 9 期。
③ 任鸿隽:科学方法讲义,上海:《科学》,1918 年第 4 卷,第 12 期。
④ 萨顿:《科学的历史研究》,刘兵等译,北京:科学出版社,1990 年第 1 版,第 20 页。

在有限的物理宇宙的狭隘围墙之内的囚徒那样生活在世界上了,他可以穿越天空,并且打破历来被一种假形而上学和假宇宙学所设立的天国领域的虚构界限。无限的宇宙并没有给人类理性设置界限,恰恰相反,它会极大地激发人类理性。人类理智通过以无限的宇宙来衡量自己的力量,从而意识到它自身的无限性。① 这两种解读乍看起来似乎有点相悖,但都道出了科学的无与伦比的精神功能——使人认识到自己及其理性的伟大和渺小。

对科学的精神功能怎么估价也不过分。因为作为人的精神产物的科学,反过来又进一步照亮了人的精神,而精神则照亮了整个宇宙。据费格尔(H. Feigl)报告,爱因斯坦曾经对他说:"要是没有这种内部的光辉,宇宙不过是一堆垃圾而已。"② 布罗诺乌斯基甚至认为:"人的心智了解和探索的世界如果缺乏思想,它就不能幸存下去。"③ 其实,彭加勒在先的一段话讲得更为惟妙惟肖和震撼人心:

> 凡不是思想的一切都是纯粹的无……思想无非是漫漫长夜之中的一线闪光而已。但是,正是这种闪光即是一切事物。④

因此,在某种意义上可以说,思想和精神的力量比自然的和人造的物质的力量更为伟大,影响更为深远。

笔者曾经在一篇关于科学的精神价值的论文⑤中,论述了作为知

---

① 卡西尔:《人论》,甘阳译,上海:上海译文出版社,1985 年第 1 版,第 19-21 页。
② 波普尔:《科学知识进化论》,纪树立编译,北京:三联书店,1987 年第 1 版,第 445 页。
③ J. Bronowski, *Science and Human Values*, New York: Julian Messner Inc., 1956, p. 48.
④ 彭加勒:《科学的价值》,李醒民译,沈阳:辽宁教育出版社,2000 年第 1 版,第 154-155 页。
⑤ 李醒民:论科学的精神价值,福州:《福建论坛》(文史哲版),1991 年第 2 期,第 1-7 页。北京:《科技导报》转载,1996 年第 4 期,第 16-20,23 页。

识体系的科学的精神价值(信念价值、解释价值、预见价值、认知价值、增值价值、审美价值),作为研究活动的科学的精神价值(尤其是实证、理性、臻美三大科学方法的精神价值),作为社会建制的科学的精神价值(默顿所谓的普遍性、公有性、祛利性、有组织的或有条理的怀疑性等科学的精神气质)。在这里,笔者不拟沿用该文的分析框架和重复该文的具体内容,仅就科学的精神功能的几个重要方面加以论述。

一、科学的批判功能——破除迷信和教条的功能

科学是迷信的天敌,教条的克星,也是人为的权威的消解剂。科学从诞生之时起,就担当起批判者的角色,以破除迷信和教条为自己开辟前进的道路:它既不承认神祇的权威,也不承认宗教和古代学者的权威(如亚里士多德的物理学教条)。科学一方面破除科学内部的迷信和教条——曾经是生气勃勃的科学思想也会随着时间的推移而变成迷信和教条(如牛顿的绝对时空概念和力学自然观)——为自身的健康发展扫清思想障碍;另一方面也破除科学外部的迷信和教条,把人们从专横的精神权威和僵化的思想枷锁中解放出来,从而发挥自身固有的社会功能和文化功能。诚如 T. H. 赫胥黎所说:"科学乃破除旧思想之健将也。"①

科学的内部史,在某种意义上可以说是一部破除迷信、克服教条的批判史。科学的外部史也是这样,西方的启蒙运动和中国的五四运动都证明了这一点。因此,"没有理由怀疑科学是智慧的源泉,是神秘和迷信的驱除者"②。就连费耶阿本德这位激进的反科学批评家也不

---

① 赫胥黎(T. H. Huxley):近世思想中之科学精神,《青年杂志》,1915 年第 1 卷,第 3 号。
② F. Aicken, *The Nature of Science*, London: Heinemann Educational Books, 1984, p. 99.

得不承认,"在 17 和 18 世纪科学确实是解放和启蒙的机器"。他说:

> 毫无疑问,科学曾经是反对专制的迷信的先锋。正是科学使我们能不顾宗教信仰而扩充知识和智慧的领域;正是科学使人性挣脱了传统的思想桎梏而得到了解放。古老的思想方式在今天已一钱不值,这正是科学告诉我们的。科学和启蒙是一回事——即使最极端的社会批评家也相信这一点。①

科学何以具有如此神奇的威力和功能呢?关键在于科学的独创性和革命性。凡是能够进入科学知识宝库的,非有独创性莫属。而独创性的东西,无一不是新颖的、前所未有的,总会或多或少地难以与现存的科学概念框架和社会习俗或传统相容。当这样的新东西积累到相当程度时,旧的科学概念框架无法容纳了,于是便出现科学危机。在科学危机时期,相当多的科学人往往依旧墨守旧观念——要知道,即使独创性的科学观念,经过一定的历史时期,也会蜕变为僵化的教条乃至迷信,从而妨碍科学前进的步伐。此时,科学的批判或启蒙应运而生,以便为新观念的涌现扫清思想障碍。在对千疮百孔的旧科学概念框架修补无济于事之时,科学革命就来临了——这是科学的内在逻辑。科学革命打碎了旧科学框架,引起科学观念急剧而根本的改造。新科学观念具有难以估量的精神力量,它会越出科学共同体,在社会、文化、思想层面产生摧枯拉朽的效应。情况正如李克特所说:科学并不是通过"扩散"进入其他文化的,而是作为摧毁其他传统文化形式的一种力量进入的,而且它反过来也同样破坏性地作用于西方传统之上。②

---

① 费耶阿本德:抵御科学,捍卫社会,朱约林译,北京:《自然科学哲学问题》,1986 年第 2 期,第 17-23 页。
② 李克特:《科学是一种文化过程》,顾昕等译,北京:三联书店,1989 年第 1 版,第 13 页。

二、科学的社会功能——帮助解决社会问题的功能

对于诸多社会问题,科学和技术成为寻求答案的最好办法之一,或者至少提供了防止这些社会问题进一步恶化的最佳手段之一。比如为了解决人口爆炸这个社会问题,我们除了从更新观念、转变思想、建立社会保障、加强法制建设等方面着眼外,科学和技术的作用是不可或缺的:医学、人口预测和规划、避孕机理研究等属于科学的范畴,而改善卫生条件、改良供水设施、研制避孕药丸和工具等直接与科学导致的技术相关。许多抱怨科学和技术的人,恰恰出自对这种显而易见的事实视而不见。

皮尔逊曾经以魏斯曼的遗传假设为例说明,科学在解决有关社会问题时能发挥重大作用。他说:"与从柏拉图时代到黑格尔时代的哲学家提出的任何国家理论相比,科学能够随时对社会问题提出具有更为直接意义的事实。"例如,在国家教育拨款、济贫法的修正和管理、公共和私人的慈善事业等问题的决策方面,常常以社会本能和个人偏见形成判断的强大因素。要保证判断是道德的或是社会的判断,"它首先取决于知识和方法,对这一点无论怎么经常地坚持也不算过分"。因此,"纯粹科学最终对实际生活的直接影响是巨大的"。[1]

在解决社会问题时,我们首先不得不提出多种相关计划和方案进行评估或评价,以便从中挑选出最适宜、最划算的——这就是决策。科学在技术评估(technology assessment)、风险评价(risk evaluation)和决策(decision making)中所扮演的角色是举足轻重的。在决策模型中,少不了熟悉客观情况和具备相关能力的科学家,因为他们能够

---

[1] 皮尔逊:《科学的规范》,李醒民译,北京:华夏出版社,1999年1月第1版,第26-29页。

基于科学知识、科学方法和科学伦理,针对特定的项目提出可供选择的方案,说明各自的长短优劣、利弊得失,建议优先采纳的顺序。当然,最后的决定则是由人民选出的代表即政治家拍板的。

三、科学的政治功能——促进社会民主、自由的功能

笔者曾在一篇短文①中指出,作为知识体系、研究活动、社会建制的科学,在诸多方面都与以民主和自由为特色的现代社会和谐一致的,并有助于社会民主和自由的健全发展。其实,默顿早在1942年就提出这样一个纲领性的命题:"科学为与科学精神气质(ethos)一体化的民主秩序提供了发展机会。"②托默的论述更为细致和具体:科学思维能够自动加强民主文化,即通过为日常生活提供精神模式来加强民主,仿佛科学就是民主的核心。这种看法基于如下思路:受杜威哲学影响的美国知识分子,对于提高生活质量一直抱有乐观主义态度,因此他们把科学包括在那种乐观主义精神之中。包括的方式有三种。一是把繁荣归功于科学和技术。另外两种方式依靠欧洲的启蒙运动科学模型,即认为来自科学的理性主义的思维方法可以为成功和幸福指明方向。其一假定一个好政府必须以科学原理和方法,尤其是以实验方法为基础——林肯所谓的"政府即实验"。其二是相信科学思维会提高生活的无形质量,譬如说解放公民的思想。总之,他们把改革和繁荣同科学联系起来,认为民主和繁荣的哲学核心就是一整套自由主义和人道主义的价值,而科学思维则居于这些价值的中心。有人干脆说:"美国民主是科学方法的政治翻版。"杜威则一言以蔽之:"科学

---

① 李醒民:科学的自由品格,北京:《自然辩证法通讯》,2004年第26卷,第3期,第5-7页。

② 默顿:科学的规范结构,李醒民译,北京:《科学与哲学》,1982年第4辑,第119-131页。

是专司社会普遍进步的器官。"①

也就是在那篇短文中,笔者这样写道:

> 众所周知,民主政治的真正目的是自由,而科学的目的、前提、过程、结果、方法和精神无一不是自由的。在这一点,民主与科学可谓殊途同归、相得益彰。民主和科学作为人类的两大思想发明和社会建制,其最高的价值恰恰在于把人导向自由。更何况,"人存在的本质就是自由"、"人注定是自由的"(萨特),在这种意义上,人的存在、民主和科学的存在本质上是同一的,民主和科学的价值和意义即是人的价值和意义。在当前,形形色色的后现代主义者和反科学主义者一叶障目,不遗余力地攻击所谓的"科学的暴政",这实在无异于堂吉诃德与风车搏斗,显得既荒唐又可笑。

内格尔似乎主要从"破"或批判的角度,说明了科学能够把人从不自由的境况中解放出来:"获得了那种关于各种事件和过程的知识;把人的心灵从往往滋生着野蛮习俗和严重恐惧的古代迷信中解放出来;削弱了道德教条和宗教教条的理性基础,结果揭露了非理性习惯的硬壳为社会非正义的延续提供的伪装;更通俗地说,科学逐渐形成和发展了向传统信念质询和挑战的知识氛围,与此相伴随,在以前往往不接受批判反思的领域中,科学采纳了根据可靠的观察资料,以及对关于事实问题或方针问题的可能假定进行评价的逻辑方法。"这一切"足以表明科学事业对于表达和实现那个与自由文明的理想普遍联系的抱负,已做出了多么大的贡献"②。马克思似乎主要从"立"或建设的角

---

① 托默:《科学幻象》,王鸣阳译,南昌:江西教育出版社,1999年第1版,第48—50页。
② 内格尔(E. Nagel):《科学的结构》,徐向东译,上海:上海译文出版社,2002年第1版,第1页。

度,阐述了科学如何把人导向自由。科学间接导致了物质财富的增长和闲暇时间的增加,为人类走向自由打好了坚实的物质基础。尤其是,人类获得自由的关键之一,应像马克思所说的那样,使劳动真正成为自由的、有吸引力的活动,成为个人自我实现的手段。为此,劳动必须具有社会性和科学性。这样一来,劳动才有可能从一种负担变成"身体锻炼","变成一种快乐","给每一个人提供全面发展和表现自己全部的即体力和脑力的能力的机会","让他们在这个过程中更新他们所创造的财富世界,同样地也更新他们自身。"(马克思语)①马克思的这些预言,今日在科学和技术研究工作中,在高技术产业中,在有关的艺术创造和文化事业中,不是已经部分地实现了吗? 难怪有人这样说:"科技有一最为根本的正面价值不容忽视:科技的发展乃人类建立真正平等社会的唯一凭藉。"②由此看来,充满自由品格且与民主秩序和谐的科学的精神价值和人文意义——这是科学存在的至高无上的理由——是怎么估计也不会过分的。

四、科学的文化功能
——塑造世界观和智力氛围的功能

科学最重要的文化功能就是告诉我们宇宙或自然界是什么样子,乃至为什么是这个样子而不是其他样子。在近代以降的文明世界中,人的世界观和智力——"我们最有价值的资源是智力和独创性"③——

---

① 孟建伟:《论科学的人文价值》,北京:中国社会科学出版社,2000年第1版,第139-140页。
② 沈清松:《解除世界的魔咒——科学对文化的冲击于展望》,台北:时报文化出版有限公司,1984年第1版,第三章。
③ G. T. Seaborg, *A Scientific Speaks Out*, *A Personal Perspective on Science*, *Society and Change*, Singapore: World Scientific Publishing Co. Pte. Ltd., 1996, p. 390.

氛围在很大程度上是由科学形成的。拉奇对此有明确的认识:"我们的世界观现在不可避免地由科学承担,因此,任何力求得到一个统一的、连贯的、有意义的关于外部和内部实在图像的人,必须掌握科学是什么,它说什么,它应该在我们的概念世界和实践世界恰当地扮演什么角色。"①

萨立凡指出,科学能够比较正确地告诉我们,人在宇宙中的真实地位。人的世界观因科学而愈益明了,每一门科学都直接致力于此目的。任何命运的观念要博得人们的注意,必须要有科学的宇宙观为其背景,无论是预言家的、哲学家的或是诗人的幻想,必须接受这些前提。科学所启示的宇宙,不管是由于科学加于心灵的直接影响而启示,还是加于宗教、哲学和艺术的影响而间接启示,都是科学对于我们精神生活的最重要的贡献。② 洛伦斯揭示出,科学深刻地改变并开阔了我们文化的眼界。科学完全改变了几个大的文化神话,否定了许多迷信,把我们从"着魅的"世界解救出来,把真义给予瘴气、古怪念头、极光、灾祸和生命力,重新阐释身心的自然的和培养的因素和其他种类的神秘事物。科学揭示了死亡、遗传和身体健康的发生和原因,使我们洞察到我们来自何处,我们在宇宙中的位置,理解我们的所见所闻、一言一行。③ 克莱因以作为一种方法、艺术、语言、知识也是一种精神的数学为例,全面展示了科学的文化功能:

> 在西方文明中,数学一直是一种主要的文化力量。……很少

---

① D. Ratzsch, *Science & Its Limits*, *The Natural science in Christian Perspective*, (Second Edition) Illinois and England: Inter Varsity Press, 2000, p. 8.

② 萨立凡(J. W. N. Sullivan)等:《科学的精神》,萧立坤译,台北:商务印书馆,1971年第1版,第11-12页。

③ W. W. Lowrance, *Modern Science and Human Values*, Oxford: Oxford University Press, 1986, p. 14.

有人懂得数学在科学推理中的重要性,以及在物理科学理论中所起的核心作用。至于数学决定了大部分哲学思想的内容和研究方法,摧毁和建构了诸多宗教教义,为政治学说和经济理论提供了依据,塑造了众多流派的绘画、音乐、建筑和文学风格,创立了逻辑学,而且为我们必须回答的关于人和宇宙的基本问题提供了最好的答案,这些就更加鲜为人知了。作为理性精神的化身,数学已经渗透到以前由权威、习惯、风俗所统治的领域,而且取代它们成为思想和行动的指南。最为重要的是,作为一种宝贵的、无可比拟的人类成就,数学在使人赏心悦目和提供审美价值方面,至少可以与其他任何一种文化门类媲美。①

其实,科学研究本身就是一种十分有意义的文化活动,科学文化也对其他文化不无裨益。巴尔的摩提出这样一个问题:科学知识究竟给普通人带来什么好处呢?他的回答是:"首先,也是最重要的,就是科学进展对人类文化做出的贡献。不断地收集我们自身以及我们周围环境的知识,乃是当代生活中极为重要的一种文化活动。科学与艺术一样,都能说明人类对其自身及其与其他事物关系的看法。……所有这些知识,都有助于我们确立政治辩论和艺术创作的基本原则。"②以此观之,邦格理直气壮地断言看来并非言过其实:"科学借助它的精神力量和物质成果,开始占据现代文化的中心。"③

---

① 克莱因:《西方文化中的数学》,张祖贵译,上海:复旦大学出版社,2004年第1版,第1—11、vi页。
② 巴尔的摩(D. Baltimore):限制科学:一位生物学家的观点,晓东译,北京:《科学学译丛》,1986年第2期,第15—20页。
③ M. Bunge, *Philosophy of Science, From Problem to Theory*, Revised Edition, Vol. I, New Brunswick: Translation Publisher, 1998, p. 38.

五、科学的认知功能——认识自然界和人本身的功能

好奇是人的本性，求知是人的本能。史前时期的先民，尽管衣不蔽体、食不果腹，但还是力图了解自己周围的世界以及其自身。从温饱问题得以逐渐缓解的农业社会开始，人的好奇心和求知欲更是与日俱增。这也不难理解：肠胃的空虚需要食物来填补，精神的贫乏需要知识来充实。科学是关于自然界和人本身的知识的巨大而可靠的源泉：它不仅决定了人们对世界的总看法，而且也能详尽地告诉人们世界的细节的知识。薛定谔说得好："我们热切地想知道自己从哪里来到何处去，但唯一可观察的只有身处的这个环境。这就是我们为什么如此急切地竭尽全力去寻找答案。这就是科学、学问和知识，这就是人类所有精神追求的真正源泉。对我们所置身的时空环境，我们总是尽可能想知道更多。当努力寻找答案时，我们乐在其中，并且发现它引人入胜（这或许不是我们的终极目标所在?）。"[1]陶伯则一语中的：我们生活在科学意识统治的世界中，科学作为认知活动，简直创造了世界观[2]。

"科学的主要功能是创造和优化关于外部世界的新知识"[3]，"科学的价值在于对自然的一致性的不断完善的认识之中"[4]。莱伊（A. Rey）以科学的代表物理科学为例，说明了科学的知识价值的重要性：

---

[1] 薛定谔：《自然与古希腊》，颜峰译，上海：上海科学技术出版社，2002年第1版，第97页。

[2] A. I. Tauber ed., *Science and the Quest for Reality*, London: Macmillan Press Ltd., 1997, p. 1.

[3] R. G. A. Dolby, *Uncertain Knowledge, An Image of Science for a Changing World*, Cambridge: Cambridge University Press, 1996, p. 248.

[4] 钱德拉塞卡（S. Chandrasekhar）：《莎士比亚、牛顿和贝多芬》，杨建邺译，长沙：湖南科学技术出版社，1995年第1版，第5页。

"科学尤其是物理学具有功利主义的价值,事实上是值得重视的价值。但是,那是它们作为无私利的知识的价值旁边的小事一桩。为前者而牺牲这个方面是忽视物理科学的真正本性。我们甚至可以说,物理科学本身自然而然地仅有知识的价值。"迪昂赞同莱伊的观点,他在其科学哲学名著中专门探讨了这个问题。他也认为,物理科学的知识价值高于它的实用价值:"物理学理论不仅具有实际的功用,而且尤其具有作为物质世界的知识的价值。"[1]

为什么人们如此之高地估价科学的知识价值呢?除了能满足我们的精神需求和对于世界、自身的认识外,它对于人类种族的延续,对于理解世界的意义,对于比较可靠地达到我们的各种各样的目的,都是须臾不可或缺的。赖文斯确认,观点对于人种的幸存,对于因潜在的感觉输入而引起信息爆炸的世界有意义,是绝对不可缺少的。科学给我们提供了许多普适性的观点,阐明了我们与世界其他部分的相互作用,从而使我们有可能理解它们,并指导我们的行动。[2] 库瓦利斯指出,大多数科学知识是有价值的,因为它帮助人们达到各种各样的目的。我们是掠夺自然还是拯救敏感的生态系统,科学知识将是有用的。科学知识比来自非科学传统的知识主张更可靠,因为后者未被以相同的严格方式加以检验。因此,依据科学知识做判断的人和所做的判断也比较可靠。[3]

科学的知识功能或知识价值的重要地位,决定了科学家把对科学工作评价的重点放在知识创新上,由此也顺理成章地确立了科学的自

---

[1] 迪昂(P. Duhem):《物理学理论的目的和结构》,李醒民译,北京:华夏出版社,1999年1月第1版,第352页。

[2] R. Levins, Ten Propositions in Science and Antiscience. A. Ross ed. , *Science Wars*, Durham: Duke University Press, 1996, p. 182.

[3] G. Couvalis, *The Philosophy of Science, science and Objectivity*, London: SAGE Publications, 1997, p. 125.

主性和自由品格。默顿这样写道：

> 科学家在评价科学工作时，除了着眼于它的应用目的外，更重视扩大知识自身的价值。只有立足于这一点，科学制度才能有相当的自主性，科学家也才能自主地研究他们认为重要的东西，而不是受他人的支配。相反，如果实际应用性成为重要性的唯一尺度，那么科学只会成为工业的或神学的或政治的女仆，其自由性就丧失了。①

六、科学的方法功能
——提供解决问题的方法和思维方式的功能

以实证方法、理性方法、臻美方法为特色的科学方法②，是科学的重要内涵之一。科学方法不仅是科学得以兴旺和统一的根据，而且它在科学自身之外也具有巨大的功能。科学方法在其他各个非科学学科或部门或多或少的应用，给这些学科带来新的生机或转机。科学的方法和思维方式，也有助于处理困扰我们的社会问题乃至个人问题，从而大大有益于人类共同体。皮尔逊言之有理："受到科学方法训练的心智，很少有可能被仅仅诉诸激情、被盲目的情绪激动引向受法律制裁的行为，而这些行为也许最终会导致社会灾难。"把科学方法带进社会问题的领域的人，"他将不满意仅仅皮相的陈述，不满足仅仅诉诸想象、激情、个人偏见。他将要求推理的高标准、对事实及其结果的洞见，他的要求不能不充分地有益于共同体。"③列维特则自信地宣称：

---

① 默顿：《社会研究与社会政策》，林聚任等译，北京：三联书店，2001年第1版，第48页。
② 李醒民：简论科学方法，北京：《光明日报》，2001年5月8日，B4版。
③ 皮尔逊：《科学的规范》，李醒民译，北京：华夏出版社，1999年1月第1版，第12页。

科学是人类经验的一个领域,总体上说,它在认识论上获得了巨大的、绝对的成功。在这一点上,用不着羞涩和缺乏自信。它就同任何其他历史一样,是一个绝对的事实。科学是我们唯一明确的鼓舞人心的模式,告诉我们证据如何搜集和权衡,理论如何被提出、验证,以及在需要的时候如何进行修改甚至驳斥。科学是一种人类实践,当它的主张得到内部逻辑的确证之后,它有权直面所有的竞争对手,并单独成为公众关注的无数领域中决策的实际基础。这样说不是提出一种"科学的"主张,即各种知识的探索必须向着一般科学或者一门特殊科学的榜样奋斗。它所断言的是,科学之外的任何学术领域和研究模式都没有像科学那样在公共领域拥有绝对的权威。①

毋庸讳言,正像科学不是万能的一样,科学方法或科学思维方式也不是万能的。任何一种美妙绝伦的方法,若使用不当或者超越了它的适用范围,不仅无用,而且说不定还会惹祸。贝伦布卢姆揭示这一点:"科学的果实可以作为进一步的努力的激励物起作用;科学思维的习性可以渗入我们的日常生活并影响我们在其他领域的思维。但是,即使最好的方法,如果误用或根本不用,那也是无用的。"②

七、科学的审美功能
——给人以美感和美的愉悦的功能

科学是理性的诗歌,抽象的绘画,符号的音乐。的确,科学像艺术

---

① 列维特(N. Levitt):《被困的普罗米修斯》,戴建平译,南京:南京大学出版社,2003年第1版,第474-475页。

② I. Berenblum, Science and Modern Civilization, H. Boyko ed., *Science and Future of Mankind*, Bloomington: Indian University Press, 1965, pp. 317-332.

一样,也充满美妙的想象、斑斓的色彩及和谐的旋律。大凡科学大家,在科学发明中都有体验到科学的美的魅力和由此而引发的审美感的强烈震颤。彭加勒深有体会地说:"一个名副其实的科学家,尤其是数学家,他在他的工作中体验到和艺术家一样的印象,他的乐趣和艺术家的乐趣具有相同的性质,是同样伟大的东西。"①他绘声绘色地描绘了数学家在数学创造中所体验到的类似于绘画和音乐给予的乐趣:

> 他们赞美数与形的微妙和谐;当新发现向他们打开意想不到的视野时,他们惊叹不已;他们感到美的特征,尽管感官没有参与,他们难道不乐在其中吗? …… 对所有杰出的艺术家来说,情况难道不也是这样吗?②

萨立凡也持有类似的看法:科学具有美学价值,许多科学都被说成是超越之美物,尤其是数学。在科学中,我们可以设计出与《神曲》一样完美的方略来,即令我们知道这些方略是真实的,那也不会减少它们的魅力。用于求学说的方法也往往同学说一样美丽。一部巧妙、艰难与经济的思想作品常常供给美学以极大的兴趣,这并不因享用此兴趣的人少而降低。通常人们不把电磁理论和相对论当作一首诗,仅仅是因为文字和教育的隔阂。③ 皮尔逊则一语道破了科学和艺术在美学上相通的原因,并强调科学比艺术更能使人们的审美感得到满足:"艺术作品和科学定律二者都是创造性想象的产物,都

---

① ポアンカレ(H. Poinearé):《科学者と詩人》,平林初之輔訳,岩波書店,1927年,第139页。

② H. Poincaré, *The Foundations of Science*, Authorized Translation by G. B. Halsted, New York and Garrison: The Science Press, 1913, p. 280.

③ 萨立凡(J. W. N. Sullivan)等:《科学的精神》,萧立坤译,台北:商务印书馆,1971年第1版,第10-11页。

是为审美判断的愉悦提供材料。""科学达到的真理是能够持久地满足审美判断的真理的唯一形式","因为它是永远不会与我们的观察和经验相矛盾的唯一的东西"。①

对科学的审美和鉴赏不是科学家共同体的专利,一般人在学习和钻研科学时也有可能获得科学美的体悟。在学习平面几何时,你难道没有为欧几里得体系的逻辑之美而震撼?在接触牛顿万有引力定律、麦克斯韦电磁方程式和爱因斯坦的质能关系式时,你难道对在十分简单、对称、优美的公式中涵盖的深奥的宇宙秘密无动于衷?此时,我们像科学家一样,也被科学美俘获,融化在美的极乐世界中——这是一种多么崇高的精神境界!难怪彭加勒把心灵的美的享受看得比物质和金钱享受有意义得多:

> 讲究实际的人要求我们的无非是生财之道。这些是非曲直无须作答;相反地,可以恰当地询问他们,聚敛如此之多的财富有什么用处呢,而且为赚钱逐利耗费时日,我们不得不把能使我们获得心灵享受的艺术和科学置之脑后。这岂不是"为生存而牺牲生活的全部理由"吗?②

八、科学的教育功能
——训练人的心智和提升人的思想境界的功能

在科学的萌芽时期,柏拉图就洞察到科学的教育功能:"算术能唤醒天性懒散、迟钝的人,使他们善于学习、记忆并精明起来,借助这种

---

① 皮尔逊:《科学的规范》,李醒民译,北京:华夏出版社,1999年1月第1版,第36页。
② 彭加勒:《科学的价值》,李醒民译,沈阳:辽宁教育出版社,2000年第1版,第75页。

神奇技艺的帮助,他可以远远超过他的天资所能达到的境地。"① 在近代科学诞生之后,人们更为清醒地认识到,科学在训练心智、陶冶性灵、提升精神境界诸多方面都扮演着独特的角色。例如,孔多塞对此颇有远见卓识。1792年,他以法国公众教育委员会的名义,向国民议会提交了"关于公众教育总组织法令的报告和计划"。他说:"众多动机促成了那种对数理科学的偏爱。首先,对于那些不打算进行长久沉思、不探索任何知识的人来说,甚至这些科学的初等学习也成为发展他们的智力、教育他们正确推理并分析自己思想的最可靠手段。……这是因为,在自然科学中,思想比较单纯,受到比较严格的限定,还因为它们的语言比较完美等等。这些科学对偏见,对心智的渺小都提供了补救。这种补救即使不比哲学本身更确实,也至少比它更普遍。"② 如果说这是从正面阐述科学的教育功能的话,那么爱因斯坦则从防微杜渐的角度强调同样的事情:物理学和数学"像一切高尚的文化成就一样,它们作为一种有效的武器,以防止人们屈从于消沉乏味的物欲主义,这种物欲主义反过来能够导致毫无节制的利己主义的统治"③。

科学的教育功能主要并不在于科学知识,而在于科学方法和科学精神。皮尔逊不满意人们太容易忘记科学的纯粹教育方面了,尤其是忘记科学方法的教育。他说,科学训练的第一要求即它在方法上的教育。与手工教育和技术教育相比,在力所能及的范围内把教育置于纯粹科学,将会取得最大的成就。同时,科学也比哲学能为现代公民提供更好的训练,因为哲学方法不是基于从事实的分类开始的分析,而

---

① 普赖斯:《巴比伦以来的科学》,任元彪译,石家庄:河北科学技术出版社,2002年第1版,第211页。

② 梅尔茨:《十九世纪欧洲思想史》(第一卷),周昌忠译,北京:商务印书馆,1999年第1版,第96-97页。

③ 内森、诺登编:《巨人箴言录:爱因斯坦论和平》(上),李醒民译,长沙:湖南出版社,1992年第1版,第436页。

是通过内部深思达到它的判断的,容易受个人偏见的影响,从而导致无数对抗的和矛盾的体系。科学则不然,它立足于事实的分析,不同的人研究相同的事实可以导致实际一致的判断。他的结论是:"近代科学因其训练心智严格而公正地分析事实,因而特别适宜于促进健全公民的教育。"①中国学人对此也有真知灼见。任鸿隽说:

> 科学于教育上之重要,不在于物质上之知识,而在其研究事物之方法;尤不在研究事物之方法,而在其所与心能之训练。科学方法者,首分别事类,次乃辨明其关系,以发现其通律。习于是者,其心尝注重事实,执因求果,而不为感情所蔽,私见所移。所谓科学的心能者,此之谓也。此等心能,凡从事三数年自然物理科学之研究,能知科学之真精神,而不徒事记忆模仿者,皆能习得之。以此心求学,而学术乃有进步之望。以此心处世,而社会乃立稳固之基,此岂不胜于物质知识万万哉。吾甚望言教育者加之意也。②

丁文江也认为:"科学不但无所谓向外,而且是教育同修养最好的工具,因为天天求真理,时时想破除成见,不但使学科学的人有求真理的能力,而且有爱真理的诚心。无论遇见什么事,都能平心静气地去分析研究,从复杂中求简单,从紊乱中求秩序;拿论理[逻辑]来训练他的意想,而意想力愈增;用经验来指示他的直觉,而直觉力愈活。了然于宇宙、生物、心理种种的关系,才能够真知道生活的乐趣。这种'活泼泼的'心境,只有拿望远镜仰察过天空的虚漠,用显微镜俯视过生物的幽微的人,方能参领得透彻,又岂是枯坐谈禅,妄

---

① 皮尔逊:《科学的规范》,李醒民译,北京:华夏出版社,1999年第1版,第12、14、20-21页。
② 任鸿隽:科学与教育,《科学》,1915年第1卷,第12期。

言玄理的人所能梦见。"①

由此观之,科学尤其是纯粹科学,乍看起来似乎"无用",但是这种"无用"之"用"乃是"大用"——与物质用处或所谓的实用相比,其"用"用再大的数字也无法衡量。例如,天文学在航海、历法编制、大地测量等方面固然具有实用价值,但是彭加勒并不作如是观。他推崇的是天文学的"无用"之"大用",很值得在这里大书一笔:

> 天文学之所以是有用的,因为它能使我们超然自立于我们自身之上;它之所以有用,因为它是宏伟的;这就是我应该说的。天文学向我们表明,人的躯体是何等渺小,人的心智是何等伟大,因为人的理智能够包容星辰灿烂、茫无际涯的宇宙,并且享受到它的无声的和谐,人的躯体在它那里只不过是沧海一粟而已。这样一来,我们意识到我们的能力,这是一种花费再多也不算过分的事业,因为这种意识使我们更加强大非凡。②

在讲到科学的教育功能时,我们随便涉及一下科学普及或科学传播问题。科学普及有其悠久的历史,尤其是在18世纪,科学家开始努力向公众说明科学。科学家制造出像太阳系模型、天象仪这样的特殊仪器,在寓教于乐中向公众普及科学知识。自然史博物馆和植物园纷纷建立起来,大量的自然珍品得以收集和珍藏,吸引众多的民众前往参观。科学巡回讲演也在各地举行,通过实验和演示向公众展示科学的新奇事物,并且逐渐形成定期的制度。在这方面,以狄德罗为首的法国百科全书派贡献良多:创办报纸和杂志,出版百科全书,向公众描

---

① 丁文江:玄学与科学,张君劢、丁文江:《科学与人生观》,济南:山东人民出版社,1997年第1版,第53-54页。

② 彭加勒:《科学的价值》,李醒民译,沈阳:辽宁教育出版社,2000年第1版,第85页。

述最新的科学发现,说明科学的样态。① 在这个过程中,人们逐渐认识到,让公众理解科学,让更多的人具有更多的科学知识,对我们的社会而言是好事。这个判断基于三个根据:知识本身完全是好东西;如果人们掌握更多的科学知识,他们将能够做出比较明智的选择和决定;民主社会的真正结构依赖于已经启蒙的公民的存在。当然,假如处理不当,也可能适得其反——公众的科学信息无助于公民。②

怎样进行科学普及或科学传播呢?仅仅传播科学知识显然是不够的,也不应以此作为普及的重点——这是长期以来的惯常做法。科学普及首要的任务,是传播科学方法,弘扬科学精神,从而使公众理解科学价值,树立科学的心态。皮尔逊正是这样着眼的,他甚至认为:

> 只列举研究结果,只传达有用知识的通俗科学形式是坏科学,或根本不是科学。

在他看来,好科学就是能够给读者以科学方法和科学的心智框架(科学心态)训练的科学。③ 为此,他建议读者不要局限于教科书,而要精读科学大家的经典原著,从中领悟科学的真谛。

在以往的科学普及中,除了上面所指明的缺憾外,也许没有强调科学的两个重要的特征:科学不能做什么,当然还有科学的非自然本性。④ 同时,也要注意正确引导公众的关注焦点,防止形形色色的旧伪

---

① I. B. Cohen, Commentary: The Fear and Destruct of Science in Historical Perspective, *SYVS*, Summer 1981, pp. 20 - 24.

② L. E. Trachtman: The Public Understanding of Science Effort: A Critique, *STHV*, 6 (1981) 36, pp. 10 - 15.

③ 皮尔逊:《科学的规范》,李醒民译,北京:华夏出版社,1999 年 1 月第 1 版,第 12 - 14 页。

④ L. Wolpert, *The Unnatural Nature of Science*, London, Boston: Faber and Faber, 1992, p. 172.

科学的沉渣泛起和新伪科学的趁机泛滥。有作者提醒人们：向大众监视开放的科学是一种有风险的事务。普及化的科学不可能必然地使科学更普及；如果公开宣传不是坏的宣传,那么情况就不会如此。今天,科学普及的对象不仅包括大街上的男人和女人,而且也包括从事非科学研究领域的专业人士,以及使这些专业对科学施加影响的群体。1988年夏天,以霍金的《时间简史》为代表,科学成为出版界的主题,通俗科学书籍在世界各地上升到畅销书排行榜的前列。然而,这种普及科学成就的明显成功却带有苦涩的味道：与日益成长的大众科学市场并排的是日益成长的"另类科学"(alternative science),例如顺势疗法医学、晶体球治疗和超自然现象的研究。[1]

---

[1] J. Gregery and S. Miller, *Science in Public, Communications, Culture, and Credibility*, New York: Ptenum Press, 1998, pp. 52–54.

爱因斯坦的当代意义*

爱因斯坦是 20 世纪最伟大的哲人科学家——既是伟大的科学家,也是伟大的哲学家和思想家。在 1905 年的"奇迹年",爱因斯坦在狭义相对论、光量子理论、分子运动论三个领域点燃了物理学革命的熊熊烈火,从而成为 20 世纪科学革命的发动者和主将。今年,适逢狭义相对论创立 100 周年和爱因斯坦逝世 50 周年,联合国不失时机地把 2005 年定为"物理学年",德国和瑞士也把 2005 年定为"爱因斯坦年",以表达对爱因斯坦的纪念。

在纪念这位离开我们半个世纪的伟人之时,人们自然会问:爱因斯坦的当代意义何在?

爱因斯坦的当代意义主要在于他的思想、精神和人格——这是世人一笔极其珍贵的"形而上"财富,是人类的无价之宝。

爱因斯坦是科学思想家。撇开他的具体的科学贡献不谈,他关于空间、时间、物质、能量的新见解彻底地变革了人们的时空观和宇宙观。他的统一性、对称性(不变性)、相对性、几何化的科学思想,他关于自然和科学的客观性、可知性、和谐性、因果性、简单性等科学信念,至今仍被科学家继承和发扬光大。他的探索性的演绎法、逻辑简单性原则、准美学方法和形象思维等科学方法别具一格,现在依然是科学家的锐利的方法论武器。

尤其是,爱因斯坦的以温和经验主义、科学理性主义、基础约定

---

* 原载北京:《光明日报》,2005 年 3 月 1 日,出版时有改动。

主义、意义整体主义、纲领实在主义为标识的"多元张力哲学",是20世纪科学哲学的集大成和思想巅峰,时至今日还在引领科学和哲学的新潮流。

爱因斯坦的社会哲学和人生哲学也使人不能不刮目相看。他的开放的世界主义、战斗的和平主义、自由的民主主义、人道的社会主义将继续照亮人类前进的道路,成为21世纪"和平与发展"主旋律的美妙音符。他的远见卓识的科学观、别具只眼的教育观、独树一帜的宗教观,必将在促进科学文化和人文文化的汇流和整合中发挥举足轻重的作用。爱因斯坦对人生价值和生命意义的透辟理解,对真善美孜孜追求,是生活在21世纪的人的人生观之明鉴。

在这里,我们要着重指出,爱因斯坦的精神菁华——人道与仁爱、正义与责任、独立与自由、实证与理性、怀疑与批判、兼蓄与宽容、就重与进取——无疑是20世纪时代精神的最强音,它们也必将是21世纪时代精神的文化基因和超体(exosomatic)酵素。

爱因斯坦认为人道主义是欧洲的理想和欧洲精神的本性,他在言论和行动中都践行科学的人道主义和伦理的人道主义。他把他的人道原则概括为:用为人类的无私服务证明你的良心,以休戚与共的同情心和爱去理解同胞。他时时处处把人道和博爱置于一切之上——正是人道,应该得到首要考虑。他把以人道为体的道德视为人类一切珍宝的基础,他集东西方圣贤和圣哲的箴言和修行于一体,这铸就他的善良的心肠和仁爱的人性,这方面的逸闻和趣事不胜枚举。爱因斯坦的仁爱之心是我们这个世界最惊人,也是最感人的奇迹。

爱因斯坦具有强烈的正义感和社会责任心。面对社会危机四伏、文明价值式微、精神时疫蔓延的世界,他一反当时学术界和科学界的"象牙塔"传统,分出十分宝贵的时间和精力,勇敢而义无反顾地投身到反对战争、争取和平,反对独裁、争取民主,反对暴政、争取自由的斗争中去。他觉得,自己若是对社会上不义的现状和丑恶的现象保持沉默,就等于"犯同谋罪"。他认为,科学家有责任以公民身份发挥他的影响,有义务变得在政治上活跃起来。面对科学技术的手段日益完善、人类社会的目标每每混乱的现实,他呼吁科学家和工程师,并告诫正在求学的理工科大学生,要以高度的社会责任感和科学良心,制止科学和技术的异化和滥用,使之造福于人类,而不致成为祸害。

在世人的眼中,爱因斯坦是最具独立性、最自由的人。他本人也戏称自己是一个"流浪汉和离经叛道的怪人"、"执拗顽固而且不合规范的人"。他从不屈从时尚潮流和钱权诱惑,始终按自己的冷静思考和独立判断行事。他把自由看作是大自然赋予人的宝贵礼物,力主争取外在的自由,永葆内心的自由。在1950年代麦卡锡主义猖獗之时,为了维护知识分子的独立性和应有的自由,他针锋相对地向疯狂推行政治迫害、压制言论和出版自由的美国政府叫板,发表了宁做管子工和沿街叫卖的小贩,而不做科学家和教师的声明。

作为科学家,实证精神和理性精神珠联璧合地渗透在他的科学工作中。他把实验视为检验理论的最终标准和发明基本概念、基本假设的启示,把理性视为开启宇宙秘密的钥匙,认为纯粹思维能够把握实在,倡导大胆思辨而不是堆积经验。不仅如此,实证和理性精神也贯穿在他的社会政治思考和行动中——他明察秋毫,及时警告世人警惕纳粹法西斯的威胁;他审时度势,毅然从绝对的和平主义转变为战斗的和平主义;他实事求是,对十月革命和苏维埃社会主义政权既有中肯的赞扬,也有一针见血的批评。

爱因斯坦汲取了批判学派代表人物马赫、彭加勒、迪昂、奥斯特瓦尔德、皮尔逊的怀疑和批判精神的真谛,把这种精神视为科学的生命、社会进步的原动力和人类自我完善的催化剂。他以怀疑和批判为先导,审查经典科学的基础,审核时人乃至自己的理论,审议前人的思想遗产,审视社会现实,并在融会贯通中提出自己一系列新颖的理论见解和切实的行动方案。

爱因斯坦善于兼收并蓄,博采众家之长。他也擅长在对立的两极,甚至在异质的多元之间保持必要的张力,是一位发现正确比例和微妙和谐的能手。他的多元张力哲学,就是在对前人思想琢磨取舍的基础上,融入自己的科学创造而形成的。他对宽容的理解也很独特:宽容不仅仅只是消极地容忍或默许他人的异议,而且要以积极的态度对待它、尊重它,研究它是否有道理、是否值得采纳。也许爱因斯坦的下述言论最能说明他之所以持兼蓄和宽容精神的缘由了:"我对任何'主义'并不感到惬意和熟悉。对我来说,情况仿佛总是,只要这样的主义在它的薄弱处使自己怀有对立的主义,它就是强有力的;但是,如果后者被扼杀,而只有它处于旷野,那么它的脚底下原来也是不稳固的。"

无论在科学工作中,还是在社会事务上,爱因斯坦从不避重就轻,走阻力最小的路线。他专找厚木板钻眼,他瞧不起老是在薄木板上打孔的人。他为狭义相对论苦苦思索了10年;接着,在该理论没有遇到任何质疑和挑战的情况下,他一鼓作气,又花费了10年创建广义相对论;此后,他为统一场论奋斗了整整40年。对于崇高的和平事业,他从青年时代发表第一份反战声明,直到临终前签署罗素-爱因斯坦废止战争宣言,他身体力行,殚精竭虑,为和平事业奔走呼号了一生。

爱因斯坦的人格也使人敬佩不已。在某种程度上,作为一个人的爱因斯坦甚至比作为科学家和思想家的爱因斯坦还要伟大——爱因斯坦是一个大写的、真正的"人"。他活着的时候,全世界善良的人似乎都能听见他的心脏在跳动;他去世时,大家感到这不仅是世界的重大损失,而且也是个人无法弥补的缺失。有人曾问普林斯顿小镇上的一位普通老人:"你不理解爱因斯坦深奥的科学理论,也不明白爱因斯坦深邃的思想,你为什么那样尊敬和仰慕爱因斯坦?"老人回答得很简单:"因为当我想起爱因斯坦教授时,我就觉得自己不再是孤单单的一个人了。"

这就是爱因斯坦的人格的力量!的确,爱因斯坦的"人是为别人而生存的"人生观,"不要统治,但要服务"的人生信条,"从自我解放出来"的人生价值,对图安逸享乐的"猪栏理想"的鄙弃和对"财产、虚荣、奢侈生活"的鄙视,以及他时常为自己"占用了同胞的过多劳动而难以忍受"的深刻反省,无一不使人有高山景行之叹。他把物理学视为神圣的事业,绝不可以用它来换钱吃饭,物理学家应该另有谋生的本领,比如做个补鞋匠或灯塔看守员。他对真善美孜孜以求,对假恶丑疾恶如仇。他反对滥用权威和个人崇拜,尤其是对他本人的崇拜,他更觉得十分离奇和无法容忍。他向往孤独,却又对人古道热肠,不管他们是达官贵人、社会名流还是平民、侍者,均一视同仁。他心地善良,乐于助人,帮助小学生演算难题,为求助者写介绍信,与疯子促膝谈心以化解病人的芥蒂。他淡泊名利和权势,视之如浮云敝屣。他生活简朴,穿着随便,厌弃排场铺张,把财产看作是绊脚石。他谦虚谨慎,从不故作姿态、哗众取宠,敢于当众承认"我不知道"。即使在他去世时,按照他的生前要求,不举行殡葬仪式,不摆花圈花卉,不奏哀乐,不建坟墓,不立纪念碑,骨灰秘密存放,不让人把故居作为瞻仰和朝圣的圣物。

爱因斯坦在世时倾心奉献,使人类受益良多。他去世时对世人一无所求,对世界一无所取。这样的人怎能不令人肃然起敬!有位作家概括得好:"爱因斯坦是上帝的使者,人类的仆人。"爱因斯坦永远活在人们的心中。我想,对爱因斯坦的最好纪念,莫过于学习和光大他的思想、精神和人格。只要爱因斯坦的思想、精神和人格有一小部分在人们中间生根发芽、开花结果,整个中国以及整个世界就会面临一个比较光明的未来。

科学铸造世界的未来[*]

 用宇宙时间尺度来衡量,科学仅仅存在了几分钟。但是,在这短暂的时间里,科学却创造了惊人的辉煌,变革了人类社会的一切,并且正在铸造世界的未来。以致一个新时代的到来,往往以科学和技术的进步为标志,甚至以其来命名——诸如原子能时代、信息时代等等。

 科学是人类创造的最伟大、最漂亮的成就。读者恐怕还没有忘记卡西尔的著名论断——"科学是人类文化最高最独特的成就"①。类似的论述不胜枚举。斯诺说过:"科学是人的精神的最高智力形式。"②波普尔认为:"除了音乐和美术之外,科学是人类心灵的最伟大、最美丽和最启迪人心成就。"他非常赞赏我们时代的生物学家和生物化学家所取得的令人惊叹的成果,那些成果通过药物使我们这个世界的每寸土地上的苦难者受益。③布洛克从物质精神两个方面阐明了科学的独特成就:

> 科学的成功不仅提高了人类生活和物质适舒的水平,而且缓解了人类的饥饿、疾病和恐惧的痛苦。这些巨大的利益,我们都视为理所当然,但是在我们的前人看来,可能如同奇迹。同时,科学

---

* 原载上海:《科学》,2006年第58卷,第4期。
① 卡西尔:《人论》,甘阳译,上海:上海译文出版社,1985年第1版,第263页。
② 斯诺:《两种文化》,纪树立译,北京:三联书店,1994年第1版,第137页。
③ 波普尔:《走向进化的知识论》,李本正等译,杭州:中国美术学院出版社,2001年第1版,第195页。不过,波普尔也清醒地指出:"不可否认,科学像人类的其他每项事业一样,从人类的过失中蒙难。"

是人类思想极为壮观的成就,它不仅依靠个人天才的力量和科学方法的智力训练,而且依靠合作的努力,克服国界、语言和文化的障碍,使得人类其他一切事业相形之下大为失色。①

沃尔珀特在反击反科学者时特别强调:"不喜欢科学观念并认为它们对我们的精神生活具有恶毒影响的人应该认识到,一旦人们拒绝理解和选择教条和无知,不仅科学,而且民主本身便受到威胁。科学是人类最伟大的和最漂亮的成就,它的持续的、自由而批判性的讨论以及没有政治干预,在今日与在伊奥尼亚一样是不可或缺的。"②

科学是现代文明的特点和支点。在真正发达的社会中,在真正文明的社会中,生活质量将是科学,因为科学总是提供我们智力的新前沿,使每一个人感到异乎寻常的理智力量,即使他的作用不在于发现,而在于理解其他人发现的东西。在这样的社会中,爱、自由和科学将是三个根本的支柱,对绝对价值的追求将建立在这三个参考点上。③ 科学正在无可争辩地定义我们时代的特征,它概括了西方文明的特点。④ 科学具有固有的价值,认知自然而然是迷人的,并非必然地由于改善事物,而恰恰是由于获得知识的价值。由此观之,科学亦是现代社会之根。⑤ 拉维茨比前述几位作者更进一步,他甚至这样说:"科学在许多方面代表

---

① 布洛克:《西方人文主义传统》,董乐山译,北京:三联书店,1997年第1版,第249-250页。

② L. Wolpert, *The Unnatural Nature of Science*, London, Boston: Faber and Faber, 1992, p. 178.

③ A. Zichichi, Absolute Values and Science. *The Search for Absolute Values: Harmony Among the Science*, Volume II, New York: The International Culture Foundation Press, 1977, pp. 1001-1009.

④ L. Wolpert, *The Unnatural Nature of Science*, London, Boston: Faber and Faber, 1992, p. ix.

⑤ Hisao Yamada, Breaking the Mould. J. Groen, et. ed., *The Discipline of Curiosity, Science in the World*, North-Holland: Elsevier Science Publishers, 1990, pp. 91-97.

着我们文明最好的东西,传统上认为它摆脱了最坏的污染。……"①朱利安·赫胥黎则详述了科学在现代文明中举足轻重的作用:

> 其一是给人贡献一幅现象世界的图像,可能是最正确、最完备的图像。另一个贡献是给人以支配他的环境和他的前途的手段。没有前者,人不能替他的思想找到正确的动向,对于他自己在事物的结构中的地位不能有正确的见解,从而不能为自己的目标确定适当的纲领。没有后者,人不能维持物质的进展,不能做持久的组织,从而不能择定实现他所希冀的任何目标的方针。②

尼采在谈到"科学并非只是工具"时,引用罗马教皇对科学的赞颂说明,科学的支柱是缺席不得的:科学是我们生活中最美的饰物,最值得骄傲,是幸与不幸中的高尚事务。"没有科学,人的一切活动就失去坚实的支柱。"③彭罗斯虽然出言谨慎,但是也认为科学对文明确有必要:"科学具有固有的价值,这种价值可以与艺术家拥有的价值比较。科学对于社会进步来说并非是必要的,但是对文明而言却是必要的。这种价值是完全独立于任何社会的含义的。""人从理解世界中获益,即使仅仅是为了乐在其中,为理解世界而理解世界。"④萨顿则揭示出,科学是使文明合理化和净化文明的最佳方式:

---

① J. R. Ravetz, *The Merger of Knowledge with Power*, *Essays in Critical Science*, London and New York:Mansell Publishing Limited,1990,p. 7.

② 朱利安·赫胥黎:《科学与行动及信仰》,杨丹声译,台北:商务印书馆,1978 年第 1 版,第 96 页。朱利安·赫胥黎(Julian Huxley,1887 - 1975)为 T. H. 赫胥黎之孙,他是英国生物学家、科学行政官员、科学哲学家、理性主义者。

③ 尼采:《快乐的科学》,黄明嘉译,桂林:漓江出版社,2000 年第 1 版,第 149 页。

④ R. Penrose,The Back Hole of Consciousness. J. Groen,et. ed.,*The Discipline of Curiosity*,*Science in the World*,North-Holland:Elsevier Science Publishers,1990,pp. 117 - 123.

如果我们想让我们的文明证明其自身是合理的,文明就必须尽最大努力去净化它。这样做的最好方式之一,就是培养没有偏见的科学;就是热爱真理——像一位科学家热爱它那样,热爱全部真理,令人愉快和不愉快的真理,有用的和没有用的真理;就是热爱而不害怕真理,就是仇恨迷信,不论它的伪装是多么美丽。①

科学在现代生活中起中心作用。皮尔逊在19世纪末就洞察到:"我们这个时代最显著的特点之一是,自然科学及其对人类生活的舒适和行为两方面的深远影响急剧惊人地增长着,我们发现不可能把它的社会史浓缩为片言只语,而企图以此涵盖相差甚远的历史纪元的特征。"②沃尔珀特一语开门见山:"科学必然在我们生活中起中心作用。为了使我们摆脱大家在其中发现的我们自己的某种困境——这种困境包括环境污染和人口过剩——我们将不得不寻求帮助的,正是科学和技术。当然,并非一切解决办法都将以科学为基础,但是科学能够做出关键性的贡献。我们不能提供特定的解决办法,因为发现的本性制止这一点,但是了解世界如何起作用对于帮助拯救它是必不可少的要求。"③印度独立时的第一任总理尼赫鲁把科学在人们生活中的作用描绘得十分具体:

> 唯有科学,才能解决饥饿和贫穷、不卫生和文盲、迷信与死气沉沉的习惯和传统、庞大资源的大肆浪费、挨饿的人民栖居的富国的问题。……今天,谁确实能够担当得起忘记科学的责任呢?

---

① 萨顿:《科学史和新人文主义》,陈恒六等译,北京:华夏出版社,1989年第一版,第86-87页。
② 皮尔逊:《科学的规范》,李醒民译,北京:华夏出版社,1999年1月第1版,第5页。
③ L. Wolpert, *The Unnatural Nature of Science*, London, Boston: Faber and Faber, 1992, p. 178.

在每一个转折点,我们都寻求科学的帮助。……未来属于科学,未来属于与科学交朋友的人。①

莫尔在肯定"科学不但增进了物质财富和人类的安全,还增进了自由:免于饥饿的自由,免于疾病的自由和免于支配的自由"后,谆谆告诫人们:"在今天文化发展阶段上牺牲科学,只能意味着人类自取灭亡。"②

科学是现代社会的中轴。历史学家霍拉科夫(V. C. Cholakov)曾列举 20 世纪三句十分流行的口号,说明科学在政府和公众心目中的崇高象征和中轴地位。这就是:一战前德国的"科学——机会之城",苏联的"科学——一种直接的生产力",二战后美国总统科学顾问万尼瓦尔·布什所说的"科学——没有止境的前沿"。③ 萨顿把社会的每一个进步都与科学进步联系在一起:"我从来没有宣称科学比艺术、道德或宗教更为重要,但是它更为基本,因为在任何一个方向上的进步总是从属于科学进步的这种形式或那种形式的。"④威尔逊认为科学是人类的重要财富:"科学不是微不足道的。科学像艺术一样,也是人类普遍拥有的财富,而且科学知识已经成为我们物种财产中的重要组成部分。正是因为有了科学,我们才能比较确切地了解物质世界。"⑤任鸿隽则一言以蔽之:"无论从哪方面说起,科学在现世世界中,是一个决

---

① T. Sorell, *Scientism, Philosophy and the Infatuation with Science*, London and New York:Routledge,1991, p. 2.
② H. Mohr:科学的危机,陈齐译,上海:《世界科学》,1981 年第 1 期,第 39 页。
③ 赵万里:《科学的社会建构》,天津:天津人民出版社,2002 年第 1 版,第 12 页。
④ 萨顿:《科学史和新人文主义》,陈恒六等译,北京:华夏出版社,1989 年第一版,第 25 页。
⑤ 威尔逊:《论契合——知识的统合》,田洺译,北京:三联书店,2002 年第 1 版,第 388 - 389 页。

定社会命运的大力量。"①

科学在铸造世界的未来。贝尔纳的一句话就为我们点了题:"科学在铸造世界的未来上起决定性的作用。"②难怪布什在当年呼吁"科学已经站在舞台的两侧。它应该被推到舞台的中心——因为科学是我们未来的许多希望之所在"③。难怪克利福德(W. K. Cliford)早就认定:"科学思想不是人类进步的伴随物和条件,而是人类进步本身。"④多尔拜则从社会的可持续发展和人种的幸存角度切入,阐明科学是未来的希望的思想:"科学为未来提供了希望。在它的限度内,它是新理解之源泉的强有力创造者,也是处理威胁我们的问题之源泉的强有力创造者,我们对这些威胁忍无可忍。实际上,我们现在已经被锁定在只有通过连续的科学知识增长才能够维持下去的生活形式中。我们不可能在没有某种相干的灾难情况下削减我们的物质期望和人口数量,返回到我们浪漫地重构的前科学的过去。"⑤

基于人类数千年文明发展的历史和科学三百多年进步的历史,我们可以设想,在不太十分遥远的将来,人类完全可以解决几乎所有成员的温饱问题,乃至过上体面一些的物质生活。在这种情况下,人的主要追求也许是无止境的精神追求,人的最大病态恐怕是百无聊赖,而科学和艺术很可能成为满足这种追求的法宝和救治这种病态的良方。耶稣会教士德·夏尔丹(Teilhard de Chardin)即持有这样的观点。他称唯一真实的危险是"无聊",无聊是"公众的头号敌人"。只要

---

① 任鸿隽:科学与社会,上海:《科学》,1948 年第 30 卷,第 11 期。
② 贝尔纳:《历史上的科学》,伍况甫译,北京:科学出版社,1959 年第 1 版,第 xiv 页。
③ 布什(V. Bush):《科学——没有止境的前沿》,张炜等译,中国科学院政策研究室内部出版,1985 年第 1 版。
④ 皮尔逊:《科学的规范》,李醒民译,北京:华夏出版社,1999 年 1 月第 1 版,第 37 页。
⑤ R. G. A. Dolby, *Uncertain Knowledge*, *An Image of Science for a Changing World*, Cambridge: Cambridge University Press, 1996, p. 1.

人把进一步追求生命的力量进行到底,他就依然对科学感兴趣,这个敌人就能够被征服。① 其实,早在近代科学的黎明时期,开普勒就讲过一段振聋发聩的话。他要求人们不能像议论一道甜食值几个钱那样去评估科学,这是因为:

> 造物主给我们的感官添上脑子,这不仅是为了使人能因此而挣来谋生物品——许多无理性灵魂的生物能更娴熟地从事这一切——而且也是为了使我们能够从双目所见到的事物中思索出其存在和变化的原因,即使这项工作可能并不具有更进一步的实用目的。正如人类及所有其他生物的躯体都靠饮食维持一样,与其躯体很不相同的人的心灵,则似乎靠知性这种食物来维持丰富和助长。所以,对这种活动不感兴趣者,无异于僵尸而不像活人。那么,正如大自然注意不使生物缺乏食粮一样,我们可以理直气壮地说,自然现象那么多姿多彩,埋藏在天空里的珍宝如此丰富,这一定是为了使人类的脑子不致缺少新鲜养料,使人类不致厌腻于旧事物或无所事事,并使他发现世界是一座永远开放的、发展其智慧的工场。

他吁请人们睁开探询的眼睛观察,以获得关于一切事物的精确知识,使饱受空虚的烦恼折磨的心灵沉浸到无边的宁静之中,并伴随卢克莱修的诗句飞升:"快活的灵魂啊,第一个升入高空,它的责任就是揭开一切未解之谜。"②

---

① R. Graham, *Between Science and Values*, New York: Columbia University Press, 1981, 343.
② 海森伯:《物理学家的自然观》,吴忠译,北京:商务印书馆,1990 年第 1 版,第 41–42 页。

像人类的其他创造物一样,对科学处理不周或运用不当,也会产生消极作用或负面影响。我们将在讨论科学异化和科学伦理时详细涉及这个问题。在这里,仅仅引用一下贝尔纳的分析:"科学所带来的新生产方法引起失业和生产过剩,丝毫不能帮助解救贫困。这种贫困状态现在和以往一样地普遍存在于全世界。同时,把科学应用于实际所创造出来的武器,使战争变得更为迫近而可怕,使个人的安全几乎降低到毫无保障的程度,而这种安全的确是文明的主要成就之一。当然我们不可以把所有这些祸害和不协调现象全部归咎于科学,但是不可否认,假如不是由于科学,这些祸害就不至于像现在这个样子。"[①]现在看来,贝尔纳在六十多年前列举的事例与后来事态的发展和当今的现实有较大的偏差,而且我在理论上也不完全同意他的分析。其中一个重要原因是,科学在我们的社会应该起什么作用?对这个问题的任何答案作客观的辩护,依赖于我们应该如何生活的辩护。但是,后者能够得到客观的辩护并不是显而易见的,因此前者也难以客观地辩护。[②]

不管怎样,科学毕竟决定社会的现在和铸造社会的未来,因此负责任的社会应该给科学以应有的支持。李克特详细地论证了这样做的三大理由:尽管存在科学能够导致消灭人类生命的可能性,但是依然拥有无可辩驳的论据,说明应该给科学以强有力的支持。这些论据是:(1)即使退一步讲,不发展科学人类也能生存和兴旺,但是事实是,一旦科学实际上得到发展,人类的一些特定部分就需要它,以便与利用科学的其他部分竞争。(2)即使没有竞争压力,我们也无法使科学止步不前而不招致人类的灾难。为了保护我们免遭先前发展起来的

[①] 贝尔纳:《科学的社会功能》,陈体芳译,北京:商务印书馆,1982年第1版,第33页。
[②] G. Couvalis, *The Philosophy of Science, science and Objectivity*, London: SAGE Publications, 1997, pp. 136 – 137.

科学所给予我们的技术的潜在灾难性后果,持续的科学进步是必不可少的。(3)以上论据并没有排除这种可能性:倘若科学压根儿就未出现,人类的境况也许会好些。第三个论据摈弃了这种可能性,表明科学是一种积极的力量,其益处恐怕从长远看才具有现实性。这就是:尽管科学可能是人类灭绝的一个原因,但是为了人种的幸存,我们还是需要比现在更为先进的科学,以免遭受其他物种大灭绝——大灭绝是典型的而非反常的——的命运。要知道,小行星的撞击、地磁的逆转以及其他形形色色的未知因素,曾经是千百万年前众多物种灭绝的原因,也是人类可能灭绝的潜在原因。假如人类未来面临类似的情况——虽则遥远但却可能——大概只有科学才能预见和克服这种飞来的横祸。[①] 另外,虽然科学具有普遍性、公有性的特征,但是在当今的不完美的世界上,一个国家,尤其是大国,无论如何也不能没有自己的科学研究事业。李克特陈述了其中的原委:"一个国家对科学知识的需求可以通过国内的研究和/或通过引进外国的研究成果而得到满足。这两种方法各自都有潜在的优点和弊端。假如在其他国家并不进行有关的研究或者所研究的成果是保密的话,引进是不可能的;假如使用有专利权的外国技术而必须付出很大的代价,引进就是昂贵的;如果外国的研究成果由公开出版的资料所构成,或者是通过谍报工作而获得的秘密资料,则引进可以是免费的(即便是免费资料的引进也需要有理解它的人才和利用它可能需要的一切设施条件)。依赖引进也意味着在知识获得方面的延误,并具有一种潜在的不利的严峻局面:一旦引进突然不再行得通,就需要有相当长的时间来形成本国的研究能力。"

---

① 李克特:《科学概论——科学的自主性、历史和比较的分析》,吴忠等译,中国科学院政策研究室编辑、出版(内部版),1982年,第40-42,50页。

莫尔引用布鲁克斯的观点,从知识协调增长和无用向有用转化的角度,论述社会为什么应该支持科学。他说,科学花费金钱、人力和物资,技术赚钱并增加人的福利。虽然大多数欧洲人或北美人鉴赏科学研究的文化价值,但是世界上更多的人还是想从科学得到财富和安全,摆脱饥饿、贫穷、疾病和军事威胁。不过,布鲁克斯倒是提出了社会应该支持科学的一个重要理由:"我没有说为科学而支持科学,为科学的固有社会价值和文化价值而支持科学。虽然毫无疑问,公众显示出愿意提供这样的支持,但是我怀疑,科学的固有文化价值是否能够用来向公众或政治家证明,在美国或在世界任何其他主要国家,对基础科学目前支持那一小部分再多一些是合理的。……这并不意味公众不愿意支持没有明显有用性的一些十分抽象的科学,而是对此最有说服力的证明是,科学是这样一张无缝的网:除非明显'无用的'部分也很好地受到支持,否则'有用的'部分就不能繁荣。"①关于这个问题,彭加勒似乎站得更高、看得更远,值得人们沉思、再沉思。他说:"工业成就虽然为许多实际家促进,但是假若只有这些实际家,而没有下述一些人在前面做出的无私贡献,那么工业成就将会暗淡无光:这些人贫困潦倒,从未想到功利,而且具有与任性决然不同的指导原则。"他继而一针见血地指出:

> 仅仅着眼于直接应用的人,他们不会给后世留下任何东西,当面临新的需要时,一切都必须重新开始。现在,大多数人都不爱思考,当本能指导他们时这也许是侥幸的,最通常的情况是,当

---

① H. Mohr, *Structure & Significance of Science*, New York: Springe-Verlay, 1977, Lecture 12.

他们追求即时的、永远相同的目的时,本能指导他们比理性指导纯粹的智力更为得宜。但是,本能是惯例,如果思想不使之丰富,人类便不会比蜂蚁有更多的进步。①

---

① 彭加勒:《科学与方法》,李醒民译,沈阳:辽宁教育出版社,2000年第1版,第4页。

科学和人的价值[*]

人的价值(human value)意指人的存在和生活的意义,它包括人的自我实现、人对他人和社会的责任和奉献等。尽管古希腊普罗塔哥拉的"人是万物的尺度",中国古代荀子"人有气、有生、有知,亦且有义,故最为天下贵也"[①],已经朦胧地意识到人的价值,但是近代意义上的人的价值的概念,则是在文艺复兴和科学革命中逐渐形成的。文艺复兴时期的人文主义坚持以人为本,断言人的价值源于比自然更高的对实在的直觉一瞥。科学革命之后兴起的启蒙运动,则标榜科学人文主义:科学能够赋予人以新的价值和意义,人能够借助科学获得真正的启蒙和进步。赫勒就人的价值做过专门的研究,界定了该概念的内涵和外延:

> 价值是一种持续的信念:行为的特定模式和存在的目的状态(end-state),与其相对的或相反的相比,受到个人或社会的偏爱。人的价值是由社会及其建制和人格派生出的价值。它们是影像、表象或实在的对象,这些是作为习惯上值得想望、意欲、激动甚或热爱的东西而被个人感知的,并且可以使个人付诸行动。人的价值根植于多彩的人对实在的感知,反之亦然。

就某一范围而言,人具有共同的价值,但是他们也坚持不同的价值或具有不同程度的同一价值。在任何一组价值和需要的排列上尽管

---

[*] 原载广西宜州:《河池学院学报》,2006年第26卷。
① 《荀子·王制篇》第九。

有不一致之处，一般地，这样的价值与各种人的需要——物质的需要和非物质的需要——的满足相关。即是说，物质的需要与生存、健康、幸福、工作等密切相关；社会文化的需要与文化的自主性、分配的公正、各种类型的自由，与身份、创造性、自我实现、家庭聚会以及其他个人满足的形式的心理需要，与资源保存、生态保护、生态系统完整的环境需要等等密切相关。按照外延，人的价值涉及态度、偏爱、规范的目标、符号世界、信念系统和人在给定的社会或文化中赋予生活的意义。人的价值的结果在所有社会文化问题上均有所反映。①

人的价值的概念是一个历史性的概念：不同的历史时期或时代，人的价值的含义是不同的。在原始社会，人完全依附于群体并绝对受自然摆布，根本不可能独立，因此无所谓人的价值。在奴隶社会，被当作工具的奴隶无人身自由，当然谈不上人的价值。其后相继出现的权力社会和财力社会，人的价值分别是由权力和金钱决定的。在以科学为社会中轴的智力社会中，人的价值在相当大的程度上是由智力衡量的。由于科学是人的智力发展的最后一步和人的智力最独特的成就，因此科学与人的价值密切相关，就是题中应有之义了。在这方面，马兹利什的解读有助于我们对问题的思考。他说，科学之质（quality of science）的内部用法把它看作是科学的特定部件，不管怎样确立定量的指标测量它（或它的状态，或它的健康）。科学之质的外部用法涉及科学和技术对社会的影响，它在这种意义上显然与生活质量概念相关。借助与生活质量的关系，科学之质不能摆脱价值，这种价值必然与人的价值有关。② 雷泽尔则据理批驳了科学与人的价值无关的观

---

① P. B. Heller, *Technology Transfer and Human Values*, Lanham: University Press of American, 1985, Chapter 2.

② B. Mazlish, The Quality of "The Quality of Science": An Evolution, *Science, Technology, & Human Values*, Vol. 7, No. 38, Winter 1982, pp. 42–52.

点,阐明了二者的关联:

> 人们常说,科学不提供价值,科学并不告诉我们应该选择利他而不是利己,应该选择怜悯而不是残忍,应该选择知识而不是愚昧,应该选择真理而不是谬误,应该选择生而不是死。科学不告诉我们应该怎样安排我们的人生。这一切全都属实。但是我认为,那种认为科学与人的价值无关的信念是一个极大的错误。正如布罗诺乌斯基《科学与人的价值》中所说的那样,首先信奉一种科学的世界观就预设并要求某种价值判断:知识优于愚昧,真理优于谬误,真理借助于理性和经验是可知的,是经验而不是权威或启示才是真理的最后仲裁者。对科学的信奉还必须具备使个人信仰和意见服从于严格检验的自觉心态,并且承认无论我们能够把真理掌握到什么程度,它都绝不是最终的和完备的。
>
> 此外,科学还能以另一种方式与人的价值和志向相关联。主要的世界性宗教的道德教义之权威性,大多是从更易于理解的世界观中得到的。通过阐述我们如何才能与宏伟的万物体系相协调,宗教教义提出了一个有关人生的意义的道德框架,与宇宙学相分离的伦理学只是哲学的一个分支,而不是推动人生的力量。古典的机械唯物主义科学提出了与宗教世界观不同的另一种世界观,但这是一种令人郁闷的、不能令人满意的、不可信服的世界观。……现代科学提供的世界观是更有趣的、使人在理智上和情感上得到满足的世界观,尤其重要的,它是一种更真实的世界观。旧的科学世界观主要立足于自然科学中的一个重要的、但没有典型意义的片段之上,而新的科学世界观涵盖了量子物理、宏观物理、分子生物学和进化生物学以及神经科学,并与它们相吻合。这种新的世界观要求不断做出新的努力以开拓和深化我们对于

自然的理解;同时,它又激励人们敬畏和好奇。这种新的科学世界观还使我们确信,我们和我们的子孙后代希望达到和希望变易的东西是无穷无尽的。①

近代科学的兴起代表了人的天赋和力量的庆典。培根是这一视野的伟大建筑师。② 近代科学不仅是人的价值的辉煌实现,而且也把新的价值要素注入人格和人性,或强化了人的原有的优良价值。这是科学和人的价值相互作用的硬币的两面。关于前者,马斯洛言之有理:

> 科学是建立在人类价值观的基础上的,并且它本身也是一种价值系统。人类感情的、认识的、表达的以及审美的需要,给了科学以起因和目标。任何这样一种需要的满足都是一种"价值"。这对于追求真理和确定性一样,也适用于对于安全的追求。见解明了、用语精练、优美雅致、朴素率真、精确无误、匀称美观,这类审美需要的满足不但对工匠、艺术家或哲学家是价值,对于数学家和科学家也同样是价值。这些情况还没有涉及这样一个事实,即作为科学家,我们分享着我们文化的基本价值,并且至少在某种程度上可能将不得不永远如此。这类价值包括诚实、博爱、尊重个人、社会服务、平等对待个人做出决定的权利(即使这个决定是错误的也不例外)、维持生命与健康、消除痛苦、尊重他人应得的荣誉、讲究信用、讲体育道德、公正等等。③

---

① 雷泽尔:《创世论——统一现代物理·生命·思维科学》,刘明译,石家庄:河北教育出版社,1992年第1版,第403-404页。
② R. N. Proctor, *Value-Free Science Is? Purity and Power in Modern Knowledge*, Boston: Harvard University Press, 1991, p. 25.
③ 马斯洛:《动机与人格》,许金声译,北京:华夏出版社,1987年第1版,第7页。

关于后者,即科学对人的价值的作用,培根视野中的科学已经把实践知识和理论知识结合起来,向未与实践关注结合起来的理论知识之"纯粹性"的希腊概念发起挑战。新科学的价值——新奇、民主、实用、明晰、谦逊、对进步可能性的确信、"眼见为实"(the faith of eyes)——是与古典学问的典型理想相异的价值。[①] 这些新价值很快融入近代人的精神,成为人的价值的有机组成部分。波兰尼论述说,正如牛顿力学为18世纪的社会的、政治的和心理的思维提供了模型的隐喻,同样生物学的进化论对于20世纪的思维同样是模型和隐喻的源泉。关于人的行为、认知和气质的生物学基础的某些科学研究类型,对于选择社会价值和文化理想的集合具有一定的影响,诸如社会平等、人格理想、相关的性别理想以及人的自由和责任的理想。[②] 现在,笔者想扼要地列举一下,哪些重要的科学价值构成现代人的价值。

来自科学的对真理的热爱和对真知的追求成为现代人的价值之一。法国哲人科学家彭加勒开门见山:"追求真理应该是我们活动的目标,这才是值得活动的唯一目的。"[③]科学家潜心于自然的研究,在很大程度上是出自于对真理的热爱和对真知的追求。英国天文学家布朗对此的分析更是言之凿凿:

> 不用说,科学并不是我们唯一的价值源泉,不管怎样,它的确培养了某些价值和态度,我们承担不起它们的损失。也许这些之中最重要的是默顿所谓的有条理的怀疑主义,或者换句话说,是

---

① R. N. Proctor, *Value-Free Science Is? Purity and Power in Modern Knowledge*, Boston: Harvard University Press, 1991, pp. 29 – 30.
② 波兰尼:《个人知识——迈向后批判哲学》,许泽民译,贵州人民出版社,2000年第1版,第281页。
③ 彭加勒:《科学的价值》,李醒民译,沈阳:辽宁教育出版社,2000年第1版,第 i 页。

对"事实的真理"的追求；我敢冒昧地提出，这种追求有助于使致力于它的人变得更值得信赖。正如我看到的，对于任何社会而言，最大的危险之一是它会变得轻信。在世界上有许多虚伪的先知和未来的独裁者，他们正准备利用轻信而营私，而轻信的解毒剂则是对"事实的真理"的热爱。对一些人来说，这也许相当单调、相当平淡，价值需要的是抑制而不是鼓励。并非如此！价值是最珍贵的、可也是最容易受到责难的人的心灵的感情之一，而科学则是它的保护人。①

来自科学的认知价值成为现代人的价值之一。美国物理学家拉比(I. Rabi)认为，科学是唯一有效的基本的知识，这种知识能够给整个人类冒险以指导。那些没有获得科学的人，不具备在我们时代是必要的基本的人的价值。②雷舍尔强调，认知价值——其中系统性占据首要地位——是真正的、重要的人的价值，人获得他生活于其中的世界的知识是人的智力需求和实际需要。系统性提供了把科学的各种智力价值统一起来的重要框架，它指向一个有吸引力的、完善的科学理想，代表了科学能够而且应该沿着其进化的路线，是西方文明的伟大造型理想之一。③

来自科学的对事实的尊崇和客观性取向成为现代人的价值之一。拉波波特指出，关于科学实践的伦理学有某种独特的东西，这使它成为更一般的体制的特别合适的基础。他说："内在于科学实践中的伦

---

① 布朗：《科学的智慧》，李醒民译，沈阳：辽宁教育出版社，1998年第1版，第139-140页。

② L. Stevenson and H. Byerly, *The Many Faces of Science*, *An Introduction to Scientists*, *Values and Society*, Boulder, San Francisco, Oxford: Westview Press, 1995, p. 211.

③ N. Rescher, Values in Science. *The Search for Absolute Values*: *Harmony Among the Science*, Volume II, New York: The International Culture Foundation Press, 1977.

理原则是:相信存在客观的真理;相信存在发现它的证明法则;相信在这一客观真理的基础上,一致同意是可能的和合乎需要的;一致同意必须通过独立达到这些信念——通过审查证据,而不是通过强迫、个人论据或诉诸权威——来完成。"这一伦理准则比任何可供选择的职业伦理或传统道德都要优越和可行。他的这些看法来自关于"追求科学真理"的本性的信念,并称此为科学的"战略原理"。按照他的见解,科学建立在"一元客观真理"的假定上,这能够通过"证明法则"的应用而达到。任何人(原则上)都能够把握这些法则,并运用它们在特定的资料集合的基础上导向同一理论。正是这一假定而不是其他方法,把科学家导向所追求的价值并趋向一致同意。① 布里奇曼则一言以蔽之:"在面对事实时,科学家具有几乎宗教般的人性。"②

　　来自科学的合理性要求成为现代人的价值之一。坎默龙这样写道,默顿认为四种价值——普遍性、公有性、祛利性、有组织的或有条理的怀疑论——构成现代科学的精神气质,巴伯把这些方面合并到合理性这个压倒一切的理想中去。在巴伯看来,接受这些价值就意味着以高度的尊重坚持,在尝试把它们还原为永远比较一致的、有序的和概括的形式时,批判性地探究人的存在的所有现象。拉比则把科学合理性的理想视为科学的唯一价值,是科学实践的道德品质,是与非理性的权威强制针锋相对的。他说:

　　　　尊重和信赖精神的理性能力,不容许禁忌干预它的运作,没

---

① I. Cameroon and D. Edge, *Scientific Image and Their Social Uses*, London, Boston: Butterworths, 1979, p. 17. 拉波波特的原文在 A. Rapoport, Scientific Approach to Ethics, *Science*, 125 (1957), 796-799.

② K. W. Deutsch, Scientific and Humanistic Knowledge in the Growth of Civilization. H. Brown ed., *Science and the Creative Spirit*, Essays on Humanistic Aspects of Science, Toronto: University of Toronto Press, 1958, pp. 1-51.

有什么东西免除它的审查，这就是印入世界的新价值。科学的进步是证明它的重要性和把它嵌入人类意识的主要动因。这个价值在这个国家或任何其他国家还未被普遍接受。但是不管这些障碍，它将变成人类最珍重的财富，因为没有它我们再也不能生活。①

来自科学的对创造性的推崇成为现代人的价值之一。这里既意指对科学创造者的创造性的推崇，也包括对创造性成果的领会者的再创造的推崇。布罗诺乌斯基说得好："创造行动是独创性的；但是，它并没有使它的独创者终止。艺术作品和科学工作是普适的，每一个人重新创造它。我们被诗篇感动，我们领会定理，因为在它们之中，我们再次发现和抓住它们的创造者首次抓住的相似性。鉴赏行动再上演了创造的行动；我们是其行动者，我们是其诠释者。"②

来自科学的自由、宽容、人道和非暴力等成为现代人的价值之一。布罗诺乌斯基论述说，科学方法比较直接地进入人的精神，并成就了人类社会的运转。作为发现和设计的集合，科学控制自然，但是它之所以能如此，仅仅因为它的来自其方法的价值塑造了使它进入活生生的、稳定的和不可腐蚀的社会的人。在这里有一个共同体，每个人都可以自由地进入，讲他的心智，倾听和反驳；它比路易十六帝国和恺撒帝国长久。这是一种稳定性，没有一个教条的社会能够具有这种稳定性。尽管科学理论在不同时代发生了很大变化，但是科学家的社会没有随之倾覆，并依然尊重不再拥有其信念的人。没有一个人被射杀，

---

① I. Camerron and D. Edge, *Scientific Image and Their Social Uses*, London, Boston: Butterworths, 1979, p. 14.

② J. Bronowski, *Science and Human Values*, New York: Julian Messner Inc., 1956, p. 35.

或被流放,或被宣判有伪证罪;没有一个人在他同事的审问面前卑下地宣布放弃信仰。科学的整个结构改变了,但是没有一个人感到丢脸或被废黜。像从文艺复兴时生长的其他创造性活动一样,科学使我们的价值人文化。随着科学精神(scientific spirit)在他们中间传播,人要求自由、公正和尊严。今日的困境不是人的价值不能控制机械论的科学。它差不多是另外的方式:科学精神比政府的机构更人道。我们既不让宽容,也不让科学经验论进入地方范围的法则——而我们却是用这些法则规定国民的行为的,我们的行为像国家一样依附于自私自利的法典,而科学像人文一样早就把自私自利抛在后边。①

对科学与人的价值揭示得最充分的,也许当数布罗诺乌斯基的《科学与人的价值》一书。作者在该书中的分析和论证有很强的逻辑连贯性,我们不妨详细加以介绍。作者如下写道:

> 我们今天视为永久的、自明的价值,是从文艺复兴和科学革命中发展起来的。技术和科学改变了中世纪的价值:这种改变是丰富,朝向使我们成为更深刻的人。如果科学只是编辑无止境的事实的词典,那么它不承担人的价值。科学是人的创造性的活动,在这个过程中,科学不仅渗透价值,而且生发新的价值。

真理(truth)是科学的中心动力,它不是教条,而是过程。科学活动假定,真理本身就是目的,是我们应该接受的基本价值。假如我们的文明没有这种价值,那么它就会发明它,因为没有它我们便无法生活。真理的习性造就了我们的社会价值(社会价值是一种安排社会进

---

① J. Bronowski, *Science and Human Values*, New York: Julian Messner Inc., 1956, pp. 86 – 87, 90.

步的机制,它们在科学社会中由于追求真理而成长起来)和它在人身上建立的价值。追求真理的人必须在观察中和思维中保持独立性(independence),尊重真理的社会必须保护他的独立性。如果一个人没有观察和思维的独立性,他就不可能是科学家。理性的时代总是渴望超出常情的东西——独立的思想总是超出常情的——但是它必定更渴望它们不受打击。科学的社会必须把高度的价值建立在思想独立的基础上。

我们高度估价思想独立,因为它们保护独创性(originality),而独创性则是做出新发现的工具。尽管独创性只是一种工具,而它在我们社会却变成价值,因为它对社会的进化是必要的。科学社会赋予独创性以如此高的价值,以致超过了艺术通常赋予传统的价值。独创性和独立性一样,在我们的社会中都变成了价值,因为二者养育着对真理永不止息的追求的精神。

独立性和独创性是思想的品格。当社会把它们提升为价值时,社会必定能够把特定的价值给予它们进而保护它们。这就是把价值放在异议(dissent)上的理由。高度异议的要素在我们的文化中是纪念碑式的:弥尔顿的著作、独立宣言、约翰·卫斯理的布道、雪莱的诗。在我们的文明的智力结构中,异议作为一种价值被接受了。它正是从科学实践中得到的价值:只有当被接受的观点受到公开的挑战时,进步才会到来——异议是智力进化的工具。要知道,异议是科学家天生的活动。如果割断这一点,那么留下来的将不是科学家。我们甚至怀疑,还是否会有人,因为异议在任何正在成长的社会中也是天生的。有死于异议的社会吗?在我们的生活中,倒是有几个社会死于一致。

异议本身并不是目的,它是更深刻的价值的表面标志。异议是自由(freedom)的标志,就像独创性是精神独立的标志一样。像独创性和独立性是科学存在的个人需要一样,异议和自由是科学的公共需要。尊重异议的社会必然能为表达异议的人提供保护。这些保护是政治演说仓库中最熟悉的价值：思想自由、言论和写作自由、活动和集会自由。自由在任何社会并不是自明的或天然的价值。柏拉图在他的共和国内就没有提供讲演和写作的自由。只有当社会需要鼓励异议以及激发独创性和独立性时，自由才会被看重。因此，自由对于科学社会即处于进化中的社会来说是基本的。在一个静态的社会中，自由只不过是讨厌的东西，并要被禁止。

宽容(tolerance)是现代的价值，因为它是具有不同观点的不同个人的社会黏合剂。要使科学成为可能，要把过去的工作与未来的工作联系起来，宽容是必不可少的。而且，在这种意义上，宽容并不是消极的价值；它从其他积极的方面产生出来。承认给他人的观点以权利在科学上还是不够的；我们必须认为，其他人的观点本身是有趣的，值得我们注意和尊重，即使我们认为它们是错误的。在科学中，我们常常认为其他人是错误的，但是我们从来不因此认为它们是邪恶的。相形之下，所有绝对的教义认为（正如宗教法庭所做的那样），那些错误的人是故意地、邪恶地错误的，为了纠正他们可以诉诸任何刑罚。今天世界政治的划分的悲剧在于，它具有这种教义的不宽容。

科学家之间的宽容不能以无差异为基础，它必须以尊重(honour)为基础。尊重作为一种个人价值，在任何社会都意味着公众对公正和应得崇敬的承认。科学使一个人的工作与另一个人的工作相遇，相互嫁接，如果没有人与人之间的公正(justice)、崇敬、尊重，它就不能存在下去。只有通过这些手段，科学才能追求它的不变的目标，即探求真理。假若这些价值不存在了，那么科学共同体便不得不创造它们，以便科学实践有可能进行。

科学不是机械，而是人的进步。人的追求和研究是无止境的、按部就班的学习，一代人的错误叠成阶梯，不少于下一代人对它们的矫正。这就可辨认出，科学的价值原来是人的价值。因为科学家也是人,必然是易犯错误的。作为人必然愿意、作为社会必然被组织起来矫正他们的错误。诚如威廉·布莱克所说:"犯错误和抛弃错误是上帝设计的一部分。"它肯定也是科学设计的一部分。

科学家的共同体是简单的,因为它具有直接的目标:探索真理。它必须激励个体科学家是独立的,科学家的团体是宽容的。从这些基本的前提——形成最初的价值——一步步得出一系列的价值:异议、思想和言论自由、公正、尊重、人的尊严(dignity)和自尊(self-respect)。这一切价值是科学的第一需要,是科学自然要求形成的价值,是科学的逻辑需要,也是科学所塑造的人的价值。它们也构成科学家的道德:在目的和手段之间没有差别。①

自从文艺复兴以来,我们的价值正是借助科学通过这样的步骤进展的,而奴性的和血淋淋的中世纪世界既不支持独立,也不支持宽容。正是从独立和宽容这样的价值,合理性地得出人的价值。这一切并非来自宗教神秘主义,而是出自以科学为代表的理性主义。诚如施韦策(A. Schweitzer)所说:

> 理性主义超过了在18世纪末和19世纪初实现自己的思想运动。它在所有正常的精神生活中是必然现象。世界上所有真实的进步经过最终分析都是理性主义产生的。当时确立的原理把世界观建立在思想的基础上,唯有思想对所有时代都是有效的。

事实上,自从布鲁诺在1600年因为他的宇宙论被教会烧死以来,自豪的人有了思想。后来的科学家虽然大都没有成为道德家或革命

---

① J. Bronowski, *Science and Human Values*, Hutchinson of London, 1961, p. 59 – 83. 以及 J. Bronowski, The Values of Science. *A Sense of the Future*, Cambridge Mass. : The MIT Press, 1977, pp. 211 – 220.

家,而是谦逊地和坚定地实践他们的职业,但是他们难得谈到的价值却进入他们的时代,缓慢地改造人的精神。例如,法国博物学家布丰在他的举止方面表现出来的尊严感是平等的人的社会的黏合剂,因为他表达了他们的认识,对他人的尊重必然在自尊中找到。除非科学家把对清醒的诚实的尊重随他自己带给理论和实验,而且他的同胞能够在他那里接受这种尊重,否则理论和实验同样是没有意义的。① 因此,有人甚至认为,内在于科学实践中的价值高于在人类活动的其他领域占优势的价值,因而值得推广到一般的伦理准则。②

真善美是人的最崇高的理想和始终不渝追求的终极目标,也是人的价值——真诚、善良、美满——的最集中的体现。以求真为鹄的和旨归的科学,也内含善和美的要素。于是,科学价值和人的价值也就自然而然地水乳交融、合二为一——科学价值即是人的价值。难怪圣托马斯·阿奎那说:"人的至高无上的美存在于科学之光中。"③难怪马斯洛倡言:

> 对终极价值的沉思也就与对世界本质的沉思成为一码事。探寻真(完满定义上的真)也就等于追求美、秩序、单一、完善和公正(完满定义上的公正),那么,通过任何其他的存在价值也就可以寻到真。这样一来,科学不就与艺术、与爱、与宗教、与哲学没有什么两样了吗?对存在本质的基本科学发现不也就是精神上的或价值论上的成果了吗?④

---

① J. Bronowski, *Science and Human Values*, New York: Julian Messner Inc., 1956, pp. 88-89,83.
② I. Cameron and D. Edge, *Scientific Image and Their Social Uses*, London, Boston: Butterworths, 1979, p. 13.
③ E. P. Fischer, *Beauty and Beast*, *The Aesthetic Moment in Science*, New York and London: Plenum Trade, 1999, p. 1.
④ 马斯洛等:《人的潜能和价值》,林方主编,北京:华夏出版社,1987年第1版,第227页。

理性与情感在科学中珠联璧合*

科学的鲜明特色是，自始至终由理性（reason、rational faculty）或理智（intellect、reason）主导，或者说科学是合理性的（rational）；与实证并列的理性是支撑科学的两大支柱之一，是科学的核心价值。从科学放逐理性和实证，科学便不成其为科学。但是，科学既不是干枯的木乃伊，也不是冷若冰霜的道学家。除了理性，在科学中是有情感（feeling、emotion、sentiment、passion）或感情的，甚至是有爱情的！瓦托夫斯基道出前者："科学作为一项人类活动已经贡献出一个理性的和自由活动的模型，并且是把它作为科学的最高成就之一而加以显现的。"[①]萨顿则明确肯定后者："无论科学活动的成果会是多么抽象，它本质上是人的活动，是人的满怀激情的活动。"[②]

理性贯穿科学的整体或始终，这一点可以说是老生常谈，人人耳熟能详，无须我们在此饶舌。我们重点论述一下科学中的情感——这是人性在科学中的生动显现。爱因斯坦在谈到神秘感和惊奇这种情感时说得好："我们所能经历的、最美妙的事情就是神秘感。它是人类的一种基本的感情，存在于真正的艺术和科学的摇篮中。如果不知道有这种神秘感，感觉不到惊奇，感觉不到惊异，那就形同行尸走肉、熄灭

---

* 原载李醒民:《论科学的人性意蕴》，长春:《社会科学战线》，2013年第9期。

① 瓦托夫斯基:《科学思想的概念基础——科学哲学导论》，范岱年等译，北京:求实出版社，1982年第1版，第587页。

② 萨顿:《科学史和新人文主义》，陈恒六等译，北京:华夏出版社，1989年第1版，第38页。

的残烛。"①马斯洛和盘托出:"人对爱或尊重的需要和对真理的需要完全一样,是'神圣的'。'纯粹'科学的价值比'人文主义'科学的价值并不更多,也不更少。人性同时支配着两者,甚至没有必要把它们分开。科学可以给人带来乐趣,同时给人带来益处。希腊人对于理性的尊崇并没有错,而只是过分地排他。亚里士多德没有看到,爱和理性完全一样,都是人性的。"②

科学中的情感在科学的三个维度上均有表现,尤其浸透在科学家的科学研究活动中。科学家是人,不是什么机械、怪物或神祇,本来就具有人的感情,他们在潜心研究时也概莫能外,绝不是冷酷无情,不食人间烟火。西米诺娃断定:"一个科学研究工作者不仅是一个成为科学分析的抽象单元或一个独断的、积累信息的机器人,而且也是一个明明白白由历史确定的个人。除了其他因素以外,他取决于他自己的所有精神部分:智力的、感情的和意志的。……应该把科学家看做一个人,有他自己的感情、内心冲突、非理性的行为等等,他不是存在于社会的真空中,而是融化于社会、政治、文化环境和他从事的特殊科学领域的相互联结之中。"③科学中的情感也能够在科学家的研究结果中隐现,尤其是在伟大科学家的经典著作中,人们常常可以从字里行间感受到作者充沛的感情、敏感的心灵、独特的风格和迷人的品位。科学精神气质作为约束科学家的价值和规范的综合,本来就是有感情情调的——这是情感在科学的社会建制中的明证,就更不用说情感在这个维度的具体操作层面上的表现了。

科学中的情感集中表现为科学家的至爱:爱科学研究的对象大自

---

① 卡拉普赖斯编:《爱因斯坦语录》,仲维光等译,杭州:杭州出版社,2001年第1版,第187页。
② 马斯洛:《动机与人格》,许金声译,北京:华夏出版社,1987年第1版,第3页。
③ 西米诺娃:《科学的人性化》,林啸宇等译,北京:《科学学译丛》,1989年第1期,第6-10页。

然,爱科学本身,爱科学真理之美。哥白尼认为,天文学毫无疑义地是一切学术的顶峰和最值得让一个自由人去从事的研究,因为包括一切美好事物的苍穹比什么东西都美丽,值得用最强烈的感情和极度的热忱来研究。① 彭加勒开门见山地申明:"科学家研究自然,并非因为它有用处;他研究它,是因为他喜欢它,他之所以喜欢它,是因为它是美的。如果自然不美,它就不值得了解;如果自然不值得了解,生命也就不值得活着。……科学家之所以投身于长期而艰巨的劳动,也许为理智美甚于为人类未来的福利。"②前面提到,爱因斯坦认为,真正科学家的科学探索动机直接来自激情,与宗教徒或谈恋爱的恋人的精神状态类似。他借用斯宾诺莎的用语,指出这就是"对神(自然)的理智的爱"。他把这种激情称为"宇宙宗教感情",其表现形式是对大自然和科学的热爱和迷恋,对自然规律和谐的奥秘的体验和神秘感,好奇和惊奇感,赞赏、尊敬、景仰乃至崇拜之情,喜悦和狂喜③。在他看来,宇宙宗教感情是"科学研究的最强有力的、最高尚的动机"。"只有那些做了巨大努力,尤其是表现出热忱献身——要是没有这种热忱,就不能在理论科学研究的开辟性工作中取得成就——的人,才能理解这样一种感情的力量,唯有这种力量,才能做出那种确实是远离直接现实生活的工作。"他举例说,为了清理出天体力学的原理,开普勒和牛顿付出了多年寂寞的劳动,他们对宇宙合理性的信念是多么深挚,他们要了解它的愿望又该是多么热切!④ 在法拉第时代,科学家还不存在呆滞的专门化——通过角质架的眼镜自负地凝视,还没有消灭科学的

---

① 哥白尼:《天体运行论》,叶式辉译,武汉:武汉出版社,1992 年第 1 版,第 1—2 页。
② H.彭加勒:《科学与方法》(汉译世界学术名著丛书),李醒民译,北京:商务印书馆,2010 年第 1 版,第 12 页。
③ 李醒民:爱因斯坦的"宇宙宗教",成都:《大自然探索》,1993 年第 12 卷,第 1 期,第 109—114 页。李醒民:爱因斯坦的宇宙宗教感情,北京:《方法》,1998 年第 4 期,第 26—27 页。
④ 爱因斯坦:《爱因斯坦文集》第一卷,许良英等编译,北京:商务印书馆,1976 年第 1 版,第 382 页。

诗意。法拉第爱恋神秘的大自然,就像爱人爱他远方的所爱者一样。①这种爱不是爱情之爱又是什么?

为此,费希尔甚至呼吁:"未来的科学家必须力图较少通过概念、而较多通过感觉来理解自然,以揭示科学美。不幸的是,即使在今日活跃的环境保护运动范围内,自然之所以被保护不是因为它是美的,而是因为它变得受损害和丑陋。令人信服的与自然的关系必须具有审美的源泉。环境保护的价值必须因它的美而被感知。"他直言无隐:"代替有意图地利用自然,我们能够无意图地观察它的美。只有当自然科学再次珍重情感时,它们将会再次珍视它们的同名物——它们在很久之前丧失了对它的眼界——自然。如果这种情况发生,科学将不再把环境作为仓库消灭,而将环境作为生命的根基设法加以保护。"②

情感在科学中能够发挥重要作用。首先"情感是知识的原动"③,是科学家进行科学探索的原初动机和强大动力。在爱因斯坦的关于科学探索动机和动力的论述中,我们已经领略了情感的无与伦比的威力和魅力。我在论述科学探索的情感心理动机和动力时,曾经提出下述几种情感。一是好奇心或惊奇感——科学和科学家的力比多,二是对自然和科学的兴趣、爱好和热爱,三是对自然美和科学美的鉴赏和陶醉,四是难以名状的激情与精神上的乐趣和快慰,五是寻求冒险和刺激。不难看出,科学实际上是一种富有浪漫主义和理想主义色彩的智力冒险,人性在其中得以淋漓尽致的体现。④

---

① N. Maxwell, *From Knowledge to Wisdom*, *A Revolution in the Aims and Methods of Science*, England, New York: Basil Blackwell, 1984, p. 7.

② E. P. Fischer, *Beauty and Beast*, *The Aesthetic Moment in Science*, New York and London: Plenum Trade, 1999, pp. 159, 167.

③ 丁文江:玄学与科学——答张君劢,张君劢、丁文江等:《科学与人生观》,济南:山东人民出版社,1997年第1版,第206页。原文是:"情感是知识的原动,知识是情感的向导;谁也不能放弃谁。"

④ 李醒民:《科学论:科学的三维世界》(上卷、下卷),北京:中国人民大学出版社,2010年第1版,第586-596页。

其次,情感是认知客观世界的方式,特别是审美情感在科学发明中起神奇作用。华生一语中的:"激情……能够达到真理更加纵深的领域。"①费希尔表明,深刻的激情是内在的知识要素,压制激情就是压制认知。他在提及泡利的亲身经验(在 1920 年,奇异的情感容许他理解原子自旋的性质)时说,情感对科学而言是批判的,它具有辨认什么是重要的能力(这几乎总是使我们免除错误)。他得出结论:"当合理性遭遇它的限度,对开明的理性的求助不再帮助我们时,那么思维的对位形式即情感可以帮助我们。情感是通过我们的感觉释放的,情感帮助我们感知世界和辨认价值。"②拉契科夫在谈到科学发明的心理要素时说:"想象、幻想、灵感、激情、直觉、下意识的'技巧'、感受(智慧的飞跃)、顿悟(醒悟、直接洞察)和其他非形式化的、个人隐秘的、同主体亲近的创造成分,在对科学创造同人对待周围世界、科学问题和其本身的态度的心理感受之密切关系中,揭示出科学创造。"他进而表明,创造心理学的所有这些要素不是各自孤立地存在的,而总是存在于一定的联系和统一之中,正因为如此,它们才影响科学的活动。心理诸因素这种总的影响,在实现"智慧的突然飞跃"时,在形成反常的思想时,以及在存在着有时称为"分离性"(在于爱好异常的联想和意外的行为)这种心理现象时,都明显地表现出来。他的结论是:"在取得新的科学成果中,有许多东西取决于科学家的情感的力量,取决于他的激情。……激情首先要求某一对象的生命力和心理的高度集中,首先要求与把其他一切'置诸脑后'相联系的聚精会神。黑格尔指出,激情表现出一种意志状态,在这种意志状态下,'主体把其精神、才能、性格和快感的整个生活兴趣贯注到统一的内容之中。没有激情,永远不会、也

---

① 马斯洛:《科学家与科学家的心理》,邵威等译,北京:北京大学出版社,1989 年第 1 版,第 125 页。

② E. P. Fischer, *Beauty and Beast*, *The Aesthetic Moment in Science*, New York and London:Plenum Trade,1999,pp. 162,169.

不可能完成任何伟大事业。'激情形成心理情绪和精神力量的积极性,它们经常导致揭开最复杂的、似乎是无法解释的自然和社会之谜。"①

的确,如陶伯所述,要察觉真理,就必须超越于我们自己的、可知的和确实用我们的术语理解的实在。要察觉美,就必须在感情上经验某种实在,直接参与在客体和经验主体之间的公共份额之中。它在于更接近主体与客体之间的神话般的统一。② 关于审美情感是科学发明的助产士,学者的论述可谓积案盈箱。韦克斯勒揭示,在科学审美的巅峰体验中,自我与研究的对象融为一体,并在其中丧失,这显示出审美情感必定是科学创造性的最高点。这种情感比我们在日常生活中经历的情感更强烈、更集中。③ 魏扎克力陈:"美是真理的一种形式。美的鉴赏是对实在的一种赏识,即对实在的一种特殊的知觉能力。……非理性的东西有一种理性的存在,更确切地说,感情有一种理智的存在,在感情之中主观的东西正是由于它的主观性而表现出是客观的,表现出是知识。"④波兰尼持有这样的观点:"一项富含激情的'摄悟'必会欣赏摄悟之物的完美,这种欣赏在伴随发现进程而来的情绪高涨里暴露无遗。激情寻求满足,知性激情则期待知性愉悦,关于这种愉悦的源头,最普遍的说法是'美'。我们的思想为美的问题吸引,期待美的答案;心灵在美的发现的重重线索中沉迷,不懈追求美的发明。"⑤

---

① 拉契科夫:《科学学——问题·结构·基本原理》,韩秉成译,科学出版社,1984年第1版,第187-188、190-191页。
② A. I. Tauber ed., *Science and the Quest for Reality*, London: Macmillan Press Ltd., 1997, pp. 404-405.
③ J. Wechsler ed., *On Aesthetics in Science*, Cambridge: The MIT Press, 1978, p. 6.
④ 魏扎克:美,杜云波译,北京:《自然科学哲学问题》,1983年第1期,第31-36、42页。
⑤ 波兰尼:《科学、信仰与社会》,王靖华译,南京:南京大学出版社,2004年第1版,第77-78页。波兰尼继续说:"现代批评家希望呼唤理解超过希望唤起赞美。但是这只是重点的转换而已,因为所有的理解都赞赏其理解对象的可理解性,仅仅因为被理解,一件复杂艺术品的内在和谐就能唤起我们由衷的赞叹。"

诸多科学家以亲身经历，说明审美情感在科学发明中的绝妙作用。彭加勒陈述，数学创造在于做有用的、为数极少的组合，而这种组合恰恰是最美的组合，是最能使特殊的审美感着迷的组合。发明就是辨别、选择。"在由阈下的自我盲目形成的大量组合中，几乎所有的都毫无兴趣、毫无用处；可是正因为如此，它们对审美感也没有什么影响。意识永远不会知道它们；只有某些组合是和谐的，从而也是有用的和美的。它们将能够触动几何学家的这种特殊感情，这种感情一旦被唤起，便会把我们的注意力引向它们，从而为它们提供变成有意识的机会。……正是这种特殊的审美感，起着微妙的筛选作用，这充分地说明，缺乏这种审美感的人为什么永远不会成为真正的创造者。"[①]爱因斯坦对宇宙的永恒秘密和世界的神奇结构，以及其中所蕴含的高超理性和壮丽之美，总是感到由衷地好奇和惊奇。这种情感一下子把他们从日常经验的水准和科学推理的水准，提升到与宇宙神交的水准——聆听宇宙和谐的音乐，领悟自然演化的韵律——从而直觉地把握实在。他的宇宙宗教感情就是认知自然的奇妙方式：在宇宙宗教思维中，思维的对象是自然的奥秘而不是人格化的上帝；思维的内容是宇宙的合理性而不是上帝的神圣性；思维方式中的虔敬和信仰与科学中的客观和怀疑并不相悖，而且信仰本身就具有认知的内涵，它构成了认知的前提或范畴（科学信念）；此外，体验与科学解释或科学说明不能截然分开，它能透过现象与实在神交；启示直接导致了灵感和顿悟进而触动了直觉和理性，综合而成为科学的卓识和敏锐的洞察力。与此同时，宇宙宗教思维方式中所运用的心理意象（imagery）和隐喻、象征、类比、模型，直接导致科学概念的诞生。这种思维方式在很大程

[①] H.彭加勒：《科学与方法》（汉译世界学术名著丛书），李醒民译，北京：商务印书馆，2010年第1版，第32—45页。

度上是摆脱了语言和逻辑限制的右脑思维,从而使人的精神活动获得了广阔的活动空间和无限的自由度,易于形成把明显不同领域的元素关联起来的网状思维——这正是创造性思维过程的典型特征,因为语词的和逻辑的思维是线性过程。在这种最高的认知境界中,客观精神和主观精神,或自然与认识主体,或上帝与科学家,完全融为一体,你中有我,我中有你。这是一种出神入化、天人合一的境界,有些类似于庄周梦蝶、知鱼之乐,从而直入自然之堂奥,窥见世界之真谛——因为此时"我们用来看上帝的眼睛就是上帝用来看我们的眼睛"[①]。

再次,情感激励科学家追求科学的完美形态和科学统一。这种情感激流始终在科学家的内心激荡,使得他们孜孜以求,不达目的誓不罢休。要知道,像科学的自然分类和统一性这样的概念和理想,纯粹是形而上学的科学信念[②],它们是不能够用经验证明的,也是无法用逻辑推导的。科学家之所以坚持不懈地追求它们,完全是由激情驱使的。例如,迪昂秉持本体论意义上的秩序实在论,认为完备的科学理论是自然分类的理论,而"理论用来使实验定律秩序化的逻辑秩序是本体论秩序的反映","它在观察资料之间建立的关系对应于事物之间的实在关系"。"那些能够沉思和认识他们自己思想的人都感到,在他们自身之内有一种不可压抑的对物理学理论的逻辑统一性的追求。而且,这种对理论各部分都在逻辑上相互一致的追求不可分割地伴随着另一种追求:……它就是对作为物理学定律的自然分类的理论的追求。……这种情感以不可遏止的力量在我们心中汹涌澎湃;……"[③]雅

---

① 李醒民:《爱因斯坦》,台北:三民书局,1998年第1版,第415-450页。李醒民:《爱因斯坦》,北京:商务印书馆,2005年第1版,第361-390页。

② 李醒民:爱因斯坦的科学信念,北京:《科技导报》,1992年第3期,第23-24页。李醒民:《科学论:科学的三维世界》(上卷、下卷),北京:中国人民大学出版社,2010年第1版,第296-300页。

③ P.迪昂:《物理学理论的目的与结构》(汉译世界学术名著丛书),李醒民译,北京:商务印书馆,2011年第1版,第32、128-129页。

基也指出,迪昂热情地赞同本体论的实在和真理,并把这看作是物理学家工作具有意义的不可或缺的条件。① 爱因斯坦的一生,是追求科学统一性的一生。从他1901年发表的第一篇科学论文《由毛细管现象所得到的推论》,到1905年接连发表四篇划时代的论文,再到建构统一场论直至生命的终结,他始终如一地把追求科学的统一性作为神圣的目标。爱因斯坦坦率地承认,追求"物理学领域中的逻辑统一","十分有力地吸引"他;"力求整个理论前提的统一和简化",是建立新理论的相当重要的"微妙动机"。他深有感触地说:"寻找一个关于所有这些学科的统一的理论基础……认为这个终极目标是可以达到的,这样一个深挚的信念,是经常鼓舞研究者的强烈热情的主要源泉。"②

最后,情感激发科学家的科学良心和责任感。哈丁揭橥:"对客观性的需要、把观察和报告与科研人员的主观愿望区分开来(这对科学进步是至关重要的),变成把理性思考与个人感情截然分开的需要。这助长科学家在道德上冷漠超然的倾向,这种倾向在专业分化和机构官僚化过程中得到强化,它怂恿科学家从事各种危险有害的科研而不顾及对人体造成的后果。"③为此,很有必要让情感激发科学家的仁爱之心和人文情怀,以平衡理性的过度僭越。费希尔深信:"感知具有超越它对知识贡献的功能,这直接导致道德和伦理问题。"特别是,"美的

---

① S. L. Jaki, *Uneasy Genius: The Life and Work of Pierre Duhem*, Dordrecht: Martinus Nijhoff Publishing, 1987, pp. 371-372.

② 爱因斯坦:《爱因斯坦文集》第一卷(汉译世界学术名著丛书),许良英等编译,北京:商务印书馆,2010年第1版,第528页。

③ S.哈丁:《科学的文化多元性——后殖民主义、女性主义和认识论》,夏侯炳等译,南昌:江西教育出版社,2002年第1版,第174-175页。他接着说:"学者社群中理想化的平等主义思想表明,该群体本身不过是被整合到社会一般阶级结构并模仿公司模式的科学权威的僵化等级组织。如果说还存在可以追求真理的地方,它也变得日益狭窄了;这表明,实验室里的小科学的精密性与作为一个整体的科学事业的非理性之间,存在日益增多的矛盾。"

体验唤起是人的文化一部分的主张。没有这种体验和没有这种结合物,没有审美的、感觉的和心境改变了的科学要素,就不能着手所要求的新的道德的和伦理的取向,它的必要性最终将变得很紧迫。"哈特曼在他的《美学》中捍卫这种情感:感知的人不能防范突然与创造的奇迹面对面的情感;当科学家认识到美的深度时,科学景象能够在美学上使科学家着迷,这种意识的唤醒最终能够导致人变成道德的。① 威尔金斯发出醒世之言:"'科学的社会责任问题'的症结是找到把思维和情感联系起来的方式。二者是精神的对立的活动,需要把它们汇集在一起,以便使人成为一个整体。科学家的传统观点即思维高于情感是错误的:二者都是实质性的。例如,科学批评家罗斯扎克暗示,情感高于思维,科学一般而言太多地依赖理性和逻辑的权力,而忽略道德价值。肯定地,我们技治主义的主要缺陷之一是,思维和情感未处于正确的比例。但是,不是思维太多了,而是情感太少了。而且,思维本身是不适当的——它太受局限了,太分析了,而缺乏综合性。"他还说:科学中的社会责任概念隐含着,科学也具有它的思维部分和情感部分。如果这些部分能够被汇集在一起,那么科学便会更好地与人的更广泛的希望和欲求联系起来:科学的非人性化的方面会减少,科学会成为改变和改善社会的力量,社会责任会内含在科学的本性中。②

在科学的萌芽时期或幼年时期,也就是说在古希腊时代和欧洲中世纪时期,理性与情感是不分家的。诚如薛定谔所说:"在心灵与理性这'两条道路'间仍隔着一堵墙。我们沿着这堵墙反思一下:它将永远存在吗?我们能推倒它吗?当我们在历史的高山峡谷中审视它的蜿

---

① E. P. Fischer, *Beauty and Beast*, *The Aesthetic Moment in Science*, New York and London: Plenum Trade, 1999, pp. 159, 162, 183 – 185.

② M. H. F. Wilkins, Introduction. W. Fuller ed. *The Social Impact of Modern Biology*, London: Routledge & Kegan Paul, 1971, pp. 247 – 254, 5 – 10.

蜒曲折时,我们看到悠远的两千年前的一块土地。在那里,这样的墙被推倒、消失了,道路只有一条,而且也不再被分割开来。"①

近代科学或经典科学的诞生,使情感与理性逐渐分道扬镳。费希尔通过对西方思想史的考察表明:"在近代科学形式获得接受的17世纪之后,情感不得不撤离,以便为理智和它的强力意志留下余地。我们研究自然是为了控制它,在这样做时,我们丧失了对所有其他目标的眼界。心智的进步击败了心灵及其情感。同时,意识成功地做相同的事情。它不再需要受到无意识的干扰了。自那时以来,在心理感觉中,人的进步或多或少地被阻挡了。我们的发展仅仅发生在技术层面上,心灵被忽略了。"他具体地陈说:如果我们今天把某种思想给予自然科学,甚或花一些时间沉思它,那么我们立即认识到,讨论的主题还是集中在它的定理之真,尤其是它的结果的有用性上;像"乐趣"、"愉悦",甚或"幸福"这样的表达在这种语境中较少频繁出现。情况似乎是,近代科学家在他们的研究中不再经历愉悦,他们丧失了对新事物的好奇心。当代科学知识的代表人物在思维中不再获得任何愉悦——爱因斯坦曾用愉悦这个词修饰一种能动性。可是,在20世纪头几十年,似乎还为真的是,研究科学家在获得自然的美的谋略的底细时,能够期待某些理智的乐趣。思维的愉悦为某些科学家提供了实际的动机。爱因斯坦一再地表达,当他的研究形式——他的系统阐明和他的公式——出自纯粹沉思的愉悦或由他自己的欲望驱动的沉思时,便获得它们真实的美。今天情况不同了。科学家不再是他们曾经是的幸福的个体。无论如何,他们之中没有几个人公开提及研究活动提供了潜在的愉悦,或者提及在愉悦的思想中的幸福时刻。在占优势的数量中,他们忘记了什么

---

① 薛定谔:《自然与古希腊》,颜峰译,上海:上海科学技术出版社,2002年第1版,第17页。

处在他们追求知识的开端,即审美的乐趣,或感官感知的愉悦。不管他们高度抽象的苦行姿态,他们几乎未注意到在他们眼前有什么——对审美冲击具有潜力的雅致的理论或漂亮的结构。①

在整个两三百年间,尽管情感与理性的揖别推动了科学发展,但是也引发了文化分裂、人格分裂和诸多社会问题,而且从长远看也不利于科学自身的进步。因此,在未来科学中,使科学与情感珠联璧合、相得益彰,就是顺理成章、水到渠成的事了。要知道,科学是有人性的,而理性和情感都是人性,是人性不可分割的两翼,同时也分别是科学的前、后驱动器。没有理性,科学就失掉主心骨,变成懵懵懂懂的浪人或胡作非为的狂人;没有情感,科学就缺乏血肉和生气,成为一堆干巴巴的枯骨或骷髅。使二者互补、合璧,对科学本身大有裨益,对人类社会进步和人的自我完善也善莫大焉。

正如在科学中理性不能完全排斥情感一样,情感也不能排斥理性。必须在二者之间保持必要的张力,针对不同的与境,随机应变,赋予不同的权重。而且,要清醒地认识到,科学毕竟是实证的和理性的,情感在科学中是非主要方面,是对极端理性论的淡化或对理性的补苴。情感在科学中不能泛滥,浪漫主义在科学中不应横行,否则对科学来说不是福音,而是灾难。彭加勒早就界定了情感与理性的职分和关系:"感情、本能可以指导理智,但却不能使理智变得无用;感情、本能可以指挥眼之所向,但却不能代替眼睛。可以假定,感情是工人,而理智仅仅是工具而已。"②艾肯则点明:需要理性和情感的整合。其中

---

① E. P. Fischer, *Beauty and Beast*, *The Aesthetic Moment in Science*, New York and London:Plenum Trade,1999,pp. 166,161 - 162.

② 彭加勒:《科学的价值》,李醒民译,沈阳:辽宁教育出版社,2000年第1版,第121页。彭加勒接着说:"可是,理智即使对于盲目力量的行为来说不是不可或缺的,但至少对于哲学思维来说,难道不是必不可少的工具吗? 因此,哲学家实际上不可能是反理智主义的。也许我们将宣称行动是至高无上的,但是如此得出结论的,却总是我们的理智;理智在容许行动优先时,它将这样保持其思想的芦苇的优势。这也是一种未受到轻视的最高权力。"

精神的和科学的东西、情感的和理智的东西、诗意的和理性的东西重新结合在一起。主要的问题的发现达到整合的手段,矫正分割的而不是统一的教育体制。他进而从科学与人生的关系看问题:科学能使人生达到一种新的存在之境界;人必须创造他自己的生活的目的和存在的意义,力求使生命表面上的无意义与个人对目标的追求协调起来。人的这种精神饥饿不再能够被传统的宗教满足了,需要的是理性和情感的整合,科学的东西与心理的东西的整合,从而达到浪漫的存在主义(romantic existentialism)的人生境界。① 威尔逊则表达了这样的意思:浪漫主义的强烈情感对科学并无益处,只能导致卢梭的反科学的肆虐。②

  费希尔对理性与情感的关系处理得比较到位。他特别强调,理性在科学中的绝对扩张和唯一统治容易走向它的反面。因为正是理智,使人堕落到错误的轨道。只有它的权威不再能够改变任何东西,因此反对它(和它的支持者)的手段是紧迫必要的,以便使它避免产生破坏和破坏的知识。由于把理性仅仅定义为运用批判和逆潮流游泳的能力,我们立即看到基本的缺失,从那时起结果的发展有缺失。理性从一开始就以十分小的理性出现,它没有改善这种状况,它变得更糟,正如人们今日在某种程度上可以感觉到的。其间,科学的理智产生了越来越多的"恶",即便它未打算如此。他一方面充分肯定情感在科学中的意义和作用:无意识的东西站在意识的东西的对立面,与情感站在

---

  ① F. Aicken, *The Nature of Science*, London: Heinemann Educational Books, 1984, pp. 120 - 122.
  ② 威尔逊:《论契合——知识的统合》,田洺译,北京:三联书店,2002年第1版,第48-49页。他的原话如下:"哲学中也出现了浪漫主义,这种哲学赞扬反叛、自发性、强烈的情感和英雄主义的想象。这种哲学的支持者只能激发心灵的灵感,将人类想象成无限自然中的一部分。卢梭是真正的浪漫主义哲学运动的奠基者,而且他是这场运动中最为极端观点的倡导者,尽管人们将他看做启蒙运动的哲学家。"

思维的对立面一样。在偏爱理智的倾向太约束和处于衰退的地方,情感可以发挥应有的作用。仅有理性不能帮助我们摆脱危机;如果我们有勇气请求我们的情感,那么我们至少可以找到通向健康的道路。另一方面,他也明确指出,情感和理智是互补的,二者缺一都会形成瑕疵。情感需要理智,因为唯有理智知道事物是如何和为什么;理智需要情感,因为没有情感的补充,理智就会忘记什么紧要并失去对未来的勇气。情感不能独自留下,决定的词是互补性。它们一起能够漂亮地发挥作用。当然,他也明白:"困难在于我们恰恰不能用一种事物代替另一种事物,不能打算盲目地遵循它,从而盲目地通过补充的感觉能力解决每一个理性的问题。困难在于同时保持两种观察姿态,必须时刻决定哪一个更重要,理智还是情感。指责所有专家完全是科学理性的时髦的科学怀疑论简化了情势,实际上使情况变得更糟。由于不理会理性,他们使情感丧失了它的补充物,而听任它自行其是。我们承受不起对结果的胡作非为的宽容。"①

在这里务必注意,我们需要的是情感与理性之间的张力而非斥力,是互补和谐而非独断专行,并要维护科学的理性品格不动摇。"科学理论是合理性的,甚至可以毫不夸张地说,合理性是科学理论的本相。在作为研究活动和社会建制的科学中,合理性当然是须臾不可或缺的,不过与合理性相对或相异的情感、直觉、灵感、想象力也是相当活跃的力量,尤其是在科学发现或发明的突破时刻,更能发挥'哲人之石'的作用。但是,在提交给科学共同体乃至社会公众的、作为最终公共知识的科学理论中,充溢的却是合理性,情感之类因素已被尽可能地抹掉了,或被充沛的合理性掩盖。尽管后现代主义

---

① E. P. Fischer, *Beauty and Beast*, *The Aesthetic Moment in Science*, New York and London: Plenum Trade, 1999, pp. 163 – 167.

者扬言'告别理性'、'放逐理性'①,但却往往事与愿违:他们刚刚与合理性挥手告别,蓦然回首,却又与合理性不期而遇;他们极力从前门把合理性放逐到天涯海角,可是没过多久,合理性又不知不觉地从后门登堂入室。作为科学理论本相的合理性,仿佛成为后现代主义者挥之不去的梦魇。"②

在此我们顺便说明一下,情感不仅有益于科学,科学也有助于美的和善的情感——反科学的"科学损美说"和"科学败德说"是站不住脚的。关于科学有助于审美的情感,前面多有论述。关于科学有助于善意的情感,彭加勒有精彩的议论:科学能够激发人身上天然存在的感情,也能够产生新的感情。这种感情在适当的场合将是祈使语气的,它作为大前提,加上科学提供的小前提,就能推出伦理的祈使句。他说:"科学使我们与比我们自己更伟大的事物保持着恒定的联系;科学向我们展示出日新月异的和浩瀚深邃的景象。在科学向我们提供的庞大视野背后,它引导我们猜测一些更伟大的东西;这种景象对我们来说是一种乐趣,正是在这种乐趣中,我们达到了忘我的境界,从而科学在道德上是高尚的。尝到这种滋味的人,即便是远远地看到自然规律先定和谐的人,他会比其他人善于自处,而不去理会他渺小的、个人的利益。他将具有他认为比他自己更有价值的理想,这正是我们能够建立伦理学的唯一基础。为了这一理想,他将不遗余力地忘我工作,而不期望任何庸俗的报偿,而对某些人来说,报酬却是最重要的;

---

① 例如,费耶阿本德就把他的一本书取名为《告别理性》(farewell reason)。他还讲过:"科学也好,合理性也好,都不是普通的优越性量度。它们是未意识到其历史基础的特定传统。……理性,至少是逻辑学家、哲学家和科学家捍卫的那种理性,并不适合于科学;也不可能促进科学的成长。"参见费耶阿本德:《反对方法》,周昌忠译,台北:时报文化出版企业股份有限公司,1996年第1版,第271页。

② 李醒民:合理性是科学理论的本相,北京:《北京行政学院学报》,2007年第4期,第95-100页。

当他养成了无私的习惯时,这种习惯将处处伴随着他;他的整个一生将始终散发出无私的芳香。"对这种人来说,鼓舞他的主要力量是对真理的热爱,其次是激情。这样一种热爱不是地道的道德准则吗?科学使我们眼界阔大、高瞻远瞩,不大去注意特殊的、偶然的东西,而使自己的特殊利益服从普遍利益。科学是一项集体事业,需要必要的合作,需要我们和我们同代人齐心协力。科学能够以类似的方式唤起仁慈的情感,导致慈善行为。我们感到,我们正在为人类的利益而工作,结果在我们看来,人性变得可爱了。[1]

---

[1] 彭加勒:《最后的沉思》,李醒民译,北京:商务印书馆,1996年第1版,第117-122页。

知识分子的精神根底*

余英时教授在《士与中国文化》一书中谈到"知识分子"的内涵和外延时说,今天西方人常常称知识分子为"社会的良心",认为他们是人类的基本价值(如理性、自由、公平等)的维护者。知识分子一方面根据这些基本价值来批判社会上一切不合理的现象,另一方面则努力推动这些价值的充分实现。这里所用的"知识分子"一词在西方是具有特殊的含义的,并不是泛指一切有"知识"的人。这种特殊含义的"知识分子"首先也必须是以某种知识技能为专业的人;他们可以是教师、新闻工作者、律师、艺术家、文学家、工程师、科学家或任何其他行业的脑力劳动者。但是,如果他们的全部兴趣始终限于职业范围之内,那么他们仍然没有具备"知识分子"的充分条件。根据西方学术界的一般理解,所谓"知识分子",除了献身于专业工作之外,同时还必须深切地关怀国家、社会,以至于世界上一切有公共利害之事,而且这种关怀必须是超越于个人(包括个人所属的小团体)的私利之上的,所以有人指出,"知识分子"事实上具有一种宗教承当的精神。

在余英时教授看来,在西方并没有一脉相承的知识分子传统。古希腊的哲人是"静观的人生"而不是"行动的人生",是静观地"解释世界",而不是重"行动"和"实践"去"改造世界"。中世纪的基督教教士虽然有近代"知识分子"性格的一面,做了改造世界的工作(教化入侵的蛮族,驯服君主的专暴权力,发展了学术和教育),但却具有严重的

---

* 原载北京:《方法》,1999年第1期。

反知识、反理性倾向。西方近代知识分子的起源大概不早于18世纪,而且与启蒙运动关系最为密切,康德对启蒙运动精神实质的揭示——"有勇气在一切公共事务上运用理性"——恰好可以代表近代知识分子的精神。至于中国,"士"(相当于今天所谓的"知识分子")的传统至少延续了2500多年,从孔子的"士志于道"到东林党人的"事事关心",而且流风余韵至今未绝。

笔者完全赞同余教授对"知识分子"所下的定义,但不完全同意他关于中、西知识分子历史沿革的观点。依笔者之见,与其把西方知识分子传统视为历史的中断,还不如看作是其不同的发展阶段。近代西方知识分子理性的头脑和态度,宗教般的关爱和追求,其精神资源不正是源于古代和中世纪吗?至于中国的"士"的传统,虽有其诸多可贵之处,但却缺席(至少在某些历史时期)或缺少西方知识分子的自由心灵和独立人格。他们读书为的是做官,而不是自由的思考;他们做官为的是忠君和光宗耀祖,至多不过是进一下谏,从来也不敢冒犯龙颜;他们仁民爱民,只不过基于民本主义而非民主主义,更谈不上所谓的人权;……这也难怪,因为中国传统文化本来就缺少西方知识分子创造的民主、科学、自由的因子。

说起来,中国的知识分子也许曾有过一小段"辉煌"的时期,那是在五四运动前后的几十年间。当时,中国知识分子秉承了古代士人的"士不可以不弘毅,任重而道远"(曾参)、"富贵不能淫,贫贱不能移,威武不能屈"(孟子)的优良传统,汲取了西方近代知识分子民主、科学、自由的新思想气息,掀起了中国的思想启蒙运动,使中国人由此迈开了思想现代化的步伐。在这次思想启蒙中,中国知识分子,尤其是自由主义的知识分子,履行了知识分子的使命和天职,也展现了他们自由的心灵和独立的人格。然而好景不长,救亡运动迫在眉睫,冲淡或延滞了启蒙的主题和进程。特别是进入1950年代之后,不受制衡的个人权力,庞大的国家机器和无孔不入的意识形态,经过一个接一个的政治运动的"人工选择"和消灭异端,尤其是"史无前例"的"文化大革命"的"洗礼",使中国知识分子成为精神上的太监,思想上的侏儒,人格上的贾桂——不仅古代"士"传统的"流风余韵"丧失殆尽,而且刚刚从西方学到的一些新颖的思想因子也被斩草除根。中国知识分子从此失去了自由的心灵和独立的人格!(当然,这是就总体和大势而言,卓尔不群者虽属凤毛麟角,但毕竟还有;他们是中国知识分子的"脊梁"和"新生"的"火种"。)

在越过"文革"的梦魇之后,中国的知识人(笔者未用"知识分子"一词)还未来得及(或根本就无此意,或缺乏反思的勇气和洞察力)根治心灵的创伤和矫正残缺的人格,市场经济的固有的负面效应及其初期的无序所造成的人心浇漓和道德沦落,又以迅雷不及掩耳之势劈头袭来;加之准政治运动藕断丝连,庙堂权势话语并未从根本上松动,从而使中国知识分子的客观处境雪上加霜,其精神迷惘和行为乖戾就是题中应有之义了。君不见,近十多年,在知识界推波助澜,上蹿下跳,挥舞"文革"式的"革命大批判"的大旗,乱打政治棍子者有之。诌上傲下,鹦鹉学舌,满嘴的假话、空话、屁话,以"奏折学者"和"喉舌"自居,妄图平步青云者有之。见风使舵,随波逐流,哪儿热闹哪儿凑,哪儿有利哪儿钻者有之。荒废学业,不干正事,东颠西跑,一天赶三四个会,发不痛不痒的议论,收数个红包者有之。躲在暗处,机关算尽,"能耐"使够,拉帮结派,无中生有,恶意攻讦者有之。更多的则是内不修身敬业,外不关心国家的前途和人类的命运,终日只为官位、职称、房子、金钱、虚名(名不副实之"名",而不是实至名归之"名")劳心费神。

这些违背理性良知和社会良心的作为,追根溯源,全在于知识分子的精神根底——自由的心灵和独立的人格——的缺失。

什么是自由?斯宾诺莎给自由下了这样一个定义:"凡是仅仅由

自身本性的必然性而存在,其行为仅仅由它自身决定的东西叫自由。"尼采则称自由是"人所具有的自我负责的意志"。由此可见,自由的真谛在于自然存在、自主决定、自我负责。我们在这里所说的自由的心灵,与爱因斯坦所论的"内心的自由"(与之相关的是"外在的自由"即保证自由的外部社会条件)是相通的:"这种精神上的自由在于思想上不受权威和社会偏见的束缚。这种内心的自由是大自然难得赋予的一种礼物,也是值得个人追求的一个目标。但社会也能做很多事来促进它的实现,至少不应干涉它的发展。……只有不断地、自觉地争取外在的自由和内心的自由,精神上的发展和完善才可能,由此人类的物质生活和精神生活才有可能得到改进。"

与自由的心灵相伴,知识分子的另一个精神根底是独立的人格。爱因斯坦的人格的鲜明特征,就是与心灵自由相得益彰的绝对独立性。他戏称自己是一个"流浪汉和离经叛道的人",一个"执拗顽固而且不合规范的人",其实这正是他独立人格的真实写照。爱因斯坦深知独立的人格的精神价值和社会意义,把这种人格视为人生真正可贵的东西。因此,面对不合理的社会现实,他的立场和态度十分坚定:宁为鸡头,毋为牛后;宁为玉碎,不为瓦全。为了维护人格的独立和心灵的自由,他多次表示宁愿做人格独立的管子工、鞋匠、小贩、赌场的雇员,也不做失去独立性的科学家。他在麦卡锡主义甚嚣尘上的年代答记者问时说:"如果我重新是个青年人,并且要决定怎样去谋生,那么我决不想做什么科学家、学者或教师,为了希望求得在目前环境下还可得到的一点独立性,我宁愿作一个管子工,或者做一个沿街叫卖的小贩。"对于社会的黑暗和政治迫害,他敢于公开发表自己的见解,否则他就觉得是犯"同谋罪"。

对于具有独立人格的人,爱因斯坦总是从心底发出由衷的钦佩。他赞赏马赫"是一个具有罕见的独立判断力的人","马赫的真正伟大,就在于他的坚不可摧的怀疑态度和独立性"。他向萧伯纳致敬,因为萧伯纳能"以充分的独立性观看他们同时代的人的弱点和愚蠢",具有"把事情摆正的热忱"。他呼吁人们"用自己的眼睛去观察,在不屈从时代风尚的推动力量的情况下去感觉和判断"。他对把人培养成"一种有用的机器"、"一只受过很好训练的狗",而不是"一个和谐发展的人"的教育体制大为不满,而主张培养独立思考的教育。他认为"使青年人发展批判的独立思考,对于有价值的教育也是生命攸关的"。

自由的心灵和独立的人格是知识分子的精神根底,知识分子只有具有这样的坚实根底才能充分履行知识分子的天职和使命。在这方面,爱因斯坦为知识分子树立了值得仿效的榜样。相形之下,这种根底在现时的中国知识人中却相当孱弱,重建它显然是当务之急。笔者觉得,似乎得从以下几个方面扎扎实实地从头做起。

首先,要敬业。现在知识人不敬业者比比皆是(学人坐不住冷板凳,记者盯的是红包,教师老在学生身上打发财的主意,律师吃了原告吃被告……),有时简直达到触目惊心的地步(医生为提成乱开处方,甚至视人的生命为儿戏)。知识分子本是创造和传播知识和文化的,自己连自己该做的事也做不好或根本不想做好,又怎能发展和提高人类的文化水准和精神素质,推动社会的进步呢?孜孜不倦地搞好本职工作,是知识人成为知识分子最起码的基点。

其次,要修身。知识人作为社会成员的一部分,在市场经济初期的无序化引起的道德滑坡(这并不是意指市场经济之前的所谓"道德"都是道德的,其中的虚伪成分也许更多)中也被裹挟其中。古人云:"身也者,万事之所由立,百行之所由拳","身修则无不治矣"。知识人不仅要做好事、做好学问,也要做好人、做好现代公民。这是知识人成为知识分子的又一最起码的基点。试想,一个私欲无限膨胀、唯利是图、龌龊邪佞之人,怎能有自由的心灵和独立的人格,又怎能担当起社会良心和胸怀天下的重任?

再次,要勇做社会良心的代言人。成就治学立身二大端者,无疑是一个好知识人,但也只是具备了知识分子的必要条件而非充分条件。要成为一个真正的知识分子,还必须勇于做社会良心的代言人;也就是说,他的社会批判必须超脱任何利益集团,超越任何意识形态,超出任何个人局限,并尽可能多地具有超前洞见,是笛卡儿所谓的无前提、无定见的哲学的批判。知识分子参与社会主要是立言。当然在保持自由和独立的前提下去行动、去实践也值得推崇。不过,对知识分子来说,须知其"言"本身也是其"行",立言也能"改造世界"。

最后,守住底线。知识分子这个社会群体虽然具有知识思想和文化上的优势,但由于不拥有政治权力和经济实力,因而往往显得势单力薄,力不从心,有时甚至陷入相当困厄的境地(尤其是在变动不居的中国现实社会中)。知识分子当然可以借助权力的明智和民众的觉醒,但完全不必要走权威主义和民粹主义两个极端。知识分子必须守住自己的良知和良心的底线;即便一时不能兼济天下,也得独善其身;即使一时不能匡正世风,也得洁身自好。身处困境和绝境,敢于奋起抗争,固一世之雄,令人高山仰止。但是,由于种种原因暂时难以挺身而出,也至少得退守不合作的甘地主义底线。甘作鲁迅笔下麻木不仁的看杀人的"看客",甚至充当落井下石者和为虎作伥者,那就沦为毛泽东爱说的"不齿于人类的狗屎堆"了。

科学家的心智、品味和风格*

身处科学建制或科学共同体的科学家,其共性有目共睹。但是,共同的追求目标和研究进路并没有掩盖或泯灭科学家心智、品味和风格——它们在科学家身上千态万状、熠熠生辉——的差异。培根早就留意到科学家的心智或精神的多样性:

> 涉及哲学和科学方面,不同的人心之间有着一个主要的也可以说是根本的区别,这就是:有的心较强于和较适于察见事物的相异之点,有的心则较强于和较适于察见事物的相似之点。大凡沉稳的和锐利的心能够固定其思辨而贯注和紧盯在最精微的区别上面;而高昂的和散远的心则善能见到最精纯的和最普通的相似之点,并把它们合拢在一起。但这两种心都容易因过度而发生错误:一则求异而急切间误攫等差,一则求似而急切间徒捉空影。还可看到,有的心极端地崇古,有的心则如饥似渴地爱新;求其禀性有当,允执厥中,既不吹求古人之所制定,也不鄙薄近人之所倡导,那是很少的了。这种情形是要转为大害于科学和哲学的;因为这种对于古和新的矫情实是一种党人的情调,算不得什么判断;并且真理也不能求之于什么年代的降福——那是不经久的东西,而只能求之于自然和经验的光亮——这才是永恒的。因此,我们必须誓绝这些党争,必须小心莫让智力为它们所促而贸然有所赞同。①

---

* 原载北京:《民主与科学》,2008年第6期,出版时有改动。
① 培根:《新工具》,许宝骙译,北京:商务印书馆,1984年第1版,第29页。

其后,帕斯卡区分出两种精神:一种能够敏锐地、深刻地钻研种种原则的结论,这就是精确性的精神;另一种则能够理解大量的原则而从不混淆,这就是几何学的精神。一种是精神的力量和正确性,另一种是精神的广博。而其中一种却很可能没有另一种;精神可以是强劲而又狭隘的,也可以是广博而又脆弱的。①

迪昂汲取了帕斯卡(也许还有培根)的思想,对科学家的两种类型的心智做了专门研究。在他看来,广博的或抽象的心智沿着由事实到定律、由定律到假设,再从假设推导出所有的定律或命题的进路,即运用假设-演绎法,最终形成所谓的抽象理论。与之不同的另一类心智是深刻的或形象的心智。

> 这种心智具有在他们的想象中把握异种对象的复杂集成的惊人自然倾向;他们以单一的眼光正视它,而不需要眼光短浅地先注意一个对象,后注意另一个对象;然而,这种眼光并不是模糊的和混乱的,而是精确的和细致的,清楚地察知每一个细节在其中的地位和相对意义。但是,这种理智能力服从一个条件,即它所指向的对象必须是落入感官范围内的对象,它们必须是可触知的或可看见的。这样的心智为了形成概念,需要感觉记忆的帮助;抽象观念若被剥去这种记忆能够使之成形的一切东西,它就像摸不着的薄雾一样消失了。普遍判断对他们来说就像空洞的公式一样而缺乏意义;冗长而严格的演绎在他们看来似乎是风车单调而沉闷的声音,风车的部件不停地转动,但只不过是喘息而已。这些心智尽管被赋予强大的想象官能,但却没有准备去抽象和演绎。②

---

① 帕斯卡:《思想录》,何兆武译,北京:商务印书馆,1985年第1版,第5-6页。
② 迪昂:《物理学理论的目的和结构》,李醒民译,北京:华夏出版社,1999年1月第1版,第61-63页。

马赫在评论迪昂关于综合心智和深刻心智的区分时说:"前者具有活跃的幻想、敏锐的记忆、精确的判断,能够把握事物广泛的多样性,但是却没有显示出对逻辑准确性和纯粹性的感觉。深刻而狭窄的心智具有较狭窄的眼界,就其本性而言适合于用简化的抽象方式设想一切事物,能够估价智力经济以及逻辑关联和可靠性,并且能够应用它们。迪昂说,前一种类型尤其在英国人中能找到,后一种类型在法国人和德国人中能找到。著名科学家的名字、科学成就、英国和法国的法律等等,都以十分引人注目的方式显示出这个观念。"他接着表明:"迪昂完全清楚,这些特征只是一般地有效,只是不能适用于个别案例。不过,我认为,不仅存在这两个极端之间所有中间程度的案例,而且每一个个人按照理智倾向和手头任务,将时而趋向一种方式,时而趋向另一种方式。"①其实,只要全面地了解一下迪昂的思想②,就不难看出马赫最后的批评多少有点无的放矢。因为迪昂竭力在两类心智之间保持必要的张力,强调二者的互补;迪昂还认为,理想的心智是两种心智类型的优势以恰当的比例集于一身,理想的科学是无国别特征的科学。他后来——也许是受到马赫批评的启示——明确表示:

> 对于人的智力健全而言,上帝的意欲是,一个国家不应该拥有这些品质的独有特权。上帝的意欲是,每一个人都应该能够以合法的自尊在他们身上发现某些才华,直觉和演绎应该在他们身上同等丰富地发展,并保持和谐的比例。

正是由于心智上的缺陷,科学才背离了理想;而伟大的科学大

---

① 马赫:《认识与谬误——探究心理学论纲》,李醒民译,北京:华夏出版社,2000年1月第1版,第183-184页。

② 李醒民:《迪昂》,台北:三民书局东大图书公司,1996年第1版,第379-405页。

师,则具有以和谐的比例分配的理智,其理论也消除了私人的乃至国家的特征。①

奥斯特瓦尔德研究了天才人物的心理图式。他按照创造性能量的源泉、反应速度和工作方式,把天才人物分为两大类型:古典主义者和浪漫主义者。古典主义者是黏液质的、忧郁类型的人,反应速度低,他们总是缓慢地、深深地挖掘,通过长时间的深思熟虑来生产他们的智力成果。他们首先关心的是彻底地研究现有的问题,顽强地、不遗余力地研究过程的细枝末节,沿着事实的坚定道路前进,使任何人都不可能改善他们得到的结果,但是却不能向上高飞。浪漫主义者是多血质的、急躁类型的人,反应速度快,思维敏捷,才华横溢,生产甚丰。他们脱离一般的思想,放过十分重要的细节,同时向新的假设大胆地过渡和跳跃。与其说他们首先关心解决现有问题,倒不如说是为了给新问题腾出位置。浪漫型的天才由早年的情感的能量创造他们的成果,而古典型的天才则由他们所处的传统中以有节奏的步伐达到新的结果。② 彭加勒则通过研究数学家的著作,注意到并区分出两种相反的趋势,或者毋宁说两种截然不同的心智类型:

一些人尤其专注于逻辑;阅读他们的著作,人们被诱使相信,他们效法符邦,对准被包围之敌挖壕掘沟,步步进逼,没有给机遇留下任何余地。另一些人受直觉指引,他们像勇敢的前卫骑兵,迅猛出击,但有时也要冒几分风险。

---

① P. Duhem, *German Science*, Translated by J. Lyon, La Salle, Illinois: Open Court Publishing Company, 1991, pp. 72, 80.
② 李醒民:《理性的光华——哲人科学家奥斯特瓦尔德》,福州:福建教育出版社,1994年第1版,第66-67页。拉契科夫:《科学学——问题·结构·基本原理》,韩秉成译,科学出版社,1984年第1版,第189页。

人们往往称前者为解析家,即使他们研究几何学;称后者为几何学家,即使他们从事纯粹解析研究。彭加勒依据他们的心智本性,称前者是逻辑主义者,而称后者是直觉主义者。① 他倡导:"最好是既有逻辑主义者,又有直觉主义者;谁敢说他宁愿维尔斯特拉斯从来不写东西,或者黎曼永远不存在呢?因此,我们必须听任心智的多样性,或者最好我们必须为之高兴。"②

也许是有意或无意地追随批判学派,后来者也在大体相同或相近的意义上探讨科学家的心智类型。萨顿的划分与奥斯特瓦尔德一样:"在科学领域中的人主要也可以划分为浪漫主义者和古典主义者。前者由一个课题跳跃到另一个课题,不止一次地很突然地改变他们的方向、习惯和方法,行动起来有些反复无常;后者则在一生之中以无限的耐心和精力,矢志不渝地向同一目标迈进。"③库恩用发散式思维和收敛式思维刻画科学家的心智类型:

> 全部科学工作具有某种发散性特征。在科学发展最重大事件的核心中都有很大的发散性。但是,我自己从事科学研究以及阅读科学史的经验使我怀疑,强调思想活跃和思想解放是基础研究必须具备的特性,这是否太片面了。因此,我将提出,某种"收敛式思维"也同发散式思维一样,是科学进步所必不可少的。这两种思想型式既然不可避免地处于矛盾之中,可知维持一种往往难以维持的张力的能力,正是从事这种最好的科学研究必需的首要条件之一。

---

① 彭加勒:《科学的价值》,李醒民译,沈阳:辽宁教育出版社,2000年第1版,第3页。符邦(M. de Vauban, 1633—1707)是法国有名望的军事工程师和元帅。
② 彭加勒:《科学与方法》,李醒民译,沈阳:辽宁教育出版社,2000年第1版,第78页。
③ 萨顿:《科学史和新人文主义》,陈恒六等译,北京:华夏出版社,1989年第1版,第92页。

库恩还认为,两种思维类型也以维持传统和反对偶像崇拜的方式表现出来。① 马斯洛的表述——保守科学家和革命科学家②——在这一点实际上与库恩相同,也与前人的划分异曲同工。有趣的是,史蒂文森和拜尔利概括出以下 14 项对照特征或对立的品质,把陈规旧套的科学家和传统的文学家、艺术家和浪漫主义者加以鲜明的对照:理性对情感,抽象对具体,普遍对特殊,拘束的对自发的,决定的对自由的,逻辑的对直觉的,头脑简明的对头脑模糊的,分析的对综合的,原子论的对整体论的,实在对表观,乐观主义对悲观主义,男性的对女性的,阳对阴,左脑对右脑。不过,他也表示,这样的对照或对立不应看得太认真,举出相反的特例并不困难,但是作为一种占优势的倾向还是存在的。③

科学家不仅有大异其趣的心智,而且也有各种不同的科学品味和科学风格。taste(品味)的含义是:爱好,兴趣;趣味,情趣;鉴赏力,审美力。taste 包含个人偏爱,倾向,批判性的判断、辨别、鉴赏,标示这样的判断或鉴赏的样式或审美的质。style(风格)的含义是:格调,品格,习性,文风。style 包含(诸如在写作和讲演中)表达的独特方式,使自己表现出来的独特方式或习惯,制作、创造、完成某事物的特殊

---

① 库恩是这样讲的:科学研究只有牢固地扎根于当代科学传统之中,才能打破旧传统,建立新传统。这是一种隐含在科学研究之中的"必要的张力"。科学家为了完成自己的任务,必须受到一系列复杂的思想上和操作上的约束。但是如果他要出名,又有天才也有运气能够出名,最终却又依赖于他能否放弃这一套约束,转而支持自己的新发明。十分常见的是,一个成功的科学家必然同时显示维持传统和反对偶像崇拜这两方面的性格。参见库恩:《必要的张力——科学的传统和变革论文选》,纪树立等译,福州:福建人民出版社,1981 年第 1 版,第 223、224-225 页。

② 马斯洛说:"科学被视为科学家的人类本性的产物。所谓科学家,不仅指谨慎、保守的科学家,而且指大胆、创新、具有革命性的科学家。"参见马斯洛:《科学家与科学家的心理》,邵威等译,北京:北京大学出版社,1989 年第 1 版,第 1 页。

③ L. Stevenson and H. Byerly, *The Many Faces of Science*, *An Introduction to Scientists*, *Values and Society*, Boulder, San Francisco, Oxford: Westview Press, 1995, p. 32.

方式或技巧。在汉语中,"品味"意谓"品质和风味","风格"意谓一个时代、一个民族、一个流派或一个人的文艺作品所表现出来的这样的思想特点和艺术特点。可见,品味和风格在英语和汉语中,其意义是相近的,而且这两个词汇本身的内涵犬牙交错,无法严格分开。不过,杨振宁还是试图界定品味和风格,找出二者的微妙差异。他说:

> 一个人在刚刚接触到物理学的时候,他所接触的方向及其思考的方法,与他自己过去的训练和他的个性结合在一起,会造成一个英文叫做 taste 的东西,这对他将来的工作会有十分重要的影响,也许可以说是决定性的影响。当然,还有许多别的重要因素在里头,比如说机会也是一个非常重要的因素。一个人的 taste 再好,如果他没有碰到一个外在的机会,他不见得能够走到正确的道路上去。不过,走到同一类道路上去的人,后来所做出来的结果往往又是很不一样的,这个不一样其分歧的基本道理,我觉得就是刚才所讲的 taste,而这个 taste 的成长基本上是在早年。我认为一个人的幼年跟青年以及与他刚跟这个学科接触的时候所学到的知识恐怕是决定 taste 的基本因素。这是个很有意思的问题,至今我还没有看见心理学家和生理学家对它进行过分析。

在杨振宁看来,"taste 的形成比 style 要稍微早一点,往往在自己还没有做研究工作的时候就已经有 taste 了。比如说一个收集古画的人,他有 taste,可是他不大可能有 style;假如他后来自己也画画,那么他就可以有自己的 style。当然,一个人的 taste 肯定要影响他后来的 style,不过这两个是不一样的观念"。他充分肯定,每一个科学家的工作,确实有他自己的风格。也许这个风格在科学家自己工作里的重要性,并不亚于艺术家、文学家、音乐家的工作里风格的重要性。科学家从千千万万的事实里头找出来某一些共同点,把这些共同点抽出精华来,得出一个整体的了解,这种取舍是决定一个科学家风格的一个重要因素。如果把各个不同的科学家的工作拿来比较一下,就会发现他们的取舍方针很不同,他们对于自然现象的规律和其美妙的了解不同,这就决定了他们的风格,也由此而决定了他们工作的重要性。① 于是,我们可以得出如下结论:

> 品味和风格的含义的确多有重叠②,但是二者多少也有某种差异。品味在一个人身上出现得比风格早,甚至在他未成为科学家之前就存在了,并在此后保留下去;而风格是成熟科学家的具有的特征,它当然会受到品味的影响。而且,风格似乎比较成型、确定、较为易于言传,而品味则不那么成型、确定,一般只能多少意会。不过,二者的共同之处也十分明显:审美判断和审美选择在其中起中心作用③。此外,科学家的品味尤其是风格,与他们的

---

① 杨振宁:《杨振宁讲演集》,宁平治等编,天津:南开大学出版社,1989 年第 1 版,第 89—90、134、135 页。

② 希尔顿好像在某种程度上把品味和风格混在一起说的:"关于品味(taste)或口味(appetite)。我相信,具有重大意义的是,在人文科学、科学或数学中的所有有价值的活动,都包含着参与的人的整个人格(personality),并且能够全神贯注地参与。在这些领域中的任何一个工作者之所以工作,是因为他觉得该项工作是激动人心的、富有刺激性的和挑战性的。很少发现文化工作者是按照钟点工作的。而且,他必须在大的方面和小的方面做各种选择,选择比他的专门知识多得多。在选择谱的一端,人们可以列出专业本身的选择;在另一端,存在假设的选择、实验的选择和结论描述风格的选择。在中间,在人的专业内存在特定课题的选择。当然,在受到人的知识和理解力指导的意义上,这些选择并不是完全'自由的';但是十分重要的是要认识到,这些选择,包括伦理的、美学的和文化的考虑,对于科学实践与对于人文科学实践一样是基本的。"参见 P. Hilton, Art and Science; A. S. C. Ross ed., *Arts v. Science*, A Collection of Essays, London: Methuen & Co. Ltd., 1967, pp. 20-46.

③ 麦卡里斯特的说法可以作为佐证:"迄今为止,在有关科学中的风格问题的讨论中,缺乏的是能够解释风格的形成、风格的延续以及风格的消退的模型。审美归纳可以充当这样一个模型。"参见麦卡里斯特:《美与科学革命》,李为译,长春:吉林人民出版社,2000 年第 1 版,第 104 页。

心智类型密切相关①,似乎是相互促进、相辅相成的关系。

科学风格是一个时代或一个流派科学的突出标志。麦卡里斯特一言中的:"说理论活动以风格为标志,就是主张理论的活动的分期能够依据每个时期的理论共有的,而其他时期的理论没有的或者偶有的审美性质来划分。"②即使在前科学时期,两种伟大的文化希腊文化和巴比伦文化都包含着高度的科学内容,但是风格却大相径庭:一个是逻辑的、几何的和图形的,另一个是数量的和数字式的。这种风格差异非常好地对应于人脑左、右半球的活动。似乎控制人体右半边活动的左脑是"巴比伦人",控制人体左半边活动的右脑是"希腊人"。③ 自17世纪末牛顿力学建成以后,物理科学中依次出现的理论——刚体力学、流体力学、解析力学、热学、电学、磁学和光学——都显示有一种牛顿风格或经典科学风格:这些理论彼此相似,尤其是力图把物理系统作为超距径向力作用的系统加以分析。到19世纪末和20世纪初,物理学革命使科学风格为之一变,出现了所谓的现代科学风格。可以说,在某种意义上,经典科学和现代科学的差异是科学风格的差异。

---

① 萨立凡显然受到迪昂的直接影响,他也论述了英、法、德科学家的不同心智类型和风格。他说,英、法两国科学的不同,差不多与两国文学的区别一样显著。总括地说,英国的科学精神是直觉的、活动的、不讲逻辑的和倾向于奇怪而实际的想象的。另一方面,法国的科学精神喜欢将复杂的实在物化成为少得不可再少的几项,再来建立一个无缺陷的与合乎逻辑的大厦。英国科学家信任逻辑远不如信任经验。法国科学家信任经验远不如信任逻辑。法国派的主旨在于在简单的假设上进行公式推演。英国派要使假设是可以实验的,并且随时能接受经验的指示。德国派似乎是集合很多精密仪器的任务于一些假设上,我们可以用黎曼和爱因斯坦的工作做例子。哲学化的倾向成了德国思想界的特征,科学也不能例外。参见萨立凡等:《科学的精神》,萧立坤译,台北:商务印书馆,1971年第1版,第14-16页。

② 麦卡里斯特:《美与科学革命》,李为译,长春:吉林人民出版社,2000年第1版,第102页。

③ 普赖斯:《巴比伦以来的科学》,任元彪译,石家庄:河北科学技术出版社,2002年第1版,第20、22页。

伊利英和卡林金揭橥，经典科学的风格特点把它与现代科学区别开来，并在科学的理智发展中使之成为一个分离的认知时代阶段。经典科学有两个特别突出的特点。一是以其终极的和完成的形式体现真理的最终客观的知识体系的取向。二是作为从一开始就直接给定的整体的自然观总是自身同一的，没有发展，始终围绕相同的、永恒的和有限的圆圈旋转，它强调的是稳定状态、要素论或基元论（elementarism）和反进化论。① 莫兰也持有类似的见解：

> "经典"科学建立在下述观念的基础上：现象世界的复杂性能够和应该从简单的原理和普遍的规律出发加以消解。因此，复杂性是实在的表面现象，而简单性构成它的本质。其实这个简化的范式可以同时用普遍性原则、还原原则和分离原则来刻画其特点，这三个原则支配着经典科学的认识特有的理解方式。这些原则在从牛顿万有引力物理学到爱因斯坦相对论的科学发展过程中显示了非凡的生命力；生物学的"还原论"也曾经使得有可能认识任何生物组织的物理-化学本性。②

至于现代科学的风格或非经典科学风格，笔者曾试图对其加以勾勒③。它在量子力学中表现得最为显著。量子力学是一种完全非机械论的、非决定论的物理学。其不同凡响的特征是：客体的非固有性和潜在性，物理性质的非确定性和非连续性，时空中的非局域性，观察者

---

① V. Ilyin and A. Kalinkin, *The Nature of Science, An Epistemological Analysis*, Moscow: Progress Publishers, 1988, pp. 76 – 77.

② 莫兰：《复杂思想：自觉的科学》，陈一壮译，北京：北京大学出版社，2001年第1版，第266页。

③ 李醒民：现代科学革命的认识论和方法论启示，长沙：《湖南社会科学》，2005年第2期，第1-6页。现代科学风格可以说体现在以下几个方面：实在弱化，主体凸现；理性主导，经验趋淡；理论暂定，真理相对；科学价值，难以分开；科学自律，平权对外。

与被观察者的整体性。诚如 I. G. 巴伯所言:量子物理学承认,对原子和亚原子尺度的事件的预言,具有一种内在的不确定性。量子物理学也是整体论的,因为它表明,较大的整体的行为并非其组成部分的行为的简单求和。此外,量子世界决不能在一种自在的状态中被认识,而只有在它与特定的实验系统中的观察者相互作用时才能被认识。因此,量子物理学暗示了未来的开放性、事件的相互关系性以及人类知识的局限性。① 在这方面,

  普里戈金突显新科学,他力求在三个基本的根据上从经典科学发展新科学:它们是与简单性相对的复杂性科学,它们是与可逆动力学路径相对的不可逆过程的科学,它们是与严格的和总体的决定论相对的、考虑到机遇自由起作用的科学。……经典科学的关键特征——简单性、可逆性、决定论——远不是自然界的普适原理,每一个只不过是有保留的预设,这种预设仅仅在人为界定的状况中在狭窄的限度内应用。②

---

 ① I. G. 巴伯:《当科学遇到宗教》,苏贤贵译,北京:三联书店,2004 年第 1 版,第 iii 页。
 ② H. Redner, *The Ends of Science*, *An Essay in Scientific Authority*, Boulder and London:Westview Press,1987,pp. 27 – 28.

马赫的社会哲学和社会实践*

马赫是一位具有人文主义精神的科学家和具有科学理性精神的思想家,是一位身体力行、勇于进行社会探索和实践的伟大战士。马赫从小就对一些古怪而颠倒的社会现象迷惑不解:人们怎么能让他们自己受一个国王的统治?世间富有的人为何只是拥有财富?这种与人类休戚与共、与社会息息相关的品格和志向贯穿于马赫的整个生涯,尤其是在他功成名就、具有社会感召力和世界影响之时。他坚信科学技术对文明的促进作用,他对社会的进步和人的自我完善充满信心,他关心人类的前途和命运,他热爱真理主持正义,他拥护和平并反对军国主义、民族主义和战争。一言以蔽之,他对真善美满腔热忱,对假恶丑疾首蹙额。路德维希公正地写道:马赫一生都受到一种根本冲动的支配,这就是光明磊落。他是大众教育和进步的斗士,当他看到真理时,他总是毫不畏惧地献身于真理。①

本文将集中论述一下马赫对一些社会问题的看法,描述一下他的切实的行动。读者将不难从中看到马赫真实的、完整的形象,而且也会明白:列宁给马赫无端罗织"反动"罪名,给马赫脸上恣意抹黑,是多么粗暴,多么没有道理。

---

* 原载哈尔滨:《哈尔滨工业大学学报》(社会科学版),1999 年第 1 卷,第 1 期,出版时有改动。

① E. Mach, *The Science of Mechanics*, Chicago: Open Court Publishing Company, 1960, p. XX.

一、马赫社会哲学的基础

马赫是一位名副其实的人道主义、和平主义和科学主义者。他的社会哲学思想深深根植于他关于社会进步、关于道德世界秩序理想的始终不渝的信念和深挚的社会理性论。马赫改良了黑格尔的乐观主义,认为即使合理的并非总是现实的,至少它通常会变成现实的:"从理论了解到实际举动的距离无论怎么远,后者终究不能够抵抗前者。"[①]马赫看到,在他所处的时代,物质福利"不幸地仅为某些人所拥有",但他相信"可以期望未来的事情会变得更好一些"[②]。

马赫相信伦理和法律在建立社会新秩序中可以发挥重大作用。他指出:"把伦理建立在其正确性不能被检验的基础上肯定不是理性的。"例如,把一个阶层的人宣判为奴隶,而另一个阶层的人则以保护自己在这个世界上的既得利益为目的。在这样的地方,死后报应的道德对第一种人具有不可估量的安慰作用,对第二种人则是十分合乎一时需要的。然而,如果道德以事实为基础,那么它就是健康的,就像高度发达的中国人的学说那样。马赫的下述言论至今仍有现实意义:

> 伦理和法律是社会文化精神的一部分,其水准越高,粗俗思想的成分被科学思想取代的也就越多。[③]

在这里,马赫不仅指明了伦理和法律对于现代社会的意义,而且

[①] E. 马赫:《感觉的分析》,洪谦等译,北京:商务印书馆,1986第1版,第20页。
[②] E. Mach, *Knowledge and Error*, *Sketches on the Psychology of Enquiry*, Translation from the German by T. J. McCormack, Dordrecht and Boston: D. Reidel Publishing Company, 1976, p. 361.
[③] 同上书, p. 75.

也隐含着社会的进步,包括精神文明的进步。他的下述言论更是把精神文明与物质文明相提并论,甚至尤为强调精神的东西的价值以及它在公众中的传播与普及:"文化的进步只有存在某些冒险性时才是可以想象的,从而只有通过部分地从劳累中解放出来的人才能普遍被推进。这对于物质文化和精神的东西二者都成立,精神的东西具有壮丽的性质,人们不能阻止它们传播到人类负担沉重的阶层:这些人将或迟或早地认识到真实的事态,并面对统治阶层而要求更廉价、更恰当地使用普通股权。"①

二、马赫的人道主义

马赫的人道主义的最高宗旨在于,他把全人类的利益看得高于一切,倡导社会公正、平等,呼吁社会成员互助、博爱,并在坚持个人自由的原则下反对利己主义。在谈到生命进化是对不断拓展的活动领域的适应时,马赫提到人的活动范围大大扩展,以至在非洲或亚洲发生的任何事情几乎都会在他的生活中留下痕迹。他接着以诗一般的语言充满深情地写道:

> 让我们看看其他人的生活,他们的欢乐,他们的痛苦,他们的幸福,他们的悲伤,有多么大的部分在我们自己身上有所反映!……其他人的生活,他们的品质,他们的意图,有多大的份额我们不是通过诗歌和音乐汲取的!虽然它们只是轻微地触动了我们情感的琴弦,但是像青少年时期的记忆在成年人的心灵上柔和地注入

---

① E. Mach, *Knowledge and Error*, *Sketches on the Psychology of Enquiry*, Translation from the German by T. J. McCormack, Dordrecht and Boston: D. Reidel Publishing Company, 1976, p. 56.

生机一样，我们无论如何再次部分地体验到他们的境况。①

马赫在为这段话所加的注释中进一步强调："我们务必不要受人欺骗而设想，其他人的幸福不是我们自己的幸福的十分显著和十分基本的部分。正是公共资本，不能由个人创造，也不会随其消亡。自我的形式的和实质的限度仅对最原始的实际目标是必要的和充分的，而在广泛的概念上则是无法理解的。人类作为一个整体犹如珊瑚虫。把个体联合起来的物质的和有机的黏结剂确实有用；这些黏结剂只是妨碍运动和进化的自由。但是，终极目的即整体的精神关联通过比较丰富多彩的发展可以在更高的程度上达到，从而使自由成为可能。"看来，马赫是决不让利己主义在人类社会中处于支配地位的，他想通过教育达到这一目标，从而使人既有个人自由，又有整体的协调。

马赫看到，科学和艺术都是社会分工和社会协作的产物。只有部分人从事物的牵挂中解脱出来，有了足够的自由和闲暇，有兴趣对与应用无关的东西进行观察和研究时，科学本身才能真正诞生并获得独立。像科学一样，艺术也是必需品满足的副产品。马赫写道：

艺术和科学，任何正义和伦理观念，事实上任何较高级的智力文化，只有在社会共同体中，只有当一部分人使其他人减缓了物质牵累时才能兴盛。让"上流社会"明确认识到他们向做工的人付出了什么！让艺术家和科学家想到，他们支配和提供的正是一笔庞大的公共的和共同获得的人类财产！②

---

① E. Mach, *Popular Scientific Lectures*, Chicago: Open Court Publishing Company, 1986, p. 234.

② E. Mach, *Knowledge and Error, Sketches on the Psychology of Enquiry*, Translation from the German by T. J. McCormack, Dordrecht and Boston: D. Reidel Publishing Company, 1976, p. 61.

作为上流社会一员的马赫,对默默无闻、辛勤劳作的工农大众给以发自内心深处的尊敬和赞颂,这在当时的社会环境下是多么难能可贵! 事实上,这种人道主义的平等与博爱情操,可以追溯到马赫的青少年时代。马赫从小干过农活,学过木工,他从中懂得了"对体力劳动者应有的尊重"。马赫后来回忆说:"这种尊重体力劳动者的特点,在我和同事们的谈话中就时常表露出来。"①

马赫谙熟并热爱东方文化,在他身上没有丝毫的欧洲中心主义偏见和西方人的优越感。马赫对印度文学和科学的兴趣是从了解古典印度戏剧开始,经过熟悉印度的众神,最后被印度的数学和逻辑吸引。他在格拉茨的一次讲演中提到"科学曾经和诗处于完全不同的关系。古代印度数学家用诗句写下他们的定理,荷花、蔷薇和丁香,美丽的风景、湖泊和山岳都在他们的问题中出现"②。马赫还把埃及文字和中国文字看作是两条有代表性的发展路线:

> 书写的进一步发展能够沿着两条不同的路线进行:或者对事物的描写通过迅速简化的手写缩减为概念的约定记号,像在中文中那样;或者以描述难题的方式想起词的发音之一,图画转为语音记号,像在埃及的象形文字中那样。抽象地思维的倾向和为此目的谋求书写的需要导致前一种方法,而写出人的名字和一般地写出恰当名词的需要导致第二种方法,这便产生了文字手写。每一种方法都有其特殊的优点。第二种方法与十分微弱的工具有关,容易听清楚语言中的每一个语音的和概念的变化。第一种方

---

① F. 赫尔内克:《马赫自传》遗稿评介,陈启伟译,《外国哲学资料》第6集,北京:商务印书馆,1980年版,第67—96页。

② E. Mach, *Popular Scientific Lectures*, Chicago: Open Court Publishing Company, 1986, p. 30.

法是完全独立于语音的,以致日本读者能阅读中文,而他们在语音上讲的是完全不同的语言。中文书写几乎是万国语,尽管它需要随每一个概念的变化而变化。①

马赫似乎对中国文化更为熟知,对中国文明更为钦慕,对中国的事情更为兴味盎然。他在自己的著作中多次提及中国的语言、文字、绘画、伦理、科技、典籍等。他喜爱中国绘画,部分原因在于这些绘画不画阴影,这与他童年时的倾向一致。他认为中国人的伦理学说是"以事实为基础的",是"健康的"、"高度发达的"。② 他对中国古代的计数筹板便利计算的作用评价颇高。他在 1882 年的著名讲演《物理研究的经济本性》的开头和结尾处分别提到了中国哲学家列子寓意深刻的名言:"故生不知死,死不知生"和"唯予与彼知而未尝生,未尝死也"③。

东方文化深刻地影响了马赫的思维方式,以致布莱克默认为:马赫的现象论和科学的"内部的"目的是"东方的",而他的达尔文主义和科学的"外部的"目的则是"西方的"。④

马赫的人道主义在他同情、支持社会主义运动的思想和实践中得到最为革命性的体现,他是一位坚定的人道主义的社会主义者。马赫之所以倾向和赞同社会主义,是因为他看到早期资本主义社会的严重弊端和工人阶级的非人状况。他期望社会公正,期望社会成员在政治

---

① E. Mach, *Knowledge and Error*, *Sketches on the Psychology of Enquiry*, Translation from the German by T. J. McCormack, Dordrecht and Boston: D. Reidel Publishing Company, 1976, pp. 59-60.

② E. Mach, *Knowledge and Error*, *Sketches on the Psychology of Enquiry*, Translation from the German by T. J. McCormack, Dordrecht and Boston: D. Reidel Publishing Company, 1976, p. 75.

③ E. Mach, *Popular Scientific Lectures*, Chicago: Open Court Publishing Company, 1986, pp. 186, 213.

④ E. Mach, *The Science of Mechanics*, Chicago: Open Court Publishing Company, 1960, p. 293.

和经济上平等。在这方面,他的观点接近社会整体论和马克思主义的意识形态。尽管马赫与马克思主义者都对当时资本主义世界现存的经济和工业状况表示义愤,但马赫拒绝把有利于个人的"利己主义的"经济原因作为首要的恶棍,他似乎也不主张通过暴力的阶级斗争来达到社会公正,而主张用非暴力的联合行动达到目的。不管怎样,马赫对社会的未来充满信心和憧憬:

> 人们不会失望,有一天人类的这一部分在正确地认识到这种状况时将联合起来,反对那些巨头和雇主,并要求对我们的公共财富进行比较有目的的、相互比较满意的使用和分配。①

马赫的观点不光是讲在嘴上、写在纸上,他把它们切实地落实在自己的具体行动中。马赫是一位真正实践的人道主义的社会主义者。马赫长期与奥地利社会民主党的负责人阿德勒父子保持着密切的关系。1896年,他与社会民主党的工人一起,反对执政的基督教社会主义党对成人教育的否定,他担任抗议集会的主席。1899年,他公开宣布,自愿把一大笔钱馈赠给成人教育联合会和社会民主党机关报《工人报》。1901年,半身不遂的马赫乘坐救护车以个人身份出席奥地利上议院会议,投下关键性的一票,支持把煤矿工人工时限制到9小时的法案。1902年,他作了一次坦率而成功的发言,反对执政党在萨尔茨堡建立排他性的天主教大学。1906年,马赫被工人出身的社会主义理论家狄慈根的思想所吸引,他敦促他的哲学信徒学习狄慈根的著作。1907年,马赫的政治活动达到高峰,他又一次坚持出席奥地利上

---

① E. Mach, *The Science of Mechanics*, Chicago: Open Court Publishing Company, 1960, p. 233.

议院会议，为的是投票赞成选举改革法案。他给报纸写了几篇文章：一篇反对种族歧视，一篇反对罗马天主教教皇关于天主教教义的新大纲，为维也纳大学学生反对市政府的不公正行为的运动辩护。在讲德语的国家中，马赫是支持工人阶级及其政党的为数极少的大学教授之一。

对于社会主义，马赫保持着相当清醒的头脑。他担心在未来的社会民主主义国家，即社会主义国家中，集权和独裁会造成对个人和社会的侵害，"奴役也完全可能变得比在君主政体或寡头独裁政治的国家更加泛滥和暴戾"。为此，他赞同有关具体的预防性措施："多数原则是第二位的需要，受保护的独立的个人是根本的需要。"[①]这是马赫人道主义的社会主义思想最为人道的、最有启发意义和最富实践意义的部分。

马赫在俄国十月革命前十多年发出的告诫，至今仍没有失去其现实意义和魅力。无独有偶，自称社会主义者的爱因斯坦，也在1949年发出同样的告诫：社会主义"还可能伴随着对个人的完全奴役！"他指出社会主义需要解决的一些极端困难的社会政治问题："鉴于政治权力和经济权力的高度集中，怎样才有可能防止行政人员变成权力无限和傲慢自负呢？怎样才能使个人权利得到保障，同时对于行政权力能够确保有一种民主的平衡力量呢？"[②]

马赫人道主义的深层底蕴也许蕴涵在他的自由而开明的人道主义的人生观中。马赫通过对"自我"的分析得出结论：

> 自我是保存不了的。部分地由于这个认识，部分地由于害怕

[①] E. Mach, *Knowledge and Error, Sketches on the Psychology of Enquiry*, Translation from the German by T. J. McCormack, Dordrecht and Boston: D. Reidel Publishing Company, 1976, p. 63.

[②] 《爱因斯坦文集》第三卷，许良英等编译，北京：商务印书馆，1979年第1版，第273-274页。

这个认识引起了许多极其奇怪的悲观主义的、乐观主义的、宗教的、苦行主义的和哲学的荒诞表现。人终究不能够对于心理学分析所得出的这个简单真理熟视无睹。这样,人就不再会以为有那么高的价值了。——自我就是在个人生存时也有很多变化,并且自我在睡眠时,在沉醉于一个直观,沉醉于一个思想时,正在最幸福时,可以部分地或完全地不复存在。于是,人们就愿意放弃个人不朽的想法,而不认为次要的东西比主要的东西有更高的价值了。这样,我们就达到一个更自由、更开明的人生观,这种人生观会排除对于其他自我的蔑视和对自己的过高估价。以这种人生观为依据的道德理想,离苦行主义者的理想同离骄横的尼采式'超人'的理想一样远;前一种理想从生物学上看来不能为苦行主义者所坚持,随着他的死亡也就同时消失了;后一种理想是其他人所不能容忍的,而且也不希望人们容忍。①

马赫的人道主义不仅仅面对整个人类,而且也面对整个有机界乃至无机界。马赫反对滥用和浪费能源和资源,他告诫人们,地球的资源并不是无穷无尽的。马赫的下述言论也许是发出了当代的生态伦理学的先声:

> 我们无法为未来科学划出一道严格而可靠的界线,但是我们能够预见,现今把人和世界分开的坚硬的墙壁将逐渐消失;人将不仅以较少的自私心和较强的同情心彼此相处,而且也将如此这般地对待整个有机体世界和所谓的无生命世界。大约两千年前,中国哲学家列子,也许就具有像这样的预感。他当时指着一堆腐

---

① E. 马赫:《感觉的分析》,洪谦等译,北京:商务印书馆,1986年第1版,第19—20页。

朽的枯骨,对他的门徒以严谨的、精确的口吻说:"唯予与彼知而未尝生,未尝死也。"①

三、马赫的和平主义

马赫终生坚持不懈地反对强权和暴力,拥护公理与和平,是一位虔诚的和平主义者。在马赫看来,物理学中的 force(力)在本体论的意义上是不存在的,社会上的 force(暴力)在实践的意义上也是可以被消除的,和平能够成为自然的、充满人性的状态。在 1897 年发表的关于射弹的讲演中,马赫涉及战争与和平问题。他说,在当今这个世界,为数众多的参与战争的人和沉默不语的人都断言,持久和平是一个梦,而且是一个不甚美丽的梦。我们可以把对此的判断留给深刻的人类研究者,我们也能意识到士兵极端厌恶过于漫长的和平引起的沉滞。确实,在国际关系还没有希望大大改善的情况下,中世纪的野蛮状态是不可克服的。当时暴力处于至高无上的地位,蛮横的攻击和同样蛮横的自卫是接连不断的。但是,事态的暴虐反过来又迫使人们结束它,只是最终不得不靠大炮来发言。暴力统治并未迅速被废除,只不过转化为其他暴力而已。我们不必使自己沉湎于卢梭之梦。法律问题在某种意义上将永远是强权问题。即使在每一个人作为一个原则问题都给予同样权利的美国,选举权也只是对暴力的温和代替。在这里,马赫对严峻事实的洞察可谓入木三分。尽管如此,他还是满怀信心地认为:

然而,随着文明的进步,人们的交往将逐渐地采取比较文雅

---

① E. Mach, *Popular Scientific Lectures*, Chicago: Open Court Publishing Company, 1986, p. 213.

的方式,没有一个真正了解往昔的人会真诚地希望再次倒退,不管往昔在绘画和诗歌中可能被描绘得多么美妙。①

马赫接着分析说,虽然旧的暴力统治还处于支配地位,但是由于它的统治正在极度地对国家智力的、道德的和物质的资源横征暴敛,在和平时期比在战争时期几乎没有减少负担,胜利者比被征服者几乎没有减少压力。因此,它必然变得越来越让人无法容忍。马赫坚信,理性、理智、道德和理想最终是不可战胜的:

> 所幸的是,理性不再为那些庄重地称他们自己是上流社会的人所全部拥有。在这里,正像在每一个地方一样,罪恶本身将唤起理智的和道德的力量,这些力量注定要平息暴力。纵使种族和民族的仇恨尽其可能地放纵,国家的交往还将扩大并变得更加密切。与把国家分开的问题相比较,要求未来人全部能力的伟大而共同的理想将会更加显著、更加有力地陆续涌现出来。②

马赫还在讲演中对战争进行了强烈的谴责。他一针见血地指出,社会统治阶层为了自己的私利,竟以高价悬赏第一个枪杀法国人的德国士兵和第一个枪杀德国人的法国士兵。这是对陷入极端困境的广大民众、广大贫苦青年工人和农民的极度蔑视,这种蔑视在德法战争中表现得异常阴森恐怖。

马赫始终对军国主义、民族主义、反犹主义、阶级偏见持否定和反对态度,他在布拉格大学任职期间忠实地实践了这一切。他从未讲过

---

① E. Mach, *Popular Scientific Lectures*, Chicago: Open Court Publishing Company, 1986, p. 336.
② 同上书, pp. 336 – 337.

挑动民族仇恨的话,一直希望各民族能相互了解,和睦相处,他的许多好朋友都是犹太人。在马赫看来:

> 阶级意识、阶级偏见、民族感情和狭隘的地方主义,对于某些目的是很重要的。可是,这种见识不是眼光广阔的科学家的特点,至少在研究的时刻不是这样。所有这些以我为中心的见识只适合于实用目的。①

马赫的上述清醒意识,加上他善良的、慈爱的、满怀希望的心灵,使他未像当时大多数德、奥知识分子那样,染上时代病——民族狂热病。1914年8月第一次世界大战爆发后,德国知识界在军国主义分子操纵下,于同年10月发表了《告文明世界宣言》,为德国的侵略行为辩护。93位享有某种国际声望的艺术家、科学家、牧师、诗人、律师、医生、历史学家、哲学家和音乐家在宣言上签了名。② 著名科学家哈伯、海克尔、能斯特、普朗克、伦琴、维恩、奥斯特瓦尔德等出于种种缘由也卷入其中。这种状况在爱因斯坦后来的描述中可见一斑:"德国人的罪恶,真实记载在所谓文明国家的历史中的最令人深恶痛绝的罪恶。德国知识分子——作为一个集体来看——他们的行为并不见得比暴徒好多少。"③但是,马赫在当时并未被这种甚嚣尘上的民族狂热和战争煽动所裹挟。虽然马赫只是很迟才得知战争爆发,未及对此直接加以公开评论,但是他在自己最后一部著作《文化与力学》(1915)中,谴责了"现代的金融战争",认为它"对于后代来说,是历史上最可耻的一章"④。

---

① E.马赫:《感觉的分析》,洪谦等译,北京:商务印书馆,1986年第1版,第18页。
② O.内森、H.诺登编:《巨人箴言录:爱因斯坦论和平》(上)李醒民译,长沙:湖南出版社,1992年第1版,第16—19页。
③ 《爱因斯坦文集》第三卷,许良英等编译,北京:商务印书馆,1979年第1版,第265页。
④ E. Mach, *Kultur und Mechanik*, Stuttgart: Verlag von W. Spemann, 1915.

马赫的和平主义多少带有乌托邦的色彩,而且也具有绝对和平主义的弱点。但是,他的闪耀着理性光华的和平思想,他的爱憎分明的情感,尤其是他的积善有余的心肠和卓尔不群的行动,实在难能可贵,即使在今天也会令人肃然起敬、赞佩不已!

四、马赫的科学主义

关于"科学主义"(scientism),有一部词典①这样释义:(1)对自然科学家来说是典型的方法和态度,或认为是自然科学家所具有的方法和态度;(2)过分信赖自然科学方法应用于所有研究领域(如在哲学、社会科学和人文科学中)的功效。第二个释义与所谓的"科学万能论"相通。其实,不论作为一个整体的科学共同体,还是稍有头脑的科学家,都不认为科学无所不能。马赫就对带有弱肉强食色彩的社会达尔文主义没有好感。这种万能论的科学主义含义,实际是外人强加给科学和科学家的。这里所指的科学主义,是指科学家对自身、对科学共同体和对作为一个整体的科学的目的、限度、思想、方法、价值、精神气质、社会功能、文化意义等等的看法,它在深度和广度上都超越了具体的科学知识和理论体系本身。这种意义上的科学主义可称为"科学论"。

马赫科学主义的核心思想在于,相信科学是文明社会的重要标志,相信科学具有神奇的威力,能推动社会文明的进步,给每一个社会成员都能带来幸福,而自身却不要求什么回报。他还以优美而畅晓的笔调写到:

> 自然界具有神秘魔力的信念逐渐消逝了,起而代之的是新的

---

① Webster's Ninth New Collegiate Dictionary, Massachusetts: Merriam-Webster Inc., 1983.

信念,即相信科学不可思议的威力。科学并不像反复无常的小女妖,只把财宝投入所偏爱的少数几个人的怀抱,而是把她的财宝投入全人类的怀抱,且其慷慨与大方是任何传奇从未梦想到的!因此,她的外行赞美者把揭示感官无法看穿的自然界的无底深渊的能力归功于她,这显然是十分公正的。是的,把光明带给世界的科学能够彻底驱除神秘的黑暗和浮华的外表,她既不需要以这样的外表证明她的目的正当,也不需要以此粉饰她的明显成就。①

马赫接着进一步强调了科学的公有性和无私利性的特征:"科学事业相对于每一个其他行业而言,具有特殊的优越性,即没有一个人由于它的财富的积累而蒙受一丁点损失。这也是科学的赐福、科学的慷慨和科学的保全能力。"②

然而,马赫并没有陶醉于科学的胜利进军之中,也没有沉溺于科学的慷慨赐福中,他在当时就清醒地意识到硬币的另一面:科学运用不周和不当也会带来负面影响,比如环境污染、资源枯竭,等等。

当我们考虑硬币的另一面并观察一下那些维持这些交通的疾速行进的人的辛苦时,事情看来就不同了。鉴于紧张的文化生活,其他想法产生了:有轨电车的嘈杂声,工厂机器轮子的飞转声,电灯的灼热;如果我们再考虑到每小时需要燃烧的煤的数量,我们对这一切就不完全高兴了。我们正迅速地趋近这一时刻:地球在年青时建立起来的贮藏将在老年时逐渐耗尽,那么怎么办?我们将遁入野蛮状态吗?或者那时人类将获得时代的智慧并学

---

① E. Mach, *Popular Scientific Lectures*, Chicago: Open Court Publishing Company, 1986, p. 189.

② 同上书, p. 198.

会当家吗?①

马赫对此没有做出直接的回答,但是,从马赫的一贯思想来看,他是坚决抵制反科学主义者叫嚷地回到"田园诗般的"农业社会或原始社会的。与这种倒行逆施的行为相反,马赫坚信"人类将获得时代的智慧",以日趋完善的"社会文化技术"和更加发达的科学来减小和防止有关弊端。

作为一位关心社会问题和科学后果的哲人科学家,马赫有着义不容辞的社会责任感。他在关于射弹的讲演中说:

> 射击要在尽可能短的时间内,相互在对方身上穿尽可能多的弹孔——并非总是出于可原谅的目的和鹄的,这似乎导致了现代人的庄严责任;现代人尽管歧见纷纭,目的截然不同,但是同样受到下述神圣义务的约束:要使这些弹孔尽可能地小,如果造成了弹孔,则要尽可能快地止住伤口并使之治愈。②

就是在这篇充满和平主义和人道主义思想的讲演中,马赫再次提醒科学家在进行科学研究和实验时,时刻不要忘记他们的成果所可能导致的可怕应用,不要忘记他们肩负的神圣而重大的社会责任:"凡是有机会仔细察看枪炮和射弹的惊人的完善、威力和精确性的人,都不得不承认,高水平的技术成就和科学成就在这些对象中找到了它们的体现。我们可能完全沉溺于这种印象,以致片刻忘却它们服务的可怖目的。"③

---

① E. Mach, *Knowledge and Error*, *Sketches on the Psychology of Enquiry*, Translation from the German by T. J. McCormack, Dordrecht and Boston: D. Reidel Publishing Company, 1976, p. 58.

② E. Mach, *Popular Scientific Lectures*, Chicago: Open Court Publishing Company, 1986, pp. 309 – 310.

③ 同上书, p. 335.

关于科学与社会的关系,马赫认为二者的作用是交互的。虽说科学的"实用性"在某种程度上仅仅是产生科学的智力斗争的伴随物,但是没有一个人低估科学的实用性。不过,科学并非仅仅对实际的人有用,"科学的影响渗透在我们的所有事务、我们的整个生活中;科学的观念处处都是决定性的"。另一方面,科学是劳动分工和社会组织的产物。同时,已成立的科学也不是个人的事情,它只有作为社会的事业才能生存。因此,与社会脱离的、完全沉浸在他的思维中的探索者也许在生物学意义上是无法生存的病态现象的人;即使最伟大的人物与其说是为科学而出生,还不如说是为生存而出生。然而,按照其内在冲动行动的人却乐于为观念而做出牺牲,而不是力求提高他们的物质福利。这些人往往被视为傻瓜。马赫断然不同,他认为这只不过是实利主义的市侩的浅薄之见。

关于科学和宗教神学的关系问题,马赫认为这是一个需要认真考察的错综复杂的问题,不是简单地想当然就能说明的。他说:

如果我们进入德国客厅,听到人们讲某人十分虔诚地信奉宗教,却没有道出名字,我们可能想象,被议论的是枢密顾问官 X 或 Y 绅士;我们几乎不会想到是我们相识的科学家。①

马赫依据科学史的考察指出,我们的确有教会反对科学和进步的长篇罪行录。在科学与神学的冲突中,教会如此自私、如此无耻、如此残酷地使用了世俗社会从未有过的卑鄙手段。但是,另一方面,在教会的"高尚的殉道者的队伍"中,也有不少不亚于伽利略和布鲁诺这样

---

① E. Mach, *The Science of Mechanics*, Chicago: Open Court Publishing Company, 1960, p. 541.

的杰出人物。最大的错误也许是假定:"科学的战争"一语是对宗教一般历史态度的正确描述;对智力发展的唯一压制来自教士,如果他们不插手的话,那么成长的科学便会以惊人的速度发展。

马赫揭示出,在宗教几乎是唯一的教育和唯一的世界理论的文明阶段,为数众多的宗教物理学家的出现本是极其自然的事情。每一个无偏见的人都必须承认,力学科学发生和发展的时代,是神学思想占统治地位的时代,神学问题由每件事情引起,并更改每一事物,力学也因此而染上神学色彩。欧拉在最小作用原理中坚持神学观点,认为显示最大和最小的东西是造物主的手工作品。物质量不变、运动量不变、功和能不灭等支配近代物理学的概念,都是在神学观念的影响下产生的,它们只不过是与造物主的永恒性相协调的过程。在整个16和17世纪,乃至到18世纪,探索者占支配地位的倾向是在所有物理学定律中发现造物主的某种特定显示和杰作。直到拉格朗日,才彻底与神学的和形而上学的思辨决裂。他指出,神学具有靠不住的、与科学不相关的本性。就这样,神学和科学是知识的两个不同分支的思想,从它最初在哥白尼思想中萌芽到拉格朗日最终把二者截然分开,几乎花了两百多年时间才得以明晰。马赫关于科学和宗教的历史的观点是客观的、公正的,它比那些把宗教简单地视为科学死敌的片面观点要有见地得多。但是,马赫并不笃信宗教,就在同一处谈到光沿最小光程传播时这样写道:"如果我们在造物主的智慧中去寻找理由,那么我们就抛弃了这个现象的一切未来的知识。"[1]

关于科学探索的动机,马赫不仅给出了生物学意义的解释(物质

---

[1] E. Mach, *The Science of Mechanics*, Chicago: Open Court Publishing Company, 1960, p. 554.

生存和解除理智烦恼的需要),而且也指出,有意识地探寻真理是科学探索者的强大动力和重要动机。在马赫的心目中,"比诗更崇高、更宏伟、更浪漫的是真理和实在","真正的探索者无论在乡间小道上漫步,还是在大城市街道上徜徉,都处处寻求真理"。①

马赫对真理的热爱和向往跃然纸上！马赫明白,真理并非是一蹴而就、唾手可得的;"为了达到真理,需要许多著名思想家整整一个世纪的工作"②。这除了要与所研究的自然界和问题本身斗争外,还要与探索者自己头脑中残存的根深蒂固的旧观念作斗争。马赫向探索者敲响警钟:"在他的观念的转变中,最艰难的战斗是与他自己作斗争。"③

作为一位启蒙哲学家和自由思想家,马赫敢于革故鼎新、标新立异,但是他也深知其中的甘苦。他以审慎的科学态度写出了值得每一个真理探求者深思的劝诫:

> 亚里士多德说过:"所有事物中最美妙的是知识。"他是对的。但是,如果你去设想,新观点的发表都产生无限的美妙,那么你就会铸成大错。没有一个人因用新观点扰乱他的同胞而不受惩罚。擅自变革关于任何问题的流行的思维方式,不是一项令人愉快的任务,尤其不是一项容易的任务。提出新观点的人们完全知道,严重的困难耸立在他们的道路上。人们应以诚实的、值得赞扬的热忱去着手探索不适合于他们的一切。④

---

① E. Mach, *Popular Scientific Lectures*, Chicago: Open Court Publishing Company, 1986, pp. 281, 63.
② 同上书, p. 281.
③ 同上书, p. 63.
④ 同上书, pp. 296-297.

五、马赫的无神论和教育思想

马赫从小就对宗教没有好感,后来他成为一位坚定的无神论者和战斗的反教权主义者。马赫哲学坚持以观察和经验为证的原则,它必然是反形而上学和反神学的。尤其是,马赫认为,如果根本不存在"我"或个体的灵魂,那么显然就不会有个人死后灵魂的拯救或幸存;也就是说,死亡本身只不过是关系的变更或要素的分解和重新组合。没有上帝,也没有与上帝有关的"现象"。在当时的社会环境,马赫出于实际的理由通常对此保持缄默,只是在与朋友的通信中才直抒己见,或者偶尔从侧面提及他的反宗教神学的观点。马赫的反宗教观点在他《力学》的字里行间得以显现:

> 对于唯灵论者和对于地狱的安放位置左右为难的神学家来说,第四维空间是非常合乎时宜的发现。唯灵论者就是这样利用第四维的。……要从一个有限的封闭空间出来而不通过其界面,则只有通过四维空间才是可能的。甚至变戏法的人从前在三维空间里无害地表演的戏法,现在也被第四维罩上了一道新的光环。……我自己甚至在黎曼的论文发表之前,就把多维空间视为数学物理学的帮助。但是,我希望没有人会利用我在这个问题上所想、所说和所写的东西作为捏造鬼神故事的基础。①

不过,马赫在反对宗教和神学的同时,也尊重、宽容他人的信仰。

---

① E. Mach, *The Science of Mechanics*, Chicago: Open Court Publishing Company, 1960, pp. 390 - 391.

马赫不仅在言论上,而且在行动上是教权主义的敌人。1912年,他挺身而出反对教会反动派企图在奥地利建立"自由天主教大学"。1907年,他撰文反对罗马教皇颁布的教义大纲。1910年他为《一元论者》杂志写了作为讣告用的小传,为的是在"涅槃"之前,对奥地利的宗教反动时代不能无言。1912年,他参与了奥斯特瓦尔德领导的"退出教会者委员会"发起的脱离教会运动,他是在脱离教会宣言上签名的第一个也是唯一的维也纳大学教授,他对被教会视为眼中钉的无神论者海克尔和奥斯特瓦尔德深表钦佩和敬意。

马赫反对宗教,但却有着相当明显的佛教意识。马赫早年就表现出佛教对动物的生命和情感的尊重。他的佛教意识首次在1875年出版的《动觉理论大纲》中透露出来,他在书中反对活体解剖的科学必要性。马赫的佛教意识的强烈表述是在他1913年为奥斯特瓦尔德所写的未发表的自传片断中:

> 我既已认识到康德的"物自体"是无意义之物,也就必须把"不变的自我"看作一种幻象。当摆脱了那使人烦恼的种种人格不朽的荒唐思想并且看到自己被引导着领悟了佛教观念时,我所感到的幸福几乎是难以言说的,这种幸福是欧洲人很少享受过的。自我不是不变的,而是在生命的过程中极其缓慢地变化着,在经过缓慢发展之后,遂在死亡中全然消失。有了自我的连续性,才可能有名人和小市民;它可能带着或大或小的改变而在每一后裔中得到重生。这并不否弃佛教思想的真谛。[①]

在马赫晚年的通信和论著中,多次涉及对"涅槃"(Nirvana)的探

[①] F.赫尔内克:《马赫自传》遗稿评介,陈启伟译,《外国哲学资料》第6集,北京:商务印书馆,1980年版,第79-80页。

讨，而很少提及基督教的术语"天国"(Heaven)。马赫倾向于佛教思想是一个毋庸置疑的事实。

马赫倾向佛教的原因是多方面的。从客观上讲，他受到他的朋友卡鲁斯这位佛教徒和佛教学者的影响；在他二子海因里希博士年仅20岁自杀给他以极其沉重的打击后，他也许从佛教中找到了某种精神解脱；对第一次世界大战前后猖獗的军国主义和民族主义的愤懑，使他不免对佛教的和平思想和普济众生满怀崇尚。从主观上讲，他早年的自发的生命伦理意识，他对东方文明的景仰和对东方文化的挚爱，也为他倾向佛教提供了契机。值得一提的是，他的要素一元论和现象论，他的"力"和"自我"非存在哲学，他的因果概念，他的反形而上学，尤其是他的和平主义和人道主义思想情怀，与佛教哲学的世界观和人生观，诸如心物不二、万有因果、无我学说、非暴力观念、四无量心——慈无量心（思如何予众生以快乐）、悲无量心（思如何拯救众生脱离苦难）、喜无量心（见众生离苦得乐而喜）和舍无量心（对众生一视同仁）——等等都是共鸣的或相通的。

但是，马赫并不是佛教的虔诚信仰者，更不是佛教徒。作为哲学家的马赫部分接受了佛教的认识论、本体论和伦理学学说，但是对于佛教中的神秘主义、厌世主义、苦行主义、禁欲主义、无所作为等因素，马赫是断然否弃的。他不能接受佛教关于生活中的"不幸"比"幸福"占压倒优势的主张，他不认为生活中的不幸不可避免，他不赞同佛教用消灭意欲的办法解决问题，他相信用积极的或科学的手段可以解决人的问题，并提倡一种自由、开明的人生观。马赫摒弃了佛教学说的糟粕，汲取了佛教学说的精华——佛的智慧和佛的良心——戈姆佩尔茨也许正是在这种意义上称马赫是"科学之佛"[①]的。

---

① John T. Blackmore, *Ernst Mach: His Work, Life, and Influence*, California: University of California Press, 1972, p. 61.

19世纪中叶,随着工业革命和民主思想的兴起,在整个欧洲和美国激起了教育改革的要求。然而,职业教育家和旧教育制度的捍卫者立足于传统的道德和文明的价值基础,极力维护文科中学的现状。德国教育改革的领导者保尔森(F. Paulsen)向教育体制挑战,揭示了希腊语和拉丁语训练的"人文论据"的起源,他的《学习训练史》(1885)成为教育改革的理论基础。但是,改革进展步履艰难。直到1900年,新的实科中学毕业生人数仍不到20%。在这个时期,马赫独立地提出了与保尔森类似的思想,并与奥斯特瓦尔德结伴,为推动德、奥教育改革而呼号。1886年,在德国多特蒙德的讲演中,马赫并不是不分青红皂白地要求为科学而牺牲古典语言的训练。他说,拉丁语教育是由罗马教会与基督教一起引入的,它长期以来也是学者的语言。拉丁语后来不再作为交流的媒介,并不是它无力容纳科学发展过程中的新观念和新概念——它表达起来也很方便,而是由于贵族的影响。因为贵族需要通过比拉丁语较少使人厌烦的媒介享用文学和科学成果。古典语言的教育曾经是自由的、高级的、理想的教育,因为它在当时是唯一的教育。在今天,它对于直接与古代文明有关的专业人员来说也还是必要的,如法学家、神学家、语言学家、历史学家,并且一般而言对于少数不得不在古典著作和文献中查找资料的人也是必要的。但是对一般并非与之有关的人而言,花8年或10年时间学习古典语言是得不偿失的,是毫无必要的,是把非本质的和偶然的外表看得比实质内容还要高,以从古典著作中获取文字财富,获取经验和判断,获取再创造、启发和理智愉悦的丰富源泉为理由,要求他们苦读古代语言是站不住脚的。因为他们同样可以从良好的译文中获得这一切。

马赫的教育思想虽说未成体系,但还是比较丰富且相当有见地的。在马赫看来,教育的主要目的像科学和人类活动的目的一样,是以尽可能经济的方式有助于满足人的生物学需要。所谓人的生物学需要,马赫的意思是指在集体意义上最有利人类种族在道德和文明水平上的幸福与进步。教育的特殊目的只不过是保全经验,即教育提供了一种迅速而有效的学习和交流方式,以学会许多人现在知道的东西和前世人们过去知道的东西。这样一来,我们就不必仅仅借助自己有限的、耗时的个人经验、试验和错误来学习。

马赫通过他童年时代的经历和他的"无意识记忆"信念得出结论,对儿童进行早期教育是不妥当的,甚至是有害的。儿童缺少成功的可能会转而使他抗拒某种类型的学习,就像他小时讨厌学习希腊语和拉丁语一样,或者他学习的东西可能消灭、弄混他通过本能知道的东西。马赫反对儿童玩具,尤其是精心制作的商品化玩具。玩具使儿童在构造事物时变得笨拙、踌躇,延误儿童向成人发展。美丽的童话也是如此,它们导致白日梦,使儿童把幻想与现实混同起来,干扰通向因果进路的发展。马赫的这些观点与当今流行的观点和做法截然不同,到底哪个有理,恐怕一时难以说清。

关于传授教育的方法,马赫认为最经济的方式是间接的方式。直接教科学的最终结果即概念、公式、数学方程和函数不是最经济的,不应该把它们教条式地引入。概念应从事实中提出,抽象应从材料中抽取,要从形象的例子和富于想象力的演示开始训练,逐渐进入该科目的历史描述。只有当学生在具体的和历史的发展中把握了问题,他才能理解该问题的普遍的和抽象的解答。换句话说,最经济的教育和学习方式应该从不经济的理解(即"图像"和"历史")开始,在渐进的过程中达到顶点,即用数学函数描述感觉经验。

马赫积极倡导以历史方式教科学,尤其是对初学者。要向他们讲清早期科学家思想的形成和推进,为的是阐明近代理论的逻辑发展。他不是要求教特定科学家的特定行为或思想,他也不是过分对理论的实际历史发展感兴趣。马赫把历史注入教学的主要目的是使当代科学更容易理解,而不是使过去的科学更可以理解——这与历史研究的目的截然不同。马赫充分肯定了"历史方法在教学中的价值"。他这样说:"即使人们从历史中学到的是观点的可变性,那么这也是非常珍贵的。""对于自然研究者来说,存在着一种特殊的、标准的教育,这就是了解他的科学的历史发展。"①

马赫坚决反对通过加大学习任务,延长学习时间的做法教学。他指出,思想不能通过堆积材料和增加教育时间,也不能通过任何种类的戒律来困扰,思想必须自然地、自愿地成长。而且,思想在一个人的头脑的聚集不能超过某一限度,就像一块田地的产量不能超过某一限度一样。对有用的教育来说,必需的内容的数量是很少的。马赫主张大大削减低年级古典课程和科学课程的内容,显著缩短课时和压缩课外作业。他不赞同许多教师的看法:儿童一天学习 10 小时并不太多。他提请人们注意:教和学不是在长时期内能够机械地继续下去的例行公事。即使是例行公事,最终也会感到劳累。撇开过度学习对身体有害不谈,它对精神来说肯定糟糕透顶。

马赫之所以持有这样的看法,在于他深知,教育主要不是积累实证知识,而是训练智力。这一思想也许是马赫教育思想中最富有启发意义和现实意义的部分。请听马赫是怎么讲的:

> 如果我们的年轻人不是以迟钝的和枯竭的精神进入大学,如果他们在预备学校没有丢掉他们应该在那里集聚的生气勃勃的精力,那么情况就会大不一样。……我不知道有比学得太多

---

① E. Mach, *History and Root of the Principle of the Conservation of Energy*, Translated by Philip E. B. Jourdan, Chicago: The Open Court Publishing Co., 1911, pp. 17-18.

的可怜人更烦恼的事了。他们的思想沿着同一路线周而复始地在名词、原理和公式后面小心翼翼地蹒跚而行,却没有健全的、强有力的判断能力;假如他们一无所学,各种判断能力也许还会成长呢。他们获得的是柔弱得无法提供真正支撑的思想蜘蛛网,但却错综复杂得足以产生混乱。……在这里,问题更多的不是实证知识的积累问题,而是智力的训练问题。所有分支都应在学校处理,严格相同的学习应在所有学校追求,这似乎也是不必要的。①

为了达到训练智力的目的,马赫认为要给学生和教师以显著的自由。他说,一致对于士兵来说是极好的,但一致并不适用于头脑。因此,强制性的教学内容不应超过某一限度,尤其是对于高年级应该设想不同的形式,要注意为未来的职业提供真正有用的准备,而不应把模式仅仅限定在律师、部长和语文学家的需要上。学校的功能往往最适合于按部就班训练的人,因而要防止把那些不善于循规蹈矩的有特殊才能的人从竞争中排挤出去。马赫强调"必须引入一定量的学习选择的自由"②,"谨防过于僵化的程式!"③当然,他也意识到,真正的自由教育无疑是十分罕见的。要在任何时候给"自由"教育下一个人人满意的定义也是十分困难的;而要下一个一百年内都成立的定义,就更为困难了。事实上,教育的理想变化多端。在这方面,爱因斯坦的看法与马赫不谋而合:"发展独立思考和独立判断的一般能力,应该始

---

① E. Mach, *Popular Scientific Lectures*, Chicago: Open Court Publishing Company, 1986, pp. 367–369.

② 同上书, p. 369.

③ E. Mach, *Knowledge and Error, Sketches on the Psychology of Enquiry*, Translation from the German by T. J. McCormack, Dordrecht and Boston: D. Reidel Publishing Company, 1976, p. 62.

终放在首位,而不应把获得专业知识放在首位。"①"自由行动和自我负责的教育,比起那种依赖训练、外界权威和追求名利的教育来是多么优越呀。"②这是心灵的神交,这是思想的共鸣,这是智慧的汇流。

在马赫的社会哲学和社会实践中,处处闪耀着理性的光华,时时洋溢着实践的激情,"纯真的爱"和"天赋的善"③珠联璧合、相得益彰。

---

① 《爱因斯坦文集》第三卷,许良英等编译,北京:商务印书馆,1979年第1版,第147页。
② 《爱因斯坦文集》第一卷,许良英等编译,北京:商务印书馆,1976年第1版,第43-44页。
③ 石里克认为,"纯真的爱"和"天赋的善"是"人类发纯粹感情中所共有的"。参见洪谦:《维也纳学派哲学》,北京:商务印书馆,1989年第1版,第149页。

爱因斯坦与音乐*

　　音乐是爱因斯坦的最大爱好，音乐伴随他度过了七十余个春秋。他是一位出色的小提琴家，也能熟练地弹奏钢琴。他外出时总是带着心爱的小提琴，并且常常想起钢琴的琴键。他曾不经意地考虑过做一个职业小提琴手，并数次说过，如果他在科学上不成功，他会成为一个音乐家。他几乎没有一天不拉小提琴，而且常有钢琴伴奏，演奏奏鸣曲和协奏曲。他喜欢室内乐，同杰出的音乐家一道演奏三重奏和四重奏。他的音乐朋友和合作者很多，有时演奏完全是不拘形式的。与音调、音色已预先调好的、结构复杂的钢琴相比，只有四根弦的小提琴的两个相邻音阶之间没有清楚的界限，其音响、振动、音质在很大程度上由演奏者自己把握，因而特别适合于表达个人内心的隐秘世界。爱因斯坦具有不必事先准备而即席演奏的才能，演奏时而明快流畅，时而委婉悠扬，时而雄浑庄严，极其富于变化。此时，他就像忘情的孩子，完全神游于音乐的王国，沉迷在丰富的幻想和惬意的思维之中，忘却了人间的世界，对一切实在的东西都毫无感觉，"飘飘乎如遗世独立，羽化而登仙"。他不愿同职业艺术家一起公演比赛，这既出自他作为业余爱好者的谦逊，也怕给职业音乐家造成难堪。但是，他却经常为慈善事业义演。爱因斯坦也即兴弹钢琴，一有外人进屋，他就立即中断弹奏。音乐此时成为他劳动之后的轻松和消遣，或是新工作开始之前的酝酿和激励。凯泽尔这样评论说：

---

* 原载北京：《方法》1998 年第 4 期，出版时有改动。

爱因斯坦的最大爱好是音乐,尤其是古典音乐。在这里,感受之深,寓意之远,是同美好的形式交织在一起的,这种统一在爱因斯坦看来,就意味着人间最大的幸福。在大事小事中时时感受到人类要生存的这种意志已经通过音乐上升到一种绝对的力量,这种力量反过来又吸收了各种感受,并把它融化为高超的美的现实。从巴赫到贝多芬和莫扎特这个音乐流派,对爱因斯坦来说,鲜明地展示出音乐的本质。但这并不是说,他对其他音乐家和其他流派就持武断和轻视态度。他爱古老的意大利音乐,也爱德国浪漫主义音乐,但是在他看来,音乐成就的顶峰还是这三个灿烂的明星。有一次,在回答别人问及巴赫时,他曾简短地说道:"关于巴赫的生平和工作:谛听它,演奏它,敬它,爱它——而不要发什么议论!"

至于对爱因斯坦小提琴演奏水平的评论,行家认为:他是一个真正的音乐家;尽管他没有时间去练习,但无论如何他演奏得十分好。一位不知道他是物理学家的音乐评论家写道:"爱因斯坦的演奏是出色的,但他不值得享有世界声誉,因为有许多其他同样好的小提琴手。"

爱因斯坦只是热爱、聆听和演奏音乐,不大关心讨论音乐。不过,他有时也对作曲家及其作品加以评论,这些评论总是简洁的和有理解力的。他的品位是十分古典的,不大喜欢 19 世纪的浪漫派。他偏爱 17 世纪和 18 世纪作曲家的风格:纯正、雅致和均衡。他喜欢莫扎特、巴赫、维瓦尔第,可能还有海顿、舒伯特,以及意大利和英国的一些老作曲家。他对贝多芬的兴趣差一些,即便喜欢也是早期的贝多芬,而不是后期的"风暴和欲望"。

爱因斯坦为莫扎特的带有神意的、古希腊式的质朴和美的旋律所倾倒。他认为莫扎特的作品达到了炉火纯青的地步,过去是、将来也永远是优雅、温馨而流畅的,是宇宙本身的内在之美和生活中的永恒之美。莫扎特的音乐是如此纯粹简单,以至它似乎永远存在于宇宙之中,等待着莫扎特去发现。莫扎特是他的理想,他的迷恋对象,也是他的思想的主宰者。即便如此,爱因斯坦还是坚持他的判断的独立性。有一次,他在钢琴上演奏莫扎特的一段曲调。在出了错误后,他突然停下来对女儿玛戈特说:"莫扎特在这里写下了这样的废话。"

爱因斯坦很难说出,究竟是巴赫还是莫扎特更吸引他。他一直是巴赫的崇敬者,他觉得对巴赫的音乐只有洗耳恭听的义务,而没有说三道四的权利。巴赫曲调的清澈透亮、优雅和谐每每使他的心灵充满幸福感,扶摇直上的巴赫音乐使他联想起耸入云霄的哥特式教堂和数学结构的严密逻辑。不过,巴赫作品的自我欣赏却使他着实有点扫兴。

爱因斯坦对贝多芬的态度是复杂的。他理解贝多芬作品的宏伟,其室内乐的晶莹剔透使他着迷,但是他不喜欢其交响乐的激烈冲突;在他看来这是作者好动和好斗的个性表现,其中个人的内容压倒了存在的客观和谐。他觉得贝多芬过于激烈,过于世俗,个性过强,音乐戏剧性过浓,C小调在激情上过载,从而显得有些支离破碎。他不大赞同有人说贝多芬是伟大的作曲家,因为与莫扎特相比,贝多芬是创作他的音乐,是个人创造性的表达,而莫扎特的音乐是发现宇宙固有的和谐,是大自然韵律的普遍表达。他曾成功地说服了他的朋友厄任费斯脱不再偏爱贝多芬,而把时间花在巴赫乐曲上。他对浪漫主义作曲家颇有微词:他们像糖块一样,过甜了。他认为,由于浪漫主义的影响,就作曲家和画家而言,杰出的艺术家显著地减少了。

爱因斯坦一向认为韩德尔的音乐很好,甚至达到完美无缺的地步,尤其是其形式的完备令人钦佩。但他在其中找不到作者对大自然的本质的深刻理解,因而觉得有些浅薄。同时,他也不大满意韩德尔作品中表现出来的狂热激情。爱因斯坦很喜欢和亲近舒伯特,因为这位作者表达感情的能力很强,在旋律创作方面很有功力,并继承了他所珍爱的古典结构。遗憾的是,舒伯特几部篇幅较大使作品在结构上有一定的缺陷,这使他感到困惑不解。舒曼篇幅较小的作品对他颇有吸引力,因为它们新奇、精巧、悦耳,感情充沛,很有独到之处。但是,他在舒曼的作品中感觉不到概括的思维的伟大,又觉得其形式显得平庸,所以无法充分欣赏。

爱因斯坦认为门德尔松很有天才,但似乎缺乏深度,因而其作品往往流于俚俗。他觉得勃拉姆斯的几首歌曲和几部室内作品很有价值,其音乐结构同样也很有价值。但是,由于其大部分作品似乎都缺乏一种内在的说服力,使他不明白写这种音乐有何必要。在他看来,对位法的复杂性并不给人以质朴、纯洁、坦诚的感觉,而这些东西则是他首先看重的。同在科学中一样,他深信纯洁和质朴是如实反映实在的保证。

爱因斯坦赞赏华格纳的创作能力,但认为其作品结构有缺陷,这是颓废的标志。华格纳的风格也使他不可名状地感到咄咄逼人,甚至听起来有厌恶之感。这也许在于,他从中看到的是由作曲家天才和个性调整好了的宇宙,而不是超个人的宇宙,尽管作曲家以巨大的激情和虔诚表达宇宙的和谐,但他还是从中找不到摆脱了自我的存在的客观真理。爱因斯坦在施特劳斯那里也没有找到这种客观真理。他认为施特劳斯虽然天资过人,但缺乏意境美,只对表面效果感兴趣,只揭示了存在的外部韵律。爱因斯坦说,他并非对所有的现代音乐都不喜爱。纤巧多彩的德彪西的音乐使他入迷,犹如他对某个数学上优美而无重大价值的课题入迷一样。但是德彪西音乐在结构上有缺陷,且缺少他所向往的非尘世的东西,故而无法激起他的强烈热情。他对布洛克很是尊敬。他说:"我对现代音乐所知甚微,但有一点我确信不疑:真正的艺术应该产生于创造力丰富的艺术家心中的一股不可遏制的激情。在恩斯特·布洛克的音乐中我能够感受到这股激情,这在后来的音乐家中是少有的。"爱因斯坦太擅长于从结构上领会音乐了:如果他不能凭本能和直觉抓住一部作品的内在统一的结构,他就不会喜欢它。他看待音乐就像看待他的科学一样,注重追求一种自然的、简单的美。

爱因斯坦曾经说过:"音乐确实融化在我的血液中。"信哉斯言!音乐的确不知不觉进入了他的内心世界,自然而然地塑造了他的个性和人格,美化了他的精神风景线。爱因斯坦拿起小提琴或坐在钢琴旁,常有一种即兴创作的欲望。他说:

> 这种即兴创作对我来说就像工作那样必要。不论前者或后者都可以使人超脱周围的人们而获得独立。在现代社会里,没有这种独立性是没法过活的。

爱因斯坦之所以喜爱莫扎特,不仅因为莫扎特的音乐优美轻快,而且也因为它具有超越时间、地点和环境的惊人的独立性——这正是为爱因斯坦而预先创造的音乐。除莫扎特外,爱因斯坦还迷恋几出歌剧,因为它们表现了一个社会主题——自由。爱因斯坦个性和情感世界中的超脱、孤独、幽默、戏谑、讥讽也是莫扎特式的。这不仅使他在纷乱的世界中获得了心灵的自由和人格的独立,也使他面对丑陋和恶行减轻了伤感和痛苦(但绝不是逆来顺受),音乐从而构成他生活中的有效的缓冲剂和安全阀。这就像演奏莫扎特的奏鸣曲一样,因为莫扎特同样把对人世间的悲惨的印象变为生气勃勃的轻松曲调。

关于音乐与科学研究的关系,爱因斯坦认为二者是相辅相成、相得益彰的。"音乐并不影响研究工作,它们两者都是从同一渴望之泉摄取营养,而它们给人类带来的慰藉也是互为补充的。"他在另一处这样写道：

> 音乐和物理学领域的研究工作在起源上是不同的，可是被共同的目标联系着，这就是对表达未知的东西的企求。它们的反映是不同的，可是它们互相补充着。至于艺术上和科学上的创造，那么在这里我完全同意叔本华的意见，认为摆脱日常生活的单调乏味，以及在这个充满着由我们创造的形象的世界中寻找避难所的愿望，才是它们的最强有力的动机。这个世界可以由音乐的音符组成，也可以由数学公式组成。我们试图创造合理的世界图像，使我们在那里就好像在家里一样，并且可以获得我们在日常生活中不能达到的安定。

音乐和科学就这样在追求目标和探索动机上沟通起来：科学揭示外部物质世界的未知与和谐，音乐揭示内部精神世界的未知与和谐，二者在达到和谐之巅时殊途同归。此外，在追求和探索过程中的科学不仅仅是理智的，也是深沉的感情的，这无疑会与音乐在某种程度上发生共鸣，从而激发起发明的灵感。诚如莱布尼兹所说：音乐是上帝给世界安排的普遍和谐的仿制品。任何东西都不像音乐中的和声那样使感情欢快，而对于理性来说音乐是自然界的和谐，对自然界来说音乐只不过是一种小小的模拟。尤其是，音乐创作的思维方式和方法与科学创造是触类旁通的，在创造的时刻，二者之间的屏障往往就消失了。爱因斯坦对音乐的理解是与他对科学的把握完全类似的：

> 在音乐中，我不寻找逻辑，我在整体上完全是直觉的，而不知道音乐理论。如果我不能直觉地把握一个作品的内在统一（建筑结构），那么我从来也不会喜欢它。

这种从整体上直觉地把握的思维方式和方法,既是莫扎特和巴赫的创作魔杖,也是彭加勒和爱因斯坦等科学大师的发明绝技。爱因斯坦从小就通过音乐不知不觉地训练了心灵深处的创造艺术,并把这种艺术与科学的洞察和灵感、宇宙宗教感情融为一体,从而铸就了他勾画自然宏伟蓝图的精神气质和深厚功力。

音乐和科学——尤其是浸润在数学中的科学(这是爱因斯坦的科学)——在爱因斯坦身上是珠联璧合、相映成趣的。他经常在演奏乐曲时思考难以捉摸的科学问题。据他妹妹玛雅回忆,他有时在演奏中会突然停下来激动地宣布:"我得到了它!"仿佛有神灵启示一样,答案会不期而遇地在优美的旋律中降临。据他的小儿子汉斯说:"无论何时他在工作中走入穷途末路或陷入困难之境,他都会在音乐中获得庇护,通常困难会迎刃而解。"确实,音乐在爱因斯坦的创造中所起的作用,要比人们通常想象的大得多。他从他所珍爱的音乐家的作品中仿佛听到了毕达哥拉斯怎样制订数的和谐,伽利略怎样斟酌大自然的音符,开普勒怎样谱写天体运动的乐章,牛顿怎样确定万有引力的旋律,法拉第怎样推敲电磁场的序曲,麦克斯韦怎样捕捉电动力学的神韵……爱因斯坦本人的不变性原理(相对论)和统计涨落思想(量子论),何尝不是在"嘈嘈切切错杂弹,大珠小珠落玉盘"的乐曲声中灵感从天而降,观念从脑海中喷涌而出的呢?